Untersuchungen zur indogermanischen Sprach- und Kulturwissenschaft.

Herausgegeben

von

Karl Brugmann und **Albert Thumb.**

2

Die Stellung des Verbs im Griechischen und in den verwandten Sprachen.

Von **Ernst Kieckers.**

Erster Teil.

Straßburg
Verlag von Karl J. Trübner
1911.

Die Stellung des Verbs im Griechischen und in den verwandten Sprachen.

Von

Ernst Kieckers.

Erster Teil.

Die Stellung des Verbs im einfachen Hauptsatze und im Nachsatze nach den griechischen Inschriften und der älteren griechischen Prosa, verglichen mit den verwandten Sprachen.

Straßburg
Verlag von Karl J. Trübner
1911.

M. DuMont Schauberg, Straßburg i. E.

Herrn Prof. Dr. A. Thumb

Herrn Geh. Hofrat Prof. Dr. R. Thurneysen

in Dankbarkeit und Verehrung
gewidmet.

Vorwort.

Der vorliegenden Abhandlung liegt meine Habilitationsschrift zugrunde, mit der ich mich im Wintersemester 1910/11 an der hiesigen Universität habilitierte. Die Habilitationsschrift reicht bis S. 99 im vorliegenden Werkchen und macht die erste Hälfte unserer Untersuchungen aus. Sie behandelt die Stellung des Verbs im Griechischen und in anderen indogermanischen Sprachen im einfachen Hauptsatze. Die zweite Hälfte, die ich nachträglich hinzugefügt habe, unterrichtet über die Stellung des Verbs im Nachsatze, wiederum im Griechischen und in anderen indogermanischen Sprachen. Für die weitere Gliederung des Themas und die Einteilung des Stoffes verweise ich auf S. 4f. in der Einleitung.

Die wichtigsten Schriften und Abhandlungen über die Wortstellung im Griechischen und in andern indogermanischen Sprachen habe ich kurz in der Einleitung genannt. Erst als dies Bändchen abgeschlossen und bereits im Drucke befindlich war, wurde mir durch einen gütigen Fingerzeig des Herrn Prof. Thumb noch Armin Dittmar, Syntaktische Grundfragen, Programm Grimma 1911, bekannt. Eine Rezension der gesamten Abhandlung überlasse ich einem andern; ich begnüge mich, folgendes zu erwähnen. S. 4ff. kämpft Dittmar gegen die Bezeichnungen Haupt- und Nebensatz an. Er meint, diese Benennungen bestünden nicht zu Recht; denn in einem Satzgefüge wie *ich fürchte, daß ihm etwas passiert ist* enthalte doch gerade der Nebensatz das inhaltlich Wichtigste, das, worauf es dem Sprechenden ankomme. Ferner pflege man in dem Gefüge *ich fürchte, es ist ihm etwas passiert* den zweiten Satz nicht als Nebensatz zu bezeichnen, wiewohl im zweiten Beispiel der Satz *es ist ihm etwas passiert* dem Satze des ersten Beispiels *daß ihm etwas passiert ist* logisch gleich stehe. Dittmar will für den Hauptsatz die Bezeichnung Grundkolon, für den Nebensatz die Bezeichnung Bestimmungskolon einführen, indem er für das Grundwort Satz den Terminus Kolon vorschlägt. Auf diesem Wege schafft Dittmar eine einheitliche Benennung für die logisch gleichwertigen Gebilde *daß ihm etwas passiert ist* und *es ist ihm etwas passiert* in jenen beiden Satzperioden.

Ob es viel Zweck hat, diese neuen Benennungen einzuführen, darüber will ich nicht entscheiden. Will man sie einführen, so müßte man jedenfalls konsequenter Weise auch manchen anderen altererbten grammatischen Terminus abschaffen, wie z. B. die Bezeichnung Accusativus für den Satzteil *das Haus* in dem Satze *Der Vater baut mir ein Haus*, wo eher von einem Causativus oder dergleichen zu reden wäre. Für Dittmars Verfahren aber scheint mir eins bezeichnend zu sein. Er läßt sich zu sehr von der Logik leiten; er berücksichtigt nur den Inhalt der Sätze. Die Termini technici der Grammatik Haupt- und Nebensatz dagegen fassen die äußere Form der beiden Sätze, das grammatische Verhältnis der beiden Sätze zu einander ins Auge. Dieser Gesichtspunkt fällt bei den Dittmarschen Bezeichnungen fort; und deshalb dünken sie mich nicht glücklich gewählt zu sein. Für Sprachen wie das Chinesische oder Siamesische, die nur die Ausdrucksweise *ich fürchte, es ist ihm etwas passiert* kennen, wären die Benennungen Dittmars annehmbar, aber nicht für das Indogermanische, das neben jener (wohl ursprünglicheren) Ausdrucksart noch die zweite in der grammatischen Form von ihr verschiedene *ich fürchte, daß ihm etwas passiert ist* entwickelt hat. Dieser Grundfehler Dittmars, daß er den Inhalt, nicht aber die äußere Form berücksichtigt, macht sich auch an anderen Stellen in seiner Schrift bemerkbar; so wenn er S. 7 gegen die Ansicht ankämpft, daß Satzgebilde nach der Art von *was der Junge doch fährt und wie er bändigt die Hengste* oder *ob ich gehe? oder ob ich lieber bleibe?* erstarrte Nebensätze seien. Hier stelle ja wieder der Inhalt des Nebensatzes dasjenige dar, worauf es dem Sprechenden ankomme, während der Hauptsatz überhaupt nicht in Worte gefaßt und demnach vom Sprecher als etwas Entbehrliches angesehen werde. Unpassend erscheint ihm auch das Attribut 'erstarrt', und zwar wegen der "Mannigfaltigkeit dieser Gebilde, der Häufigkeit ihres Vorkommens, der Leichtigkeit und Bequemlichkeit ihrer Bildung". Mir scheinen diese vier Beweispunkte nicht sehr stichhaltig zu sein; konnten doch nach einigen alten erstarrten Typen stets neue Beispiele leicht gebildet werden. Die eben erwähnte Verwechselung von logischer und sprachlich-grammatischer Betrachtungsweise kehrt in der Abhandlung immer wieder, so z. B. wenn es auf S. 19 heißt: "es ist logisch gleichgiltig, ob ich sage: *Sei recht vorsichtig, sonst erkältest du dich* oder *Sei recht vorsichtig, damit du dich nicht erkältest*". Gewiß, logisch sind beide Gebilde gleichwertig, aber nicht in der grammatischen Ausdrucksweise, was Dittmar ohne weiteres identifiziert.

In den Kapiteln, welche die Wortstellung behandeln, ist Dittmar entschieden zu wenig historisch verfahren. Man vermißt vor allem eine ausgiebigere Heranziehung des Griechischen, während das Lateinische, das wie das Altindische die Endstellung des Verbs über das ursprüngliche Maß hinaus erweiterte, mehr hätte zurücktreten können. Die Wichtigkeit der psychologischen Betrachtungsweise für die Probleme der Wortstellung soll durchaus nicht in Abrede gestellt werden; aber alles wird durch sie nicht erklärt. Wo das Verb in Anfangsstellung erscheint, kann meines Erachtens nicht immer die Rede von affizierenden Sätzen sein. Sätze wie *Sitzt der Kerl gemütlich hier beim Skat* (S. 24) würde ich eher zu den affizierten rechnen, mag nun Erstaunen oder Unwille in der Äußerung liegen. Auch kann ich Dittmar nicht beipflichten, wenn er S. 23 folgende Behauptung aufstellt: "Demnach stellt *Ich fürchte, daß ihm etwas passiert ist* eine Inhaltsperiode dar, deren Bestimmungskolon (*daß ihm etwas passiert ist*) affizierte Wortstellung aufweist, oder kürzer: eine Inhaltsperiode mit affiziertem Bestimmungskolon, dagegen *Ich fürchte, es ist ihm etwas passiert* ist eine Inhaltsperiode, deren Bestimmungskolon affizierende Wortstellung aufweist, oder kürzer: eine Inhaltsperiode mit affizierendem Bestimmungskolon". Nach meiner Ansicht wäre eher das Umgekehrte zutreffend; aber Dittmar muß seinem Erklärungssystem zuliebe, daß im Nhd. affizierte Sätze Endstellung des Verbs aufweisen, affizierende Erst- und Zweitstellung, so urteilen, wenn er sich nicht selbst widersprechen will. Für einen Widerspruch halte ich es ferner, wenn er S. 24 den Satz *Hättest Du doch geschwiegen* zu den affizierenden zählt, S. 28 aber den Satz *Wenn er doch geschwiegen hätte* zu den affizierten.

Besonders vermißt man die Festsetzung gewisser altererbter Stellungstypen, was mir für eine Untersuchung über die Wortstellung unbedingt notwendig zu sein scheint. Daß die habituelle Wortstellung in der indogermanischen Grundsprache nicht nur, wie Dittmar S. 36 behauptet, Subjekt — Übriges — Verbum finitum gewesen ist, daß es vielmehr verschiedene habituelle Wortfolgen gegeben hat, glaube ich durch meine Abhandlung dargetan zu haben. Unberechtigt ist die Anmerkung auf S. 41, in der Dittmar Thumbs Behauptung [1]), das Verbum der griechischen Sprache habe gewöhnlich Mittelstellung, anzweifelt. Dittmars Begründung "denn abgesehen von der Erststellung ist auch die Endstellung des Verbums durchaus nichts Ungewöhnliches" widerlegt Thumbs Äußerung nicht. Die Richtigkeit der Bemerkung Thumbs und die Nichtigkeit der Einwendung Dittmars wird durch unsre Tabelle auf S. 5 bewiesen. Als falsch ist die Erklärung zu bezeichnen, die Dittmar S. 44 in Sperrdruck gibt: "Die strenge Durchführung der Zweistellung (des Verbs) in den nhd. affizierenden Partialgebilden ist also etwas durchaus Sekundäres, nicht, wie Wackernagel will, das Primäre. Das Primäre ist vielmehr die Endstellung des Verbum finitum auch in affizierenden Partialgebilden". Selbst wenn dem Verfasser der Typus Πύρρος ἐποίησεν Ἀθηναῖος nebst seinen Parallelen in den verwandten Sprachen (vgl. in unsrer Abhandlung § 46 und 53) entgangen sein sollte, hätte er doch wenigstens darauf achten müssen, daß im Griechischen das Objekt und andere Satzteile dem Verbum finitum habituell folgen (bei uns § 20 ff.), wodurch letzteres in Mittelstellung erscheint. Objekte und Infinitive stehen aber auch im Neuhochdeutschen nach (z. B. *Die Eltern lieben die Kinder; mein Bruder will morgen abreisen*). Irreführend ist es daher, wenn Dittmar zum Beweise der Voranstellung der Objekte vor das Verbum Verbindungen nennt wie *das Land bewohnen, des Krieges gedenken, einem Bettler Geld geben* (S. 38). Hier handelt es sich ja überhaupt nicht um einen Satz mit einem Verbum finitum, sondern um die Verbindung des Verbum infinitum mit seinem Objekte [2]).

Herzlicher Dank sei auch an dieser Stelle Herrn Prof. Dr. Thumb ausgesprochen für die freundliche Beihilfe, die er mir bei der Korrektur geleistet hat.

Freiburg i. B. Mitte Juli 1911.

Ernst Kieckers.

---

[1]) Vgl. S. 3 und 4 der Einleitung.

[2]) Vgl. auch den Gegensatz: *nach Paris reisen*, aber *mein Vater reist nach Paris*; siehe § 20 unserer Abhandlung für das Griechische.

Druckfehlerverzeichnis und Berichtigungen.

S. X Z. 14 v. o. lies Zweitstellung statt Zweistellung.

„ 9 „ 17 v. o. lies nicht eigne statt eigne.

„ 23 „ 18 v. o. lies Μαρδόνιός τε Μαρδίνιός τε.

„ 38 „ 17 v. o. füge hinter *í rekkju* die Belegstelle hinzu: Vǫlsungasaga K. 29.

„ 40 „ 16 v. o. lies Thommen statt Thomma.

„ 41 „ 14 v. o. lies *huic officio* statt *hui officio*.

„ 52 „ 6 v. u. lies μέν νυν statt μέν νῦν.

„ 55 „ 8/9 v. o. lies *Sagara-dattō* statt *Sagara dattō*.

„ 55 „ 9 v. o. streiche hinter Kaufmann den Bindestrich.

„ 57 „ 14 v. o. lies *quibus* statt *quibas*.

„ 59 „ 9 v. u. (vom Großgedruckten an gerechnet) lies κάλλεΐ τε statt κάλλεϊ τε.

„ 65 „ 2 v. o. (vom Großgedruckten an gerechnet) lies ἐκεῖνοι statt ἐνεῖναι.

„ 74 „ 11 v. o. und 12 v. o. (vom Großgedruckten an gezählt) lies γίγνεσθαι statt γίγεσθαι.

„ 106 „ 2/3 v. o. lies ὡσ-αύτως statt ὡς-σαύτως.

„ 112 „ 5 v. o. lies Τιμαγόρα statt Τυμαγόρα.

„ 112 „ 8/7 v. u. lies Χαλειεὺς statt Χαλκεύς.

„ 125 „ 9 v. o. lies προθυμίᾳ statt προθυμία.

„ 127 „ 9 v. o. setze hinter Καδμείᾳ ein Komma.

„ 129 „ 7 v. o. lies πολέμιοι statt πολεμίοι.

„ 131 „ 6 v. u. streiche hinter τῷ das Komma.

„ 133 „ 3 v. u. lies ἑαυτῆς statt ἐαυτῆς.

„ 137 Fußnote letzte Zeile lies τῶν statt τὴν.

„ 153 Z. 3 v. o. lies *zijne* statt *zéjne*.

Einleitung.

Die Wortstellung in den klassischen Sprachen ist bis jetzt sehr stiefmütterlich behandelt worden. Über die Wortfolge in der ältesten indischen Prosa handelt Delbrück im dritten Bande seiner syntaktischen Forschungen, über die jüngere Periode Thommen in seiner Dissertation "Die Wortstellung im nachvedischen Altindisch und im Mittelindischen" (Gütersloh 1903); über das Germanische unterrichtet uns O. Erdmann, Grundzüge der deutschen Syntax I S. 181 ff., ferner Braune in den Forschungen zur deutschen Philologie, Festschrift für Rud. Hildebrand S. 34 ff. und Mc. Knight im American Journal of Germ. Phil. 1, 136 ff. Die slavischen Sprachen mit Einschluß des Litauischen sind hinsichtlich der Wortstellung eingehend untersucht von E. Berneker in seiner Schrift "Die Wortfolge in den slavischen Sprachen" (Berlin 1900); ja sogar über die Wortstellung der altiranischen Dialekte, des Altpersischen und des Avestischen, ist eine zwar nur kurze, aber darum nicht weniger treffende und auch heute noch sehr lesenswerte Darlegung von Fr. Spiegel in seiner "Vergleichenden Grammatik der altiranischen Dialekte" (Leipzig 1882) S. 515 ff. gegeben worden. Entsprechende, eingehendere Untersuchungen auf dem Gebiete des Altgriechischen und Lateinischen fehlen bis jetzt, während über die Wortstellung im Neugriechischen A. Thumb in der zweiten Auflage seines "Handbuches der neugriechischen Volkssprache" S. 190 ff. handelt.

Denn die älteren Abhandlungen, die sich mit der griechischen Wortstellung befassen, genügen unserer heutigen Methode nicht. Darpe, De verborum apud Thucydidem collocatione (Diss. Münster 1865) widmet auch der Stellung des Verbs einen Paragraphen (§ 19, S. 42—46). Er begeht zunächst den Fehler, daß er zwischen Verbum finitum, Infinitivus und Partizipium gar nicht trennt; das einzige aber, was er feststellt, ist, daß Satzteile, die logisch zum Verb gehören, Objekte oder Objektssätze, sehr oft nicht unmittelbar beim Verb stehen, sondern von ihm losgerissen sind. "Den Glanzpunkt" bildet bei ihm dann der Absatz, an dessen Anfang es heißt: iam proferendi sunt loci, ubi plane ordo turbatus est, verbo alieno loco inserto: im Prinzip dasselbe wie das vorher Erörterte. Über das nämliche Hyperbaton verschiedener Wortklassen handelt H. Scheiding im Berichte des städtischen Gymnasiums zu Jauer, Ostern 1867. Dagegen wird die natürliche Wortfolge kurz behandelt von C. Roeren, Bemerkungen über griechische Wort- und Satzgliederstellung (Bericht über das Gymnasium Petrinum zu Brilon 1867). Richtig ist von ihm erkannt worden, daß "der Anfang und das Ende des Satzes den meisten Nachdruck haben", daß betonte Wörter eine dieser beiden Stellen einnehmen. Auch diese seine Beobachtung stimmt durchaus, daß meistens der Anfang von betonten Wörtern mit Beschlag belegt wird, das Ende nur, wenn schon ein anderes Wort, das im Laufe der Erzählung die Verknüpfung mit dem vorhergehenden bewirkt, den Anfang für sich in Anspruch nimmt. Aber bei der Erklärung der verschiedenen Stellungsarten (z. B. des Verbs) verfällt auch Roeren in Irrtümer, besonders deshalb, weil er die Stellung Subjekt — Objekte, Adverbien usw. — Prädikat für die natürliche und älteste hält, aus der abweichende Stellungen (wie Prädikat — Subjekt) erklärt werden müßten. Daß der Anfang des Satzes die Stelle für das betonte Wort des Satzes ist, bemerkt auch A. E. J. Holwerda, Disputatio de dispositione verborum in lingua Graeca, in lingua Latina et apud Plutarchum (Diss. Traiecti ad Rhenum 1878); aber auch von diesem Verfasser wird am ausführlichsten über das Hyperbaton gesprochen.

Speziell über die Stellung des Verbums handelt keine der vorher erwähnten Abhandlungen. Der Hauptfehler aber dieser älteren Arbeiten besteht darin, daß sie nicht untersuchen, was in der Wortstellung der griechischen Schriftsteller auf das Konto der natürlichen Wortfolge zu setzen ist, die doch im Griechischen ebenso gut wie in andern indogermanischen Sprachen anzutreffen sein dürfte und die im Griechischen gerade mit Hülfe dieser festgestellt werden kann, was ferner griechische Neuerung ist, und endlich, was bei Neuerungen der natürlichen Sprache, was der rhetorischen Kunst und Stilistik zuzuschreiben ist. Vor allem muß jenen älteren Abhandlungen gegenüber darauf hingewiesen werden, daß wir über eine künstliche (rhetorische)

Stellung erst dann richtig werden urteilen können, wenn wir vorab das Wesen der 'natürlichen' untersucht und festgestellt haben. Gegen diesen Grundsatz verstößt auch Louise Lindhammer in ihrer Dissertation "Zur Wortstellung im Griechischen. Eine Untersuchung über die Spaltung syntaktisch eng zusammengehöriger Glieder durch das Verbum" (Berlin 1908), indem sie die von ihr behandelte Erscheinung lediglich als ein Produkt der Kunstsprache hinstellt. Sie hat es unterlassen, die ältesten griechischen Inschriften auf ihr Problem hin zu untersuchen, sie hat sich auch auf ihr Thema hin nicht die verwandten Sprachen angesehen; sonst hätte sie nicht zu dem falschen Urteil kommen können, daß eine Stellungsart wie καὶ μέγιστον ἦν ἱκέτευμα τοῦτο Thuc. I 137, 1 (a. a. O. S. 15) nur künstlichen Ursprungs und etwas speziell Griechisches sei, wiewohl bereits vor ihrer Dissertation W. Schulze und J. Wackernagel für die ganz ähnliche, auf Inschriften unzählige Male anzutreffende Stellungsart Πύρρος ἐποίησεν Ἀθηναῖος eine ganz andere Erklärung gegeben haben, auf die wir im Verlaufe unserer Abhandlung noch zurückkommen, und wiewohl uns Thommen in seiner hübschen Arbeit auch ein Kapitel "Trennung zusammengehöriger Glieder" fürs Altindische (S. 17 ff.) liefert.

Auch was wir in Kühner-Gerths ausführlicher Grammatik der griechischen Sprache II² S. 592 ff. über die griechische Wortstellung lesen, krankt an demselben Fehler. Es wird uns dort wohl von dem Wohlklang und dem Rhythmus in der Sprache des Homer, des Isokrates und Demosthenes erzählt; aber von den Gesetzen der natürlichen Wortstellung erfahren wir nichts. Irrig ist es auch, wenn Kühner-Gerth von einer gewöhnlichen Stellung, in der das Subjekt die erste, das Prädikat die letzte Stellung einnimmt, redet und von einer 'invertierten' mit der Folge Prädikat — Subjekt. Der Ausdruck 'invertiert' setzt voraus, daß der erstere Typus der ältere und ursprünglichere ist und daß der zweite lediglich eine Veränderung des ersteren darstellt. Das ist aber unrichtig: beide Typen sind ursprünglich und bestanden von alters her nebeneinander, wie auch unsere Abhandlung zeigen wird. Ich möchte es nicht unterlassen, das wörtlich anzuführen, was A. Thumb in der Germanisch-Romanischen Monatsschrift Jahrgang 1911, S. 1 ff.[1]) über Kühner-Gerth's Darlegung sagt: "In der 'Ausführlichen Grammatik der griechischen

[1]) Siehe auch Byz. Zeitschr. 18, 560 ff.

Sprache' von R. Kühner(-Gerth), 3. Aufl. II, 2 (1904), S. 595, wird gelehrt, daß in der griechischen Sprache bei regelmäßiger Wortstellung das Verbum die letzte Stelle im Satze einnehme; daraus ergibt sich natürlich die Folgerung, daß jede andere Stellung durch besondere Gründe (z. B. rhetorischer oder inhaltlicher Art) bedingt sei. Nun braucht man aber nur einmal die Stellung des Verbums in etwa fünf Seiten eines Herodot oder Xenophon durchzuzählen, um zu erkennen, daß die Regel falsch ist. Seit Jahrhunderten wird das Griechische gelehrt und studiert, und die wichtigste deskriptive Grammatik der Gegenwart weiß noch nicht einmal zu sagen, welches die gewöhnliche Stellung des Verbums ist; schon für einen Untertertianer ist die richtige Regel nützlich. Die Wahrheit, daß das Verbum der griechischen Sprache gewöhnlich Mittelstellung hat, ist aber nicht nur für den griechischen Unterricht von einigem Wert, sondern hat vor allem für die sinngemäße Exegese der Autoren die größte Bedeutung. Denn wer lehrt und glaubt, das Verbum stehe im Griechischen meist am Satzende, muß bei jeder andern Stellung einen bestimmten Grund vermuten und wird zu einer ganz falschen Anschauung kommen, wenn es sich darum handelt, in einem griechischen Satz festzustellen, welche Satzglieder vom Autor mit besonderem Nachdruck hervorgehoben werden. Die Konsequenzen der falschen Lehre sind in praxi nur deshalb nicht so fühlbar geworden, weil man sich um Probleme der griechischen Wortstellung überhaupt noch wenig gekümmert hat."

Angeregt von meinem hochverehrten Lehrer, Herrn Prof. Dr. A. Thumb, habe ich Untersuchungen über die Stellung des Verbs im Griechischen angestellt. Was ich hier veröffentliche, macht nur einen Teil dieser Untersuchungen aus. Nur die Stellung des Verbs im Hauptsatze, und zwar nur im Aussagesatze, ist hier behandelt, doch denke ich die Stellung des Verbs im Fragesatze, im Befehlssatze und in den Nebensätzen bald folgen zu lassen. Außer den Inschriften sind vorläufig nur Herodot, Thucydides und Xenophons expeditio Cyri sowie dessen historia graeca berücksichtigt; die historische Entwicklung im Griechischen bis ins Neugriechische hinein gedenke ich ebenfalls anderwärts zu behandeln. Dafür ist aber hier die Verbindung mit den andern indogermanischen Sprachen gegeben, und besonders das Lateinische ist stärker berücksichtigt, mochte es nun in den einzelnen Satztypen betreffs der Stellung des

Verbs mit dem Griechischen übereinstimmen oder von ihm abweichen.

Wenn man einmal mehrere Seiten verschiedener griechischer Prosaschriftsteller zunächst rein statistisch darauf hin untersucht, welche Stellung des Verbs am häufigsten vorkommt, so stellt sich heraus, daß dies im Hauptsatze[1]) von der Mittelstellung gilt.

Ich gebe zur Veranschaulichung eine lediglich der Statistik dienende Tabelle. Es sind je zwanzig Seiten aus Herodot, Thucydides, Polybius und Theophanes' Chronik berücksichtigt worden, und zwar so, daß je fünf Seiten fortlaufenden Textes an verschiedenen Buchstellen ausgewählt wurden, ferner zehn Seiten aus Xenophons Anabasis, zehn aus dessen Hellenika, und zwar auch wieder je fünf zusammenhängenden Textes, so daß also im ganzen auch bei Xenophon zwanzig Seiten heraus kommen, schließlich je fünf Seiten Matthaeus, Markus, Lukas, Johannes.

	A.[2])	M.[2])	E.[2])
Herodot	47	165	71
Thucydides	54	149	82
Xenophon[3])	50	184	93
Polybius	22	127	29
Matthaeus[4])	37	51	20
Markus[4])	40	66	24
Lukas[4])	63	55	31
Johannes[4])	71	48	25
Theophanes	50	167	77

[1]) Im Nebensatz liegen die Verhältnisse etwas anders, hier ist Anfangsstellung, d. h. die direkte Folge des Verbs auf die Konjunktion oder das Relativpronomen häufiger.

[2]) Bedeutet Anfangs-, Mittel-, End-Stellung.

[3]) Anabasis 34 — 95 — 45; Hellenika 16 — 89 — 48.

[4]) Die Imperative in der direkten Rede sind nicht mitgezählt. — Daß die Anfangsstellung in den Evangelien zahlreicher als sonst auftritt, rührt daher, daß vor allem die Verba des Sagens, die sehr oft vorkommen, am Anfang des Satzes stehen; z. B. ἔφη αὐτῷ ὁ Ἰησοῦς Matth. 4, 7. ἔφη αὐτῷ ὁ Ἰωάννης Marc. 9, 38. εἶπεν δὲ αὐτῷ ὁ θεός Luc. 12, 20. λέγουσιν οἱ μαθηταὶ αὐτοῦ Joh. 16, 29. ἀπεκρίθη ὁ Πιλᾶτος Joh. 19, 22. Hierin liegt nicht etwa ein Semitismus vor; vielmehr ist diese Stellungsart echt griechisch und altererbt, wie aus § 33 f. deutlich hervorgeht.

Zunächst muß ich nun einiges über die zu verwendenden termini technici sagen. Unter Endstellung verstehen wir natürlich die Fälle, wo das Verb am Ende steht, wo nichts mehr im Satze darauf folgt. Anfangsstellung herrscht, wenn das Verb den Satz beginnt. Absolut nennen wir die Anfangsstellung, wenn das Verb keine Partikel vor sich hat, die notwendigerweise den Satz eröffnen müßte, wie z. B. griech. καί, lat. *et*, neuhochd. *und* oder wie ἀλλά, διόπερ usw. Hat es eine solche Partikel vor sich, so reden wir von gedeckter Anfangsstellung (oder auch, wo es nicht besonders darauf ankommt, von Anfangsstellung schlechthin).[1]) Dagegen rechnen wir zur Mittelstellung Fälle, wo eine adverbiale Bestimmung oder ein Genitivus absolutus den Satz eröffnen und dann erst das Verb folgt, z. B. neuhochdeutsch *gestern kam mein Vater.* Das Verb steht hier ebenso in Mittelstellung wie in dem Satze *mein Vater kam gestern.* Wenn wir hiermit auch in einen Gegensatz zu der bisher üblichen Auffassung treten, die auch jene Stellungsart zur Anfangsstellung zählte, so scheint mir dies doch durch die Natur der Sache geboten. Wenn es z. B. bei Herodot IV 38 heißt οἰκέει δὲ ἐν τῇ ἀκτῇ ταύτῃ ἔθνεα ἀνθρώπων τριήκοντα, so herrscht hier Anfangsstellung des Verbs; heißt es aber bald darauf μέχρι δὲ τῆς Ἰνδικῆς οἰκέεται ἡ Ἀσίη IV 40, so ist hier Mittelstellung des Verbs zu konstatieren, die Adverbialbestimmung hätte auch, wie das erste Beispiel zeigt, hinter das Verb treten können. Aber in dem ersten Satz hebt Herodot den Begriff des Wohnens, im zweiten die örtliche Lage Indiens hervor.

In unserer Abhandlung kommt es uns zunächst darauf an, verschiedene feste Stellungstypen des Verbs im Hauptsatze festzustellen, die der natürlichen Sprache angehören. Aus diesem Grunde wurden teilweise die Dialektinschriften aller Gegenden ausgiebig benutzt. Zweitens lag es in unserer Absicht, darzutun, wie das Verb aus einer Stellung in die andere geraten konnte, wie es z. B. dadurch, daß ein einfacher Satz erweitert wurde,

---

[1]) Der Vortritt einer Konjunktion wie lat. *et* kann von Wichtigkeit sein. So kann in der altfranzösischen Prosaliteratur des 12. und 13. Jahrhunderts das Verb nur in gedeckter Anfangsstellung stehen (nach satzeinleitendem *et*), während im Altprovenzalischen zu dieser Zeit absolute Anfangsstellung des Verbs möglich ist. Siehe R. Pape, Die Wortstellung in der altprovenzalischen Prosaliteratur des 12. und 13. Jahrhunderts. Diss. Magdeburg. 1883. S. 9 f.

aus der Anfangs- in die Mittelstellung, aber auch aus der Endstellung in die Mittelstellung gelangen konnte.

So habe ich in § 1 die Belege aus den Inschriften angeführt, in denen das Verb des Beschließens (meist ἔδοξε) am Anfang des einfachen Satzes steht; in § 2 reihen sich die Beispiele aus Thucydides und Xenophon an. In § 3 wird dann darüber gehandelt, daß eine Zeitbestimmung meistens an den Anfang des Satzes tritt, so daß dadurch das Verb des Beschließens aus der Anfangsstellung fortgerückt wird und in Mittelstellung gerät. In § 4 wird ein anderer Fall besprochen, in dem das Verb des Beschließens ebenfalls aus der Anfangsstellung in die Mittelstellung kommt, nämlich dadurch, daß ein Demonstrativpronomen als grammatisches Subjekt sich an den Satzanfang drängt. Oder aber: In § 38 wird die Endstellung des Verbs in kurzen, nur aus Subjekt und Prädikat bestehenden Sätzen auf Künstler- und Weihinschriften behandelt, in § 39 die Fälle, wo auf Inschriften derselben Art noch ein Akkusativobjekt in der Form eines Personalpronomens hinzutritt. Da dies enklitisch an zweiter Stelle des Satzes steht, bleibt die Endstellung des Verbs bewahrt. In § 40—43 werden ähnliche kurze Satztypen mit Endstellung des Verbs aufgeführt; in § 44 ff. aber wird dann gezeigt, wie das Verb durch weitere Zusätze hinter das Verb aus der Endstellung in die Mittelstellung gelangt; u. s. f.

Dadurch aber wurde eine streng geschiedene Behandlung erstens der Anfangsstellung, zweitens der Mittelstellung, drittens der Endstellung unmöglich. Ich hoffe, daß der jeweilige Verweis auf einen inhaltlich verwandten Paragraphen einigermaßen über diesen Mangel hinweghilft.

Bereits oben sahen wir, daß in zwei gleichartigen Sätzen bei Herodot das Verb verschiedene Stellung aufwies. Einmal stand es am Anfang, einmal in der Mitte. Der Grund war, daß im letzteren Falle ein betontes Satzglied vorgetreten war. Wir haben hierin ein wichtiges Prinzip der Wortstellung zu erblicken, das W. Wundt, Völkerpsychologie II², S. 359 folgendermaßen definiert: "wo die Wortstellung frei, nicht durch eine überlieferte feste Norm oder durch andere Bedingungen gebunden ist, da folgen sich die Wörter nach dem Grade der Betonung der Begriffe". Ganz einwandfrei ist freilich diese Definition nicht; sie berücksichtigt nicht, daß außer der Anfangsstellung auch noch die Endstellung des Satzes einen Platz dem betonten Begriff gewährt, wie dies auch für Griechische z. B. der Satz ταύτην τὴν γνώμην ἔχω ἔγωγε Xen. exped. Cyri II 2, 12 beweist. Nach Wundt müßte hier ἔγωγε auf ταύτην τὴν γνώμην folgen. Gegenüber diesem psychologischen Prinzip, den betonten Begriff durch besondere Stellung, meistens durch Anfangsstellung, hervorzuheben, steht das Prinzip der historischen Tradition, das von Wundt a. a. O. S. 356 gekennzeichnet ist. Auch für das Griechische spielt dieses eine große Rolle. Wir können im Griechischen Satztypen mit einer festen Stellung des Verbs konstatieren, die in andern indogermanischen Sprachen unter denselben Bedingungen die genaue Entsprechung hat. Hierher gehört z. B., wenn demonstrative Pronomina oder Adverbia Anfangsstellung im Satze erstreben (siehe §§ 5, 7 ff.), was auch von adverbialen Zeitbestimmungen gilt (siehe §§ 3, 4, 13 f.). Oft genug kann es vorkommen, daß Kollisionen zwischen solchen Satzgliedern und dem Verb entstehen. Das Verbum substantivum liebte die Anfangsstellung, demonstrative Ortsadverbia aber auch; 'es gab dort' hieß nun bald ἦν δὲ ἐνταῦθα, bald ἐνταῦθα δὲ ἦν. So erklären sich manche Fälle von 'Stellungsfreiheiten'. Auch zwischen dem psychologischen Prinzip der Hervorhebung und der historischen Tradition kann es zu einem Konflikt kommen. Und für den Zusammenhang der Erzählung kommt noch der Umstand in Betracht, daß dasjenige Wort sich an den Satzanfang drängt, welches den Zusammenhang mit dem vorhergehenden darstellt. Dieses Moment kann aber auch wieder mit jenen beiden in Streit geraten. Endlich hat auch die Analogie, welche in der Syntax ebensogut wie in der Laut- und Formenlehre eine Rolle spielt, in der Wortstellung ihren Einfluß ausgeübt.

Kurz erwähnt sei noch Meillets Darlegung über die Reihenfolge der Wörter in den alten indogermanischen Sprachen in seiner Einführung in die vergleichende Grammatik, deutsch von Printz, S. 224. Meillet hat gewiß Recht, wenn er bemerkt, daß in den alten Sprachen die Flexion und die Kongruenz die syntaktische Zusammengehörigkeit deutlich genug kennzeichnen, daß deshalb in diesen Sprachen die Wortstellung eine freie sei und daß die Worte, welche für den Sinn besonders wichtig seien, auf die vor allem die Aufmerksamkeit gelenkt werden soll, eine markante Stellung einnehmen, was beispielsweise im Neuhochdeutschen durch den Starkton bewirkt wird.[1]) Aber ich kann Meillet nicht beistimmen, wenn er a. a. O. fortfährt: "die Reihenfolge der Wörter hatte also keinen syntaktischen Wert, sondern war nur ein Mittel des Ausdrucks, sie gehört ins Gebiet der Rhetorik, nicht in das der Syntax." Es lassen sich, wie wir in unserer Abhandlung noch sehen werden, bestimmte, feste Stellungstypen im Griechischen feststellen, die im großen und ganzen so fest sind wie die in andern Sprachen. Wo Abweichungen vorkommen, wird sich dafür in den allermeisten Fällen ein Grund angeben lassen (z. B. markante Hervorhebung eines andern Wortes, analogischer Einfluß eines andern Stellungstypus usw.). Wenn freilich die Abweichungen zahlreicher und besonders freier als in den meisten modernen Sprachen sind, so wird allerdings dafür der Grund das sein, was Meillet a. a. O. anführt: die Flexion und die Kongruenz.[2])

Die Poesie ist in unserer Abhandlung nicht berücksichtigt, nicht als ob damit gesagt sein sollte, daß sie sich für Wortstellungsuntersuchungen eigne. Hier wird man trennen müssen. Die Sprache des Dramas und noch mehr die lyrische verfährt freier in der Stellung der Worte als die Sprache des Epos. Letztere steht der gesprochenen Sprache der Gebildeten näher, und es dürfte sicher sein, daß sie manche Altertümlichkeit auch in der Wortstellung bewahrt hat. Aber um zunächst mal einen sicheren Boden zu gewinnen, lassen wir sie vorab bei Seite.

[1]) Daneben absolute Voranstellung des betonten Begriffes und seine Wiederaufnahme im Satz durch ein Pronomen auch im Neuhochdeutschen, z. B. *Dein Bruder, von dem habe ich Nachricht.* Ebenso französisch *Votre frère, j'ai de ses nouvelles.* Vgl. Paul Prinzipien[4] S. 285 f., der dort gleichartige Belege aus dem Mittelhochdeutschen, Englischen, Italienischen, Spanischen und Altgriechischen anführt. Ich nenne noch aus dem Altpersischen: *dādaršiš nāma arminiya^h manā ba^{n}daka^h : avam adam frāišayam arminam.* "Dadaršiš mit Namen, ein Armenier, mein Diener: den schickte ich nach Armenien." Beh. III 7. Vgl. III 10 u. öfter. Aus dem Hebräischen: יְהוָה בַּשָּׁמַיִם כִּסְאוֹ 'Jahwe: im Himmel ist sein Thron'. Ps. 11, 4 (sogenannter Casus absolutus). So auch im Arabischen, siehe Reckendorf, Die syntaktischen Verhältnisse des Arabischen S. 785 ff. Aus dem Chinesischen gehört die Voranstellung des psychologischen Subjekts hierher z. B. *niao, wu chi k'i nêng fei* 'die Vögel: ich weiß, ihr können fliegen (ich weiß, daß die Vögel fliegen können) Lao-tse Shi-Ki 63, 8.

[2]) Daß freilich auch in einer Sprache mit reicher Flexion feste Wortstellung herrschen kann, zeigt das Türkische, wo das Verb stets am Ende des Satzes steht.

Die Stellung des Verbs im Hauptsatze.

§ 1. **Anfangsstellung der Verba des Beschließens in den griechischen Inschriften.** In der Erzählung, wo es auf die Mitteilung von Geschehnissen ankommt, hat das Verbum finitum nach K. Brugmann, Kurze vergleich. Grammatik S. 683 im Urindogermanischen einst gerne Anfangsstellung gehabt. Das galt zunächst vom Beginn einer Erzählung. In diesem letzteren Falle hat sich in den griechischen Inschriften von der ältesten bis zur jüngsten Zeit die alte Stellungsart treu erhalten. Hier ist an erster Stelle die überaus häufige typische Formel zu nennen, welche uns den Beschluß irgend welcher Behörden griechischer Städte mitteilt. Ich gebe vorab Belege aus Kreta:

Aus Aptera aus dem II. Jh. ἔδοξεν [τᾶι] βουλᾶι καὶ τῶι δ[άμωι] 4942 b_1[1]). ἔδοξε τ[ᾶ β]ωλᾶι καὶ τῶι δάμωι 4945_{1-2}. 4946 a_1. ἔδοξε τᾶι βωλᾶι καὶ τῶι δάμωι 4948 $a_{8/9}$; vgl. auch b_{1-2}. Aus. Hierapytna ἔδοξεν Ἱαραπυτνίων τοῖς κόσμοις τοῖς σὺν Ἀλεξάνδρωι καὶ τᾶι πόλι 5042_2 III. Jh. Aus Knosos ἔδοξεν Κνωσίων τοῖς κόσμοις καὶ τᾶι πόλι Delos-I. 5150_1 II. Jh. Aus Olus ἔδοξε Ὀλοντίων τᾶι πόλει Σωτηρίδαν Μνασία, Φιλόδαμον Μνασικάρτιος, Μοστυλίωνα Πετραίω, Γορτυνίονς, προξένονς ἦμεν καὶ εὐεργέτανς . . . 5104 $a_{20\,ff.}$ III.—II. Jh. (Anfang des zweiten Teiles der Inschrift). Aus Olus-Latos: ἔδοξε Λατίοις καὶ Ὀλοντίοις κοινᾶι βουλευσαμένοις συνευδοκησάντων καὶ Κνωσίων, ἀμβαλὲν . . . Delos-I. $5149_{51\,f.}$ II. Jh. (dieser Beleg also nicht am Anfang, sondern in der Mitte einer Inschrift). Aus Itanos ἔδοξ[εν Ἰτα]νίων τᾶι βουλᾶι καὶ τᾶι ἐ[κ]κλησίαι 5059_2 III. Jh. Wiederum mitten in einer Inschrift: ἔδοξε τοῖς Ἰτανίοις καὶ τοῖς Πραισίοις θέσθαι εἰρήναν . . . $5060_{61\,f.}$ II. Jh. Aus Praisos ἔδοξε Πραισίων τᾶι βουλᾶι καὶ τῶι κοινῶι . . . $5121_{3\,ff.}$ III Jh. Aus den Teos-Inschriften ist noch bezeugt für

---

[1]) Die nur mit der Zahl genannten Inschriften sind nach der Collitz-Bechtelschen Sammlung der griechischen Dialektinschriften zitiert.

Vaxos ἔδοξεν Ϝαξίων τοῖς κόσμοις καὶ τᾶι πόλει ψαφιξαμένοις κατὰ τὸν νόμον 5169$_{2/3}$. Für Rhaukos ἔδοξε Ῥαυκίων τοῖς κόσμοις καὶ τᾶι πόλει 5167$_2$. Für Istron ἔδοξεν Ἰστρωνίων τοῖς κόσμοις καὶ τᾶι πόλει 5176$_2$ Für Priansos ἔδοξε Πριανσίων τοῖς κόσμοις καὶ τᾶι πόλει 5187$_2$. Für Latos ἔδοξε Λατίων τοῖς κόσμοις καὶ τᾶι πόλει 5171$_2$. So noch für Bienna 5183$_2$, für Malla 5184$_2$, für Arkadia 5185$_2$, für Knosos 5186$_2$. Schließlich noch aus Lappa ἔδοξε Λαπ[π]αίων τᾶι πόλει Ἀγαθόβουλον .... π[ρό]ξεν[ο]ν ἦμεν ... 5074 a$_{1\,ff.}$ (junge Schrift).

Belege aus Attika: In dem bekannten attischen Volksbeschluß z. B. ἔδοξεν τῶι δήμωι CIA 2^1, 470$_3$. 420$_3$, 334 c$_3$. ἔδοξεν τῇ βουλῇ καὶ τῷ δήμῳ 2^1, 55$_4$, 57 b$_{2/3}$. 1, 32 a$_1$. 2, 76. 2, 308$_3$. u. s. f. Vgl. auch in den Indices unter der Überschrift 'senatus et comitia' unter ἔδοξεν τῇ βουλῇ, ἔδοξεν τῇ βουλῇ καὶ τῷ δήμῳ und ἔδοξεν τῇ βουλῇ κατὰ τὸ τοῦ δήμου ψηφίσμα. Ferner ἔδοξεν τοῖς θιασώταις CIA 1, 611$_{2/3}$; 2^5 611 b$_1$. ἔδοξεν Ἀθηναίων τοῖς τεταγμέ[νοι]ς ἐ[ν Ἐλευ]σῖνι καὶ Πανάκτωι κ[αὶ] Φυλεῖ καὶ τοῖς ὑπαίθροις 2^5, 619 b$_1$.

Aus Lakonien ἔδοξε τ[ᾶι] πόλει τῶν Γερονθρατῶν Πέλοπα... πρόξενον ἦμεν. Collitz 4532, $_{1\,ff.}$ ἔδοξε τῶι δάμωι προξ[εν ... ἦμεν] 4576 b. Aus Euboia ἔδοξεν τῶι δήμωι Φίλωνα καὶ Στρατοκλέα φεόγειν Ἀμφίπολιν ... 5282$_{1\,ff.}$ ἔδοξεν τεῖ βουλῆι Ἡγέλοχον τὸν Ταραντῖνον πρόξενον εἶναι καὶ εὐεργέτην ... 5308$_{2\,ff.}$ ἔδοξεν τεῖ βουλεῖ καὶ τοῖ δήμοι Ἡράκλειτον τὸν Ταραντῖνον πρόξενον εἶναι Ἐρετριῶν αὐτὸν καὶ ἐγγόνους .... $_{11\,ff.}$ Aus Oropos ἔδοξε τεῖ ἐκκλησίει ἀγαθεῖ τύχει Ἀμύνταν Ἀντιόχου Μακεδόνα πρόξενον εἶν Ὠρωπίων καὶ εὐεργέτην 5338, $_{2\,ff.}$ IV.—III. Jh. Aus Amorgos [ἔδο]ξεν τῆι βουλῆι καὶ τῶι δήμωι 5364$_1$. ἔδοξεν τεῖ βουλεῖ καὶ τῶι δήμωι 5366. ἔδοξε[ν τῆι βουλῆι κ]αὶ τῶιδή μωι 5370$_1$. Aus Milet nach voraufgehendem Hauptsatz ἔδοξε μολποῖσιν 5495$_4$. Ebenso nach zwei Hauptsätzen ἔδοξεν τῆι βουλῆι καὶ τῶι δήμωι 5494$_{4\,f.}$ Aus Zeleia (Kleinasien) ἔδοξεν τῶι δήμωι 5533 b, c, d, e, f, immer am Anfang der Inschrift. Aus Ephesos ἔδοξεν τῆι βουλῆι καὶ τῶι δήμωι 5589$_1$. Aus Magnesia ἔδοξεν τῆι βουλῆι καὶ τῆι δήμωι 5737$_{8/9}$, also nicht am Anfang der Inschrift. Aus Megara nach voraufgehenden Hauptsätzen ἔδοξε βουλᾶι καὶ δάμωι 3007$_6$. 3008$_6$. Aus Byzantion ἔδοξε τᾶ βουλᾶ καὶ τῶ δάμω 3059$_2$. Aus Messambria ἔδοξε τᾶι βουλᾶι καὶ τῶι δαμ[ωι ...] 3078$_1$. Aus Korkyra ἔδοξε τᾶι ἁλίαι πρόξενον εἶμεν Βοΐσκον ... 3200$_{1\,ff.}$ ἔδοξε τᾶι ἁλίαι προξένους εἶμεν τᾶς πόλιος τῶν Κορκυραίων Λυκίσκον καὶ

Ἐχεσθένη ... 3201 1 ff. ἔδοξε τᾶι ἁλίαι πρόξενον εἶμεν Παυσανίαν ... 3202 1 ff. ἔδοξε τᾶι ἁλίαι πρόξενον εἶμεν τᾶς πόλιος τῶγ Κορκυραίων Φιλιστίωνα Θευδώρου Λοκρόν ... 3203 1 ff.

Mit dem sinnverwandten Verb κρίνειν aus Argos ἔκρινε ὁ δᾶμος ὁ τῶν Ἀργείων κατὰ τὸ δόκημα τοῦ συνεδρίου τῶν Ἑλλάνων .... ἐμμενὲν ἅι κα δικάσσαιεν τοὶ Ἀργεῖοι π[ε]ρὶ τᾶν [ν]άσων 3277 2 ff.

Wieder mit δοκεῖν aus Trozan (Argolis) mitten in Inschriften ἔδοξε τᾶι κώμ[αι δομεν ...] 3364 $a_{35/36}$. ἔδοξε [τ]οῖς τ[ε]λεστῆρσ[ι τᾶς μεγάλα]ς Ματρὸς δόμεν τὰν οἰκίαν ... b_{10}. ἔδ[ο]ξε τοῖς πατριώταις τ[ᾶ]ς Γεραιστίας ... b_{11}. ἔδοξε τοῖς Σκυλλαιεῦσι δόμεν τ[ὰ] κοινεῖα ... $b_{24 f.}$ u. s. f. Aus Astypalaia [ἔδοξ]ε τᾶι βουλᾶι καὶ τῶι δάμωι 3459_1. ἔδοξε τῶ δάμω 3463_1. Aus Telos [ἔδοξ]ε Τηλίοις 3486_1. ἔδοξε τῶι δάμωι 3487_1. Aus Knidos ἔδοξε Κνιδίοις 3500_1. Aus Kalymna ἔδοξε τᾶι βουλᾶι καὶ τῶι δ[άμωι] 3555 a_1. Ebenso 3556_1. 3557_1. 3566 a_1. 3566 A_1. 3573_1. 3574_1. 3575_1. 3576_1. 3577 a_1, b_1. 3581_1. 3585_1. Ferner ἔδοξε Καλυμνίοις 3567 c_1. ἔδοξε τᾶι βουλᾶι καὶ τᾶι ἐκκλησίαι 3568_1. Aus Kos ἔδοξε τᾶι βουλᾶι καὶ τῶι δάμωι 3613_1. ἔδοξεν τᾶι βουλᾶι καὶ τῶι δάμωι 3614_1. 3620_1. Aus Rhodos ἔδοξε τῶι δάμωι ἀγαθᾶι τύχαι εὔξασθαι μὲν τοὺς ἱερεῖς καὶ τοὺς ἱεροθύτας τῶι Ἁλίωι ... 3749 1 ff. [ἔ]δοξεν τῶι δάμωι 3750_1. ἔδοξε τᾶι βουλᾶι 3751 II_{10}. Aus Jalysos (auf Rhodos) ἔδοξε τοῖς μάστροις καὶ Ἰαλυσίοις 4410_1. Aus Kamiros ἔδοξε Καμιρεῦσι 4118_1. Aus Lindos ἔδοξε μάστροις καὶ Λινδίοις 4154_1. Aus Gela ἔδοξε τᾶ ἁλίαι καθὰ κα[ὶ τ]ᾶ βουλᾶι $4250_{8/9}$. Aus Akragas ἔδοξε τᾶι ἁλίαι καθὰ καὶ τᾶι συ[ν]κλήτωι ... 4254. Aus Ätolien ἔδοξεν τοῖς Αἰτωλοῖς ποτὶ τοὺς [Κε]ίους τὰν φιλίαν τὰν ὑπάρχουσαν διαφυλάσσειν ... 1410 1 ff. Aus Änanien ἔδοξε τοῖς Αἰνιάνοις δεδόσθαι ... 1430 b_3. Aus der Phthiotis ἔδοξε τᾶι πόλει 1441. Aus den Inschriften des achäischen Bundes ἔδοξε τῶι κοινῶι τῶν Ἀχαιῶν τοῖς ὁμήροις Βοιωτῶν καὶ Φωκέων προξενίαν δόμεν ... 1636 1 ff. Die Inschriften von Delphi liefern reichlich Belege. Ich beschränke mich darauf, aus der Collitzschen Sammlung einige anzuführen. ἔδοξε τᾶι πόλει τῶν Δελφῶν 2582. ἔδοξε τᾶι πόλει τῶν Δελφῶν ἐν ἀγορᾶι τελείωι σὺν ψάφοις ταῖς ἐννόμοις ... ἀναγράψαι ... 2613, 2627 nur σὺμ statt σύν, sonst gleich. Ebenfalls noch mit σὺμ aber sonst gleich 2642, 2820, 2821. Auch ἔδοξε τᾶι πόλει τῶν Δελφῶν ἐν ἀγορᾶι τελείωι σὺν ψάφωι τῶι ἐννόμωι ... δεδόσθαι ... 2845.

Aus Lesbos gehört, nur mit anderem Wortgebrauch, hierher ἔγνω δᾶμος 215.

Aus dem kleinasiatischen Äolisch wieder mit δοκεῖν: ἔδοξε τῶ δάμω Ἐλπινίκω καὶ Ἀθανοδώρω, τοῖς παίδεσσι τοῖς Ἀγασιστράτω, Γενεδίοισι, εὐεργέταισι ἐόντεσσι, δεδόσθαι... προξενίαν... 312. ἔδοξε τῶ δάμω Θεμίσωνι ... δ[ε]δόσθαι ....[... προξε]νίαν καὶ προεδρίαν ... 313.

Abweichend fand ich nur in Mykene ἁλίαι ἔδοξε τελείαι τῶν Μυκανέων 3315_3. Hier erscheint also ἔδοξε in Mittelstellung, in dem es sich zwischen die grammatisch und logisch zusammengehörigen Wörter ἁλίαι τελείαι gedrängt hat.

§ 2. Anfangsstellung von δοκεῖν in der Literatur. Die bei weitem üblichere Anfangsstellung des Verbums δοκεῖν 'beschließen' findet sich nun auch in der Literatursprache bezeugt: die Sprache der Literatur stimmt also in diesem Falle mit derjenigen der Inschriften überein.

Belege aus Thukydides: ἔδοξεν οὖν αὐτοῖς ἄνδρας ἐς κελήτων ἐμβιβάσαντας ἄνευ κηρυκείου προσπέμψαι τοῖς Ἀθηναίοις I 53, 1. ἔδοξε οὖν ξυναγαγόντι τοὺς μεθ' ἑαυτοῦ ὡς ἐς ἐλάχιστον χωρίον δρόμῳ βιάσασθαι ἐς τὴν Ποτείδαιαν. I 63, 1. ἔδοξε δὲ αὐτοῖς ἐν Βοιωτοῖς περιμείνασι σκέψασθαι .... I 107, 4. ἐδόκει δὲ λαβόντα τῶν ναυτῶν ἕκαστον τὴν κώπην καὶ τὸ ὑπηρέσιον καὶ τὸν τροπωτῆρα πεζῇ ἰέναι ἐκ Κορίνθου ἐπὶ τὴν πρὸς Ἀθήνας θάλασσαν. II 93, 2. δοκεῖ δέ μοι καὶ ἐς Καρχηδόνα ἄμεινον εἶναι πέμψαι. VI 34, 2. Auch VI 61, 2.

Aus Xenophons expeditio Cyri: ἔδοξεν αὐτοῖς ἀπιέναι I 10, 17. Aus dessen hist. graeca ἔδοξε δὲ καὶ τοῖς τῶν Ἀθηναίων στρατηγοῖς ἑπτὰ μὲν καὶ τετταράκοντα ναυσὶ Θηραμένην τε καὶ Θρασύβουλον ... πλεῖν ἐπὶ τὰς καταδεδυκυίας ναῦς I 6, 35. ἔδοξε δὲ ἀναβαλέσθαι εἰς ἑτέραν ἐκκλησίαν I 7, 7. Nach καί: καὶ ἔδοξε τῷ δικαστηρίῳ δῆσαι τὸν Ἐρασινίδην I 7, 2.

§ 3. Die Verba des Beschließens geraten durch satzeinleitende Zeitbestimmung in Mittelstellung. In den in § 1 aufgeführten Belegen mit Anfangsstellung des Verbs des Beschließens fehlte eine Zeitangabe. Tritt eine solche in Form einer adverbialen Bestimmung oder eines Genitivus absolutus hinzu, so kann das Verb die Anfangsstellung beibehalten, indem die Zeitangabe nachsteht.

So aus Jasos (Kleinasien) ἔδοξεν τῆι βουλῆι καὶ τῶι δήμωι μηνὸς Ἀπατουριῶνος ἐπὶ στεφανηφόρου Παταίκου τοῦ Σκύλακο[ς . . .] 5515_{1f}. Aus Magnesia ἔδοξεν τῆι βουλῆι καὶ τῶι δήμωι ἐκκλησίας κυρίας γενομένης ὑπὲρ ἑξακοσίων $5738_{7/8}$. Aus Kalymna ἔδοξε τᾶι ἐκκλησίαι τᾶι Καλυμνίων μηνὸς Ἀρταμιτίου ἐπ' Ἀριστολαΐδα $3567a_{1/2}$. ἔδοξε τᾶι ἐκκλησίαι τᾶι Καλυμνίων μηνὸς Καρνείου ἐπὶ Λευκάρου $3567b_{1/2}$. Aus Delphi ἔδοξε Λαβυάδαις Βουκατίου μηνὸς δεκάται ἐπὶ Κ[ά]ρπου ἐν τᾶι ἁλίαι . . . $2561_{20ff.}$ Auch aus Anaphe ἔδοξε τᾶι βουλᾶι τᾶι Ἀναφαίων καὶ τῶι δάμωι [γ]νώμαν ἀγορεύσαντος Πινδάρου τοῦ Τελεσιγένους, θέσει δὲ Εὐβώλου ἐπιψηφιζομένου Ἀρχωνίδα τοῦ Κρατησίππου $3432_{1ff.}$ Siehe auch S. 15.

Diese Fälle sind aber an Zahl sehr gering. Es ist nämlich bei weitem üblicher, daß die adverbialen Zeitbestimmungen, zu denen auch die eine chronologische Angabe enthaltenden Genitivi absoluti zu rechnen sind, an den Anfang des Satzes treten und das Verb erst ihnen folgt. Das Verb selbst gerät dadurch aus der Anfangsstellung in die Mittelstellung.

Aus Elyros auf Kreta ἐπὶ κόσμω Τυρβάσ[ω?] τῶ Ἀγησίφω ἔδοξε τοῖς κό[σ]μοις καὶ τᾶι πόλει Ἀρίστοφον Ὀνασάνδρ[ω] Λαππαῖον π[ρόξενον . . . .] 4960 (junge Schrift). Aus Malla ἐπὶ τῶν Αἰθαλέων κοσμιόντων Τύχωνος τῶ Πειθία, Διοτέλιος τῶ Ἐλύρω, Φαλάκρω τῶ Σωμένιος, Διοφάντω (τῶ) Σωτοκύδιος ἔδοξε τοῖς κόσμοις καὶ τᾶι πόλι ψαφιξαμένοις $5101_{1ff.}$ II. Jh. Aus Olus ἐπὶ δαμιοργοῦ Λεύκου ἔδοξε τοῖς πολίταις προξένος ἦμεν καὶ εὐεργέτας Πάτροκλον Πάτρωνος Μακεδόνα, Καλλικράτη . . . $5104a_{35ff.}$, wo eine neue Kolonne beginnt. III/II Jh. ἐπὶ [Δ]αμόδωντος καὶ Τηλεχώρου καὶ Ἀριστομένους ἔδοξε Ὀλοντίων τᾶι πόλει Ἀλέξιππον Ἐπιγένους Χα[λ]κιδέα πρόξενον εἶναι καὶ πολίτην . . . . $a_{47ff.}$ ἐπὶ δαμιοργοῦ Σωτίμου Ἀνδροβώλου Δαμονόμου ἔδοξε Ὀλοντίοις Ἰκάδιον Μόλλιος Ἀλεξανδρέα εἶναι πολίτην . . . $a_{58ff.}$ [ἐ]πὶ δαμιοργοῦ Αὐτοσθένευς ἔδοξε Ὀλοντίων τοῖς κόσμοις καὶ τᾶι πόλει Διδύμαρχον Χαίτωνος Ῥόδιον πρόξενον εἶμεν καὶ εὐεργέταν . . . $b_{1ff.}$ Vgl. $b_{19ff.}$, $b_{35ff.}$ Aus Latos ἐπὶ κοσμιόντων τῶν σὺν Μανναίωι τῶ Χαιρνητάδα μηνὸς Λατίω Θερμολαίω δεκάται, ἐν δὲ Ὄλοντι ἐπὶ τῶν σὺν Κρατίωνι τῶ Ἀριστωνύμω μηνὸς Ἡραίω δεκάται ἔδοξε Λατίοις καὶ Ὀλοντίοις κοινᾶι βωλευσαμένοις προσθέμεν πρὸς τὰν φιλίαν . . . $5074_{85ff.}$ in der Ausgabe von Deiters. I. Jh. Aus Knosos ἐπὶ τᾶς ἀρχήιας κοσμιόντων τῶν σὺν Ζωάρχωι ἔδοξεν Κνωσί[ω]ν [τ]οῖς κόσ[μοις] καὶ τᾶι πόλι Θιογείτονα Σίμω Ἰο[φῶντα Ἰο]φῶντος Μάγνητας ἀπὸ Μαιάνδρω π[ρο]ξένονς ἦμεν καὶ εὐεργέτανς Κνωσίων . . . Magnesia — I. $5155_{9ff.}$ III. Jh. Hier ist nach Blass die Zeitbestimmung durch einen Genitivus absolutus gegeben: "als in der Regierung Zoarchos und seine Genossen den Kosmen-Dienst ausübten". Zur Ausdrucksweise ist die

Anmerkung, die Blass zur Inschrift 5007 gibt, zu vergleichen. Doch ist die eine Belegstelle nicht in 5150, sondern in 5155 a. a. O. zu finden. Steht bereits ein Genitivus absolutus, welcher ein Zeitverhältnis zur Haupthandlung enthält, am Anfange des Satzes, so scheint eine andere zeitliche Angabe nach dem Verbum finitum zu stehen, dieses selbst erscheint so wieder in Mittelstellung. Hierher gehört aus Olus-Latos πρειγευσάντων Κνωσίων τᾶς πόλιος ἐπὶ τᾶς πόλεις τάν τε τῶν Λατίων καὶ τῶν Ὀλοντίων καὶ παρκαλεσάντων δόμεν αὐτοῖς ἐξαρχίδιον τὰν ἐπιτροπὰν περὶ ὧν καὶ πρὸ τῶ ἔδοξε Λατίοις καὶ Ὀλοντίοις, κοινᾶι βωλευσαμένοις, ἐπὶ κόσμων Κνωσοὶ μὲν τῶν σὺν Νενναίω(ι) τῶ Μοψείω, μηνὸς Σπερμίω δευτέραι, Λατοὶ δὲ τῶν σὺν Διοκλεῖ τῶ Ἡρώιδα μηνὸς Θιοδαισίω δευτέραι, ἐν δὲ Ὀλόντι τῶν σὺν Μενοντίδαι τῶ Ἀκάσσωνος μηνὸς Ἐλευσινίω δευτέραι δόμεν τὰν ἐπιτροπὰν Λατίος καὶ Ὀλοντίος τᾶι τῶν Κνωσίων πόλι ... $5149_{1 ff.}$

Nur éinmal finde ich in Kreta den Fall, daß das Verb am Anfang steht und die Zeitbestimmung folgt. Aus Praisos ἔδο[ξε] τῶι κόσμωι καὶ τᾶι πόλι τᾶι Πραισίων ἐπὶ Ἀλιδίου πρωτοκόσμου καὶ τῶν ἄλλων συνκόσμων $5120_{2 ff.}$ Vgl. auch S. 13 unten.

Aus Attika: ἐπὶ Θεμιστοκλέους ἄρχοντος [ἔδοξε] τῆι βουλῆι καὶ τῶι δήμωι CIA 2^1, 109. ἐπὶ Μυστιχίδου ἄρχοντος ἔδοξεν τῆι Πανδιονίδι φυλῆι ἐν τῆι ἀγορᾶ[ι] τῆι μετὰ Πανδία ... 2^4, $554\,b_{2 ff.}$

Abweichend ἔδοξεν τῆι Κεκροπίδι φυλῆι ἐπὶ [Χ]αρισάνδ[ρου ἄρχοντος] τῆι κυρίαι ἀγορᾶι κρύβδην ψηφισαμένων τῶ[ν φυλετῶν] ἐν ἀκροπόλει CIA 2^5, $619\,b_1$. Hier mag wie in jenem Belege aus Kreta der Satztypus ohne Zeitbestimmung von Einfluß gewesen sein, in dem ja das Verb, wie wir gesehen haben, Anfangsstellung aufwies.

Aus Lakonien: Πόθοδον ποιησαμένου Δαμίωνος τοῦ Θεοκρίτου Ἀμβρακιώτα περὶ προξενίας καὶ ἐπελθόντος ἐπί τε τᾶς συναρχίας καὶ ... ἀπολογισαμμένου ἃ ἦν πεποι[η]κὼς εὔχρηστα ... τοῖς ἐντυγχάνουσιν τῶν π[ο]λιτᾶν ἔδοξε τῶι δάμωι πρόξενον εἶμεν τᾶς πόλεος Δαμίωνα Θεοκρίτου [Ἀ]μβρακιώταν καὶ αὐτὸν καὶ ἐγγόνους ... Sparta $4430_{1 ff.}$ III. Jh. Πόθοδον ποιησαμέν[ου] Εὐδάμου τοῦ Εὐκράτ[ε]ος Λακεδαιμονίου κ[αὶ δ]ιαλεγομένου περὶ π[ρο]ξενίας καὶ τῶν ἄλλω[ν φι]λανθρώπων καὶ εὐχ[ρήστων] γεγονότων αὐτῶι ε[ἰς τὰν] πόλιν τῶν Γερονθρ[ατᾶν ἔδο]ξε τᾶι πόλει τῶν Γε[ρονθρατᾶν] Εὔδαμον Εὐκράτεος ... πρόξενον εἶμε[ν ....] $4531_{1 ff.}$

Aus Priene in Kleinasien ἐπὶ πρυτάνεως Ἀμύντορος ἔδοξεν Ἰώνων τῇ βουλῇ 5588. Aus Halikarnass [ἐπὶ] νεωποίου Χαρμύλου τοῦ Διαγόρου μηνὸς Ἡρακλείου [ἐπὶ] πρυτανείας τῆς μετὰ Μενεκλεῦς τοῦ Φορμίωνος [γρ]αμματεύοντος Διοδότου τοῦ Φιλονίκου ἔδοξεν[τῆ βουλ]ῆ καὶ τῶι δήμωι $5729_{1ff.}$ Aus Mylasa ἔτει τριηκοστῶι καὶ ἐνάτωι Ἀρταξέρξευς βασιλεύοντος Μαϋσσώλου ἐξαιθραπεύοντος ἔδοξε Μυλασεῦσιν ἐκκλησίης γενομένης ... $5753\,a_{1ff.}$ Ein Genitivus absolutus steht in diesem Belege nach. Dasselbe, nur am Anfang ἔτει τετρωκοστῶι καὶ πέμπτωι $b_{1ff.}$ Ferner mitten in einer Inschrift ἐλεγκθέντος δὲ καὶ Θύσσου τοῦ Σύσκω καὶ κριθέντος συναδικεῖν μετὰ Μανίτα ἔδοξε Μυλασεῦσιν .... $c_{10ff.}$

'Beschließen' ist durch γνῶναι ausgedrückt: ἔτει πέμπτωι Ἀρταξέρξευς βα[σι]λεύοντος Μαϋσσώλλου ἐξαιθραπεύο[ν]τος Μανίτα τοῦ Πακτύω ἐπιβουλεύσαντος Μαϋσσώλλωι τῶι Ἑκατόμνω ἐν τῶι ἱερῶι τοῦ Διὸς τοῦ Λαμβραῦνδου θυσίης ἐνιαυσίης καὶ πανηγύριος ἐούσης καὶ Μαϋσσώλλου μὲν σωθέντος σὺν τῶι Διΐ, Μανίτα δὲ αὐτοῦ τὴν δίκην λαβόντος ἐν χειρῶν νόμωι ἔγνωσαν Μυλασεῖς, παρηνομημένου τοῦ ἱεροῦ καὶ Μαϋσσώλλου τοῦ εὐεργέτεω, ἔρευναν ποιήσασθαι ...$c_{1ff.}$

Aus Korkyra wieder mit δοκεῖν: πό(θ)οδον ποιησαμένων Ἀριστομένεος τοῦ Ἀριστολαΐδα καὶ Ψύλλας τ(ᾶς) Ἀλκίμου περὶ τοῦ αργυρίου οὗ ἔδωκαν τᾶι πόλει ... ἔδοξε τᾶι βουλᾶι τὸ δοθὲν ἀργύριον ... ἐκδανεῖσαι τοὺς αἱρεθέντας $3206\,b_{1ff.}$

Aus Nisyros ἐπὶ Λυσικράτεος δαμιεργοῦ μηνὸς Καρνείου ἰκάδι ἔδοξεν τῶι δάμωι $3497_{9f.}$

Aus Antimachia auf Kos ἐπὶ μ[ον]άρχου Νικόφρονος μηνὸ[ς] Ἀρταμίτου ἔδοξε τῶι κοινῶ[ι] τῶν συμπορευομένων ... $3718_{1ff.}$ ἐπὶ μ[ο]νάρχου [Φ]αινίππο[υ] μ[ηνὸ]ς Πανάμου ἀμφεικάδι [ἔδ]οξε τοῖς φυλέται[ς]. $3720_{1ff.}$

Aus Rhodos ἐπὶ ἱερέως Δαμοκλέους πρυτανίων τῶν σὺν Ἰατροκλεῖ Βαδρομίου ἔδοξεν τῶι δάμωι ἐν τᾶι δεύτερον ἐκκλησίαι. 3751 $II_{7ff.}$ ἐπ' ἱερέως Ἀρατοφάνευς Σμινθίου πρ(ά)ται ἐξ ἰ[κάδος] ἔδοξεν τῶι δάμωι 3752_{3}. Beide Male zwar in der Mitte einer Inschrift, aber am Beginn eines neuen Abschnittes. Aus Lindos ist $4155_{1ff.}$ zu vergleichen, wo aber mehreres in der Ergänzung unsicher ist, ferner $4156_{1ff.}$ Aus Akragas [ἐπὶ π]ροστάτα Λευ[κά]ρου ἀφικομένων Ἱπποσθένευς Τεί[σιο]ς, Ἕρμωνος, Σελίνιος ἔδοξε τοῖς Μολοσσοῖς προξενίαν δόμειν τοῖς Ἀκραγαντίνοις 4256. Aus Rhegion ἐπὶ πρυτάνιος Νικάνδρου τοῦ Νικοδάμου βουλᾶς προστατέοντος Σωσιπόλιος τοῦ Δαματρίου ... Ἱππίου δυοδεκάται ἔδοξε τᾶι ἁλίαι καθάπερ τᾶι ἐσκλήτωι καὶ τᾶι βουλᾶι $4258_{1/2}$. Aus Epirus στραταγοῦντος Ἀπειρωτᾶν Ἀντινόου Κλαθιατοῦ, γραμματεύοντος δὲ συνέδροις Δοκίμου τοῦ Κεφαλίνου Τορυδαίου, Γαμιλίου ἐμ Βουνίμαις ἕκτ(α)ι καὶ εἰκάδι — προστάτας Λύκων Εὐρώπιος — ποθόδωμα γραψαμένου Λυσανία τοῦ Νικολάου Καριώπου περὶ προξενίας Γαΐωι ΔαΖούποι 'Ρεννίωι, Βρεντεσίνοι καὶ ἀπολογιΖομένου τὰν εὔνοιαν ἂν ἔχων διατελεῖ ποτὶ τοὺς Ἀπειρώτας, δι' ἃς οἴετο δεῖν τιμαθῆμεν αὐτονί, ἔδοξε τοῖς Ἀπειρώταις πρόξενον εἶμεν αὐτὸν Γάϊον ΔάΖουπον 'Ρέννιον Βρεντεσῖνον .... 1339$_{1\,ff.}$ Ich schrieb die Einleitung des Satzes ganz aus, damit man deutlich sehen kann, daß die Länge keinen Hinderungsgrund für die Anfangsstellung bildet: wir haben hier mehrere Genitivi absoluti, von deren einem ein Relativsatz abhängt, der seinerseits wiederum einen abhängigen Relativsatz nach sich hat. Vgl. noch 1340.

Aus Akarnanien ἐπὶ ἱεραπόλου τοῖ Ἀπόλλωνι τοῖ Ἀκτίοι Θεοδότου τοῦ Σώτωνος Ἀνακτοριέος, γραμματέος δὲ τᾶι βούλᾶι Κλεάνδρου τοῦ Λυκίσκου Ἀνακτοριέος, προμνάμονος δὲ Σωπάτρου τοῦ Σωτίωνος Ἀνακτοριέος καὶ συμπρομναμόνων Ἀριστάνδρου τοῦ Ἀρχεστράτου Θυρρείνου, Ἀλεξιμάχου τοῦ Καρδαμίωνος Λιμναίου, Φιλιστίωνος τοῦ Δεξάνδρου Ματροπολίτα, μηνὸς Κουροτρόπου ἔδοξε τᾶι βουλᾶι καὶ τοῖ κοινοῖ τῶν Ἀκαρνάνων προξένους εἶμεν καὶ εὐεργέτας ... 1379$_{1\,ff.}$ ἐπ' ἱεραπόλου τῶι Ἀπόλλωνι τῶι Ἀκτίωι Φιλ[ή]μονος, προμνάμονος δὲ Ἀγήτα τοῦ Νικία ἈλυΖείου συμπρομναμόνων δὲ Ναυσιμάχου τοῦ Ἀριστοκλέος Ἀστακοῦ, Φιλοξένου τοῦ Ἡρακλείτου Φοιτιᾶνος, γραμματέος δὲ τᾶι βουλᾶι Προίτου τοῦ Διοπείθεος Ματροπολίτα, Κουροτρόπου ἔδοξε τᾶι βουλᾶι καὶ τῶι κοινῶι τῶν Ἀκαρνάνων προξένους εἶμεν καὶ εὐεργέτας ... 1380a$_{1\,ff.}$, 1380b$_{1\,ff.}$, 1380c$_{1\,ff.}$

Aus Ätolien στραταγέοντος Τιμαίου ἔδοξε τοῖς Αἰτωλοῖς μηθένα ... ἀτελέα εἶμεν 1409.

Aus der Phthiotis τῶν Αἰτωλῶν στραταγέοντος Γν .... [Κα]λλιπολίτα ἀγαθᾶι τύχαι ἔδοξε [τᾶι πόλει] τῶν Λαμιέων. 1442$_{1\,ff.}$ Aus Lokris ἄρχοντος 'Ορθομενείδα ἔδοξε τοῖς περὶ τὸν Διόνυσον τεχνίταις τοῖς ἐξ Ἰσθμοῦ καὶ Νεμέας ... 1502$_{1\,f.}$ ἄρχοντος Ἀλεξίου, γραμματέως Εὐφράνορος, ταμία Ἀριστογένους ἔδοξε τᾶι βουλᾶι καὶ τῶι δάμωι .. 1510$_{1\,ff.}$ Aus Phokis ἄρχοντος Καλλιστράτου, γραμματεύοντος δὲ τοῦ συνεδρίου ... ἔδοξε τᾶι πόλει τῶν Ἀ[ν]τικυρέ[ων] 1521$_{1\,ff.}$ Siehe auch 1522 am Anfang.

Die Inschriften von Delphi liefern reichlich Belege für Anfangsstellung der Zeitangaben gegenüber der einen auf S. 14 angeführten Stelle mit Nachsetzung hinter das Verb. Ich nenne: στραταγέοντος Ἀρκίσωνος ἔδοξε τοῖς συνέδροις Ἀθανίωνι Πάτρωνος Δελφῶι τὰν ἀσφάλειαν εἶμεν ... 1409 A (siehe unter 2506). ἐπὶ Ἀμύντα ἄρχοντος, ἱερομνημονούντων Αἰτωλῶν Ἀριστοβούλου, Λέωνος, Ἀλεξάνδρου, Νικιάδα, Γεννάδα, Παιδία, Ἀλαθίωνος Νικοβούλου, Ἀντιλέωνος, Κωνωπίωνος Χίου, Δελφῶν Νικομάχου, Ἀγάθωνος, Βοιωτῶν Θαρσία Τιμόλα, Φωκέων Στράτωδος ἔδοξε τοῖς ἱερομνήμοσι καὶ τοῖς ἀγορατροῖς 2508. ἐπὶ Νικαΐδα ἄρχοντος, ἱερομνημονούντων Αἰτωλῶν Στομᾶ, Φυσκίωνος, Φιλοδάμου, Πολεμάρχου ... Ἀμφίκλου Χίου, Δελφῶν Πραόχου, Κλεομάντιος ... ἔδοξε τοῖς ἱερομνήμοσι καὶ τοῖς ἀγορατροῖς. 2509. Ebenso, nur mit anderen Namen 2510, 2511, 2512, 2515, 2520, 2525 etc. Ferner z. B. ἄρχοντος Κλέωνος, βουλευόντων τὰν πρώταν ἑξάμηνον Καλλία, Ἥρυος, Πασίωνος ἔδοξε τᾶι πόλει τῶν Δελφῶν ἐν ἀγορᾶι τελεί[ω]ι 2610. Ähnlich 2615, 2624, 2731, 2738.

Aus Lesbos βασιλεύοντος Πτολεμαίω τῶ Πτολεμαίω καὶ Βερενίκας θεῶν εὐεργετᾶν ἀγαθᾶ τύχα ἐπὶ πρυτάνιος Ἀρχία ἔδοξε τῶ κοινῶ τῶν Πρωτέων 276.

Aus Böotien Ἀλεύα[ο] ἄ[ρ]χοντος ἔδοξε τῦ δάμυ Ἐ[ρ]χομενίων Ἀγέδικον Δαφίταο Ἡολεῖα ἀπ' Ἀλεξανδρείας πρόξενον εἶμεν ... 492. Εὐορμίδ[α]ο ἄρχοντ[ος] ἔδοξε τῦ δάμυ πρόξενον εἶμεν ... 806.

§ 4. Böotisches ἐπιψαφίδδεν in der gleichen Mittelstellung wie δοκεῖν und andere Verba des Beschließens. Hier reihe ich noch für Böotien die Fälle an, in welchen das Verbum ἐπιψαφίδδεν in Mittelstellung erscheint, indem die Zeitangaben wieder den Satz eröffnen. Aus den zahlreichen Belegen wähle ich einige aus. Εἰρίαο ἄρχοντος μεινὸς Δαματρίω νιομεινίῃ ἐπέψάφιδδε [Φιλ]ό[μν]αστος Ἀμινίωνος 936. Ξεναρίστω ἄρχοντος μεινὸς Ἀλαλκομενίω πετράδι ἀπιόντος ἐπεψάφιδδε Ἀχῆος 937. Εὐξιθίω ἄρχοντος μεινὸς Δαματρίω ὀγδόῃ ἱσταμένω ἐπεψάφιδδε Καφισίας 938. Ἀριστοκλίδαο ἄρχοντος μεινὸς Θουίω νεομεινίῃ, κατὰ δὲ θιὸν Ὁμολωίω ἐσκηδεκάτῃ ἐπεψάφιδδε Ἀγάθαρχος 951. Νικίαο ἄρχοντος μεινὸς Ἀλαλκομενίω ἕκ[τῃ] ἀπιόντος ἐπεψάφιδδε Εὐκτείμων 952. Ἀμινοκλεῖος ἄρχοντος [...] ἐπεψάφιδδε Ὀρσιμ.. 948.

Bei den in §§ 3 und 4 erörterten Sätzen konnten wir also — von geringen Ausnahmen abgesehen — die stereotype Wortfolge: Zeitangabe (Genitivus absolutus oder Adverbium oder beides) — Verbum — Subjekt (bei δοκεῖν logisches Subjekt) feststellen.

§ 5. Das Verbum des Beschließens gerät durch Vortritt eines Demonstrativpronomens in Mittelstellung. Das Verbum des Beschließens kann ferner dadurch vom Anfang des Satzes verdrängt werden und in Mittelstellung kommen, daß eine Form eines Demonstrativpronomens in der Funktion des grammatischen Subjektes sich an den Satzanfang drängt. So z. B. in Gortyn τάδ' ἔϜαδε τοῖς Γορτυνίοις πσαφίδονσι 4982_1.[1]) Es können auch adverbielle Zeitbestimmung und Demonstrativpronomen zusammentreffen, das Verb steht auch dann in Mittelstellung. So in Gortyn ἐπὶ τῶν Δυμάντων κορμιόντων (τῶν) σὺν Εὐρυβώ<ι>ται τῶ Δαμασίλα<ς> τάδ' ἔαδε ταῖς πόλιθι ἀνφοτέραις τ(ᾶι) τ' ἄνω καὶ τᾶι κάτω. $5019_{1\,ff.}$ III. Jh. Ferner ... σὺν Ἀκρισίω(ι) τῶ Δορίω τάδ' ἔϜαδε [. . . .] 5010_1. II. Jh. Hierher gehört auch aus Megaris ταῦτ' ἔδοξε βουλᾶ[ι] καὶ δάμωι $3087_{55/56}$. Das Demonstrativpronomen braucht aber nicht Subjekt zu sein, es kann auch in einem andern Kasus stehen, als im Nominativ. Vgl. aus Thucydides περὶ μὲν οὖν τούτων (τούτων stellt hier zugleich die Verbindung mit dem Vorhergehenden her) ἔδοξε Λακεδαιμονίοις καὶ τοῖς ἄλλοις ξυμμάχοις κατὰ ταῦτα· τάδε δὲ ἔδοξε Λακεδαιμονίοις καὶ τοῖς ἄλλοις ξυμμάχοις ... ἐπὶ τῆς αὑτῶν μένειν ἑκατέρους ἔχοντας ἅπερ νῦν ἔχομεν ... IV 118, 4 (in einer direkten Rede).

§ 6. Die Stellung von *placere* in den lateinischen Inschriften. Hier sei kurz darauf hingewiesen, daß in lateinischen Inschriften das dem griechischem δοκεῖν entsprechende Verbum ebenfalls gern in Anfangstellung erscheint. Ich zitiere die Belege nach der Dessauschen Sammlung lateinischer Inschriften, die auch in späteren Kapiteln für unsere Arbeit benutzt ist.

[placu]it universis, ut quisquis in hoc collegium intrare voluerit, dabit kapitulari nomine HSC n. et v[ini] boni amphoram $7212_{20\,f.}$ *placet itaque universo populo empurii Namitam tabulam aere incisam ei offerre debere* 6113. *placet Helpidio honestissimo viro* ... 6114. *placet compleri sponsionem nostram* ... 6112. *placet igitur huic tabula[m] aere incisum* (sic) per *viros [p]ri[n]cipales offerri.* 6115. Auch *placuitque universis Curiatio Cosano curatori ob eam rem epistulam mitti* 5918a S. 453. *placuit tamen tibi scribi* ... ibid.

Das demonstrative Adverbium *item* tritt aber vor das Verb: *item plaenit ut* ... 7212 S. 738 und 739 öfters. Das Subjekt

[1]) Daß in Gortyn kein Beleg mit Anfangsstellung von ἔϜαδε ohne adverbielle Bestimmung oder Genitivus absolutus oder ohne Demonstrativpronomen zu finden ist, dürfte lediglich Zufall sein.

des von *palcere* abhängigen Acc. c. inf., welches ein demonstratives Pronomen als adjektivisches Attribut enthält, wodurch zugleich die Anknüpfung mit dem Vorhergehenden bewirkt wird, steht ebenfalls am Anfang: *hoc decretum post tres relationes placuit in tabula aerea scribi* ... 272 Ende. *post tres relationes* ist zu *hoc decretum* gezogen, indem es zu diesem fast wie ein adjektivisches Attribut oder ein partizipieller Zusatz gehört (= *ter relatum*).

Anmerkung: Aus der Literatursprache sei erinnert an: *decrevit quondam senatus, ut Lucius Opimius consul videret, ne quid res publica detrimenti caperet. Cic. in Cat.* 1, 4.

§ 7. Andere Verba als die des Beschließens erscheinen auf den Inschriften in Mittelstellung, indem ein Demonstrativpronomen den Satz beginnt. Letzteres steht zunächst als Subjekt im Nominativ. Auf § 5 zurückgreifend, fügen wir hier noch Fälle an, in denen sich eine Form eines Demonstrativpronomens vor ein beliebiges Verb an den Satzanfang gedrängt hat. Steht das Pronomen im Nominativ, so herrscht die Wortfolge Subjekt — Prädikat. Ich reihe diese Fälle deshalb hier an, weil der Satzanfang jeweils dem vorher erörterten τάδε ἔδοξε entspricht. Aus Attika τάδε ἐμισθώθη ἐπὶ Διοτίμου ἄρχοντος Μουνιχιῶνος τετράδι ἱσταμένου CIA 2^5 1054 $d_{1f.}$ Beachte in diesem Beleg auch die Nachstellung der Zeitangabe. Aus Kalchedon (Megaris) τοίδε ἔλαχον αἰσιμνῆν μῆνα Ποτάμιον ... 3053. Aus Lindos auf Rhodos τοίδε ἐπ[έδο]σαν Λινδίοις ἐς τὰν ἀποκατάστασιν τοῦ κόσμου τᾶι Ἀθάναι. 4157 $_{1ff.}$ Aus Megara [τ]οίδε ἀπὸ λαίας τὰν δεκάτα[ν] ἀνέθηκαν Ἀθ[ά]ναι 3001. Aus Halikarnass [ο]ἵδε ἐπρίαντο παρὰ τοῦ Ἀπόλλωνος κα[ὶ τῆς] Ἀθηναίης καὶ Παρθένου γέας καὶ οἰκίας .. 5727 $a_{2ff.}$ Aus Kos τοίδε ἐπαγγείλαντο εἰς τὰν κατασκευὰν τοῦ Ἀφροδισίου κατὰ τὸ ψήφισμα ... 3722 $_{1f.}$ τοίδε ἐστεφανώθην ἀρχεύσαντες καὶ τὰ ἱερὰ ἐχθύσαντες .. 3642 $_{1ff.}$ Noch aus Phoinix auf Rhodos τοίδε τοῦ δάμου ψηφισαμένου ὑπὲρ τὸν ναὸν τοῦ Διονύ[σου ...] ἐπαγγειλ[άμενοι ἔ]δοσ[αν τὰ] χρήματα ... 4262 $_{1ff.}$ οἵδε ἀνεγράφεν ὑπὸ γρα[μ]ματέως Ἀθηναίου Διογέν[ευ]ς 4697 $_{7}$. Hierher gehört auch aus Attika οἵδε ἱππέης ἀπέθανον ἐν Κορίνθῳ [...] (die Namen folgen) CIA 2^3, 1673. Schließlich auch der Satzanfang ταῦτα δὲ ἐγένετο ..., wo ἐγένετο durch das folgende (wie die sämtlichen Verba der vorher aufgeführten Belege) in Mittelstellung erscheint, so in Delphi 2041 $_{13/14}$, 2049 $_{18/19}$, 2072 $_{15/16}$.

Es leiten Genitivi absoluti, die eine Zeitangabe enthalten, den Satz ein, dann folgt das Demonstrativpronomen als Subjekt, hierauf das Verb, am Schluß ein Objekt oder eine zum Verb gehörige adverbiale Bestimmung. Das Verb selbst steht also, wie vorher, in Mittelstellung. Aus Böotien stammen die Belege. Μνασίω ἄρχοντος, ἀγωνοθετίοντος τῶν Χαριτεισίων Εὐάριος [. . .] τύδε ἐνίκωσαν τὰ Χαριτείσια 503. Ἀγαθαρχίδαο ἄρχοντος Βοιωτῦς, ἐπὶ πόλιος δὲ Πουθαντέλω, πολεμαρχιόντων Τιμασίωνος Τιμασιθίω, Πολιουκλεῖος Μνασίνω, Ξενάρχω Σωκράτιος, γραμματίδδοντος Δαμοχαρίδαο Πολιουχάριος τυὶ ἀπεγράψανθο ἐμ πελτοφόρας 528. Ἀπολλοδώρω ἄ[ρχοντος] Βοιωτῦς, ἐπὶ πόλιος δὲ Μελαντίχω, πολεμαρχιόντων Ϝαρμίχω Ϝαρμιχίω, Καλονίκω Κλισθένιος, Θρασούλλω Ἀριστοκράτιος, γραμματίδδοντος Θρασουλαΐδαο, Καλλιδάμω τυὶ ἀπεγράψανθο ἐν πελτοφόρας. 529. Ποτιδαΐχω ἄρχοντος Βοιωτῦς ἐπὶ πόλιος δὲ Μικρίωνος, πολεμαρχιόντων Κλίωνος Ἐμπέδωνος, Κάλλωνος Κάλλωνος, Ἀθανοδώρω Φιλομειλίδαο, γραμματίδοντος Θάρσωνος Λίλειτος τυὶ ἀπεγράψαντο ἐμ πελτοφόρας 532. Lediglich mit anderen Eigennamen in den Genitivi absoluti, aber mit demselben Hauptsatz τοὶ ἀπεγράψανθο ἐμ πελτοφόρας noch 530, 533, 535, 536—550.

Ähnlich noch Διωνιουσίω ἄρχοντος Βοιωτοῖς, ἐπὶ πόλιος δὲ Μνασίνω, πολεμαρχιόντων Νικα[σί]ωνος Θυνάρχω, Τίμωνος Καπ[ίωνος], Θρασύλλω[. . .], γραμματίδδοντος [. . .] Τελεσίππω τυὶ ἀπεγράψανθο ϜικατιϜέτιες 551. Das Verb steht auch hier in Mittelstellung, da das Prädikatsnomen ihm folgt.

Anmerkung. Fehlt in den oben genannten Beispielen die Angabe ἐμ πελτοφόρας, so steht das Verbum am Ende. Dies ist in Inschrift 5031 der Fall.

§ 8. Das Demonstrativpronomen fungiert als Akkusativ- oder Dativ- oder Genitivobjekt. Häufiger noch sind die Fälle zu belegen, wo das Demonstrativum Akkusativobjekt ist. Wir haben dann die Wortfolge Objekt — Verb — Subjekt (also sogenannte Inversion, wobei das Verb wieder Mittelstellung aufweist).

Aus Itanos auf Kreta [τά]δε ὤμοσαν τοὶ Ἰτάνιοι πά[ντες] Δία Δικταῖον καὶ Ἥραν. $5058_{1f.}$ III. Jh. Eine Zeitangabe kann an den Anfang treten. Aus Hierapytna ἐπὶ κόσ[μων ἐν μὲν] Ἱεραπύτναι τῶν σὺν Ἐνίπαντι τῶ Ἑρμαίω [. . . .], ἐν δὲ Πριανσιοῖ ἐπὶ κόσμων τῶν σὺ[ν Νέωνι τῶ] Χιμάρω καὶ μηνὸς Δρομήιω τάδε συνέθ[εντο καὶ συνευ]δόκησαν ἀλλάλοις Ἱεραπύτνιοι καὶ Πριάνσιοι . . . $5040_{1ff.}$ (II. Jh.). Aus Dreros ἐπὶ τῶν Αἰθαλέων κοσμιόντων τῶν σὺγ Κυίαι καὶ Κεφάλωι . . . . Βισίωνος, γραμματέος δὲ Φιλίππου τάδε ὤμοσαν ἀγελάοι πανάζωστοι ἑκατὸν ὀγδοήκοντα 4952 a 3 ff. Aus Gortyn κορμιόντων Γόρτυνι μὲν ἐπὶ τᾶς ἀρχήιας τῶ[ν] σὺν Εὐρύττονι τ[ῶ] Μενοντίδα, Λάππαι δ' ἐπὶ τῶν σὺν Ἄρχω[νι] τῶ Ἀντιόχω τά[δε] συνέθεντο Γορτύνιοι καὶ Λαππαῖοι, συμμαχησῆν ἀλλάλοις . . . 5018 a 1 ff. II. Jh. Die Zeitangabe kann auch hinter dem Subjekt stehen; so aus Latos τάδε συνέθεντο Λάτιοι καὶ Ὀλόντιοι κοσμιόντων ἐν Λατῶι ἐπὶ τῶν Ὑλλέων τῶν σὺν Πυλέρωι τῶ Ταλλαίω μηνὸς Θιοδαισίω τριακάδι ἐν δὲ Ὀλόντι ἐπὶ τῶν [. . . .] τῶν σὺν Σωφρονίχωι τῶ Ἀρίστιος μηνὸς Ἐλουσινίω τρια[κά]δι καὶ συμμάχος ἀλλάλοις ὑπομενῆν . . . 5074 1 ff. in der Ausgabe von Deiters. Die Mittelstellung des Verbs ist in diesem Beleg nicht gestört.

Aus Attika τάδε παρέδοσαν αἱ τέτταρες ἀρχαί, öfters, aber immer teilweise ergänzt CIA 1, 117 ff. τάδε παρέδοσαν ἐπιστάται Ἐλευσινόθεν Ἀντισθένης Ἀντικράτους Ἰκαριεύς Ἀμφιετίδης Θεοπόμπου Παιονίδης, Δημοκλείδης Φιλοκλέου[ς Ε]ἰτεαῖος 2[5], 767 b 1 ff. τάδε συνέθεντο καὶ ὤμοσαν οἱ στρατηγοὶ οἱ Ἀθηναίων πρὸς τὰς πόλεις τ[ὰ]ς ἐν Κέωι κα[ὶ] οἱ σύμμαχοι. 2[5], 55 58 f. Aus Korkyra τάδε ἐμπρίατο ἁ πόλις τοῖς προξένοις καρπεύειν Collitz 3198 2/3. Aus Sparta τάδε ἐνίκαhε Δαμ[ώνων] τῶι αὐτῶ τεθ[ρ]ίππωι αὐτὸς ἀνιοχίων. 4416 6 ff. τάδε ἐνίκαhε Ἐνυμα . . . ibid. 35. Aus Tanagra οὗτον ἔθαψαν τὺ Ἀθαναΐστη 960. 961. οὗτον ἔθαψαν τὺ Διωνυσιαστή 962. Aus Delphi ἄρχοντος Ἐπικράτεος μηνὸς Ἰλαίου τάδε διέθετο Νίκων ὑπὲρ Δωρήματος συνευδοκεούσας τᾶς θυγατέρος Καλλιβούλας 2084. Aus Thera ἐπὶ ἐφόρων τῶν σὺν Φοιβοτέλει τάδε διέθετο νοοῦσα καὶ φρονοῦσα Ἐπικτήτα Γρίννου μετὰ κυρίου Ὑπερείδους τοῦ Θρασυλέοντος συνευαρεστούσας καὶ τᾶς θυγατρὸς [Ἐ]πιτελείας τᾶς Φοίνικος JG 12[3], 330 B 1 ff. Aus Attika noch τούς — δε ἐστεφάνωσεν ὁ δῆμος κρίνας ἄριστα βεβουλευκέναι CIA 2[3], 1158 zweimal.

Aus Thucydides: ταῦτα ξυνέθεντο Λακεδαιμόνιοι καὶ οἱ ξύμμαχοι Ἀθηναίοις καὶ τοῖς ξυμμάχοις μηνὸς ἐν Λακεδαίμονι Γεραστίου δωδεκάτῃ IV 119, 1. ταύτην ἀπῴκισαν μὲν Κερκυραῖοι I 24, 1. Vgl. noch mit dem Pronomen αὐτός: μάλιστα δὲ αὐτοὺς ἐνῆγε Κλέων ὁ Κλεαινέτου ἀνὴρ δημαγωγὸς καὶ ἐκεῖνον τὸν χρόνον ὢν καὶ τῷ πλήθει πιθανώτατος IV 21, 3. μάλιστα δ' αὐτοὺς ἐξώρμησαν Ἐγεσταίων πρέσβεις παρόντες VI 6, 2. Aus Xenophons exped. Cyri: ταῦτα δὲ ἤγγελον πρὸς Κῦρον οἱ αὐτομολήσαντες παρὰ μεγάλου βασιλέως πρὸ τῆς μάχης I 7, 13. καὶ τοῦτόν τε παρεληλύθεσαν οἱ Ἕλληνες IV 2, 12. ἐκείνας δὲ αὐτοὶ κατέκαυσαν οἱ Συρακόσιοι hist. graec. I 1, 18[1]). In diesem Belege hat sich auch das Pronomen αὐτός noch vors Verb gedrängt. τοῦτο δ' ἐποίησαν οἱ Λακεδαιμόνιοι τοιῷδε λογισμῷ ὡς ... III 4, 27.

Wie das Akkusativobjekt kann natürlich auch das Dativobjekt voranstehen. Vgl. τούτοισι ἦσαν μέν νυν καὶ ἄλλοι στρατηγοὶ κατὰ πόλις ἑκάστων Herod. VII 204. Zugleich mit prädikativem Objekt πρώτοισι μὲν (betont!) δὴ τούτοισι ἐπεχείρησε ὁ Κροῖσος I 26. Ferner τοῖσι μὲν δὴ κατεστήκεε πολιορκίη I 81. τοῖσι δὲ καὶ αὐτοῖσι κατ' αὐτὸν τοῦτον τὸν χρόνον συνεπεπτώκεε ἔρις ἐοῦσα πρὸς Ἀργείους περὶ χώρου καλεομένου Θυρέης I 82. τούτοισε δὲ τὴν πόλιν ἐπέτρεψε ἡ Φερετμίη IV 202. Aus Thucydides mit αὐτός: καὶ αὐτῶι παρῆσαν Ἑλλήνων μὲν Ἀμπρακιῶται καὶ Ἀνακτόριοι καὶ Λευκάδιοι καὶ II 80, 5. Aus Xenophon: τούτοις ἥσθη Κῦρος exped. Cyri I 9, 26.

Das Pronomen kann auch als Genitivobjekt auftreten: τούτων συναμφοτέρων ἦρχε Ἀρτόχμης, Δαρείου ἔχων θυγατέρα Herod. VII 73. τούτων πάντων ἦρχε Βάδρης ὁ Ὑστάνεος VII 77[2]). ταύτης μὲν δὴ ἐστρατήγεον Μαρδόνιός τε καὶ Μασίστης VII 121. τούτων δὲ ἔχονται Γιλιγάμαι IV 169.

Anmerkung 1. Es kann aber das Demonstrativ auch dem Verb folgen. Vgl. Xenophon, Exped. Cyri IV 4, 6.

Anmerkung 2. Das Subjekt tritt sofort hinter das Demonstrativ: τάδε ὁ σύλλο[γος] ἐβουλεύσατο ὁ Ἁλικαρνας Τέων καὶ Σαλμακιτέων καὶ Λύγδαμις ἐν τῆι ἱερη[ι] ἀγορῆι μηνό[ς] Ἑρμαιῶνος πέμπτηι 5726 1 ff. Beachte in diesem Belege auch die Spaltung des Subjekts durch das eingeschobene Verbum, das seinerseits so auch in Mittelstellung erscheint.

Anmerkung 3. Ohne besondere Subjektbezeichnung: ταῦτα δὲ ἔδωκαν εἰς τὸν ἅπαντα χρό[νο]ν ἀσ[φ]αλέως [νέμεσθ]αι καὶ αὐτοῖς καὶ ἐκγόνοις in Praisos auf Kreta 5120a 8 ff.

§ 9. Das Demonstrativpronomen kann auch als adjektivisches Attribut bei einem das Objekt ausmachenden Substantiv stehen. Das Objekt steht im Akkusativ. Wir treffen dann dieselbe Wortfolge wie oben an (Akkusativobjekt—Verb—Subjekt).

Aus Megara τὸ δὲ δόγμα τόδε ἀγγραψάτω ὁ γραμματεὺς τοῦ δάμου εἰς στάλαν λιθίναν 3009 17 ff. (Siehe aber 3003 13 ff. und 3007 14 ff.) Aus Milet τὰ ἀγάλματα τάδε ἀνέθεσαν οἱ Πύθωνος παῖδες τοῦ ἀρχηγοῦ Θαλῆς καὶ Πασικλῆς καὶ Ἡγήσανδρος καὶ

---

[1]) Aber καὶ ταύτην μέντοι ἐκδραμόντες οἱ Λαρισαῖοι νύκτωρ κατέκαυσαν III 1, 7. Siehe auch S. 42 f.

[2]) Aber τούτων δὲ Μασίστεος ὁ Σιρομίτρεω ἦρχε VII 79.

Λύσιος καὶ Ἀναξίλεως δεκάτην τῶι Ἀπόλλωνι Collitz 5504. In diesem Belege ist auch die Spaltung von Πύθωνος und seiner Apposition τοῦ ἀρχηγοῦ durch dazwischen geschobenes παῖδες zu beachten. Aus Kypros τὸν ἀ(ν)δριά(ν)ταν τόν(ν)υ ἔδωκεν κὰς ὀνέθηκεν Μανασσῆς ὁ Νωμηνίων τῶι θιῶι τῶι Ἀπείλωι τῶι Ἐλείται. Hoffmann, Griech. Dial. I 140. Aus Lykien τοῦτο τὸ μνῆμα ἐρ[γ]άσαντο Ἀπολλωνίδης Μολίσσιος καὶ Λαπάρας Ἀπολλωνίδου, Πυριμάτιος οἰκεῖοι, ἐπὶ ταῖς γυναιξὶν ταῖς ἑαυτῶν καὶ τοῖς ἐγγόνοις Collitz 5789. Aus Neandreia (kleinasiatische Aeolis) τόνδε (τ)ὸν ἀν(δ)[ριάντα Ἀπό]λλων(ι) ὀνέθηκε Ἑρμ(έ)ας ... Hoffmann II 178.

Aus der Literatur gehören folgende Belege hierher.

Aus Herodot τοῦτον δὴ ὦν τὸν Ἄτυν σημαίναι τῷ Κροίσῳ ὁ ὄνειρος I 34. τὴν δὲ πανήγυριν ταύτην ἐκ τοῦδε νομίσαι φασὶ οἱ ἐπιχώριοι II 63. τὸν δὲ Ψαμμήτιχον τοῦτον πρότερον φεύγοντα ... κατήγαγον Αἰγυπτίων οὗτοι οἳ ἐκ Σαΐτεώ εἰσι II 152. τὴν δὲ ὁρτὴν ταύτην ἄγουσι Ἀθηναῖοι ἀνὰ πάντα ἔτεα τῇ Μητρὶ καὶ τῇ Κούρῃ VIII 65. Vgl. noch τούτους μὲν τοὺς ἀμφὶ Λεωνίδην πρώτους ἀπέπεμψαν Σπαρτιῆται VII 206. Aus Xenophon exped. Cyri notierte ich: ταύτην τὴν πόλιν ἐξέλιπον οἱ ἐνοικοῦντες μετὰ Συεννέσιος I 2, 24. ταύτην τὴν γνώμην ἔχω ἔγωγε II 2, 12. Vgl. ohne besonderen Subjektsausdruck ταύτην τὴν ἐπιστολὴν δίδωσι πιστῷ ἀνδρὶ ὡς ᾤετο I 6, 4.

Anmerkung. Ich sah auf diese Satzart auch Thucydides Buch I, II, IV und VI durch, fand aber keinen Beleg.

Im Genetiv steht das Objekt: τούτου ὦν τοῦ στρατοῦ ἦρχον μὲν οὗτοι οἵπερ εἰρέαται Herodot VII 81. τῶν δὲ μυρίων τούτων Περσέων τῶν ἀπολελεγμένων ἐστρατήγεε μὲν Ὑδάρνης ὁ Ὑδάρνεος VII 83.

Das Objekt steht im Dativ: τούτοισι τοῖσι οὐνόμασι τῶν φυλέων ἐχρέωντο οἱ Σικυώνιοι καὶ ἐπὶ Κλεισθένεος ἄρχοντος V 68.

§ 10. Das Demonstrativum kann auch mit einer Präposition verbunden sein und so eine adverbiale Bestimmung ausmachen. Auch dann folgt in den allermeisten Belegen zunächst das Verb und dann in 'Inversion' das Subjekt. Das Verb zeigt also auch in diesem Falle Mittelstellung.

Aus Praisos auf Kreta aus dem 3. Jahrh. ἐπὶ τοῖσδε ἔδωκαν Πραίσιοι Σταλίταις τὰν χ[ώρα]ν καὶ τὰν πόλιν καὶ νάσους ... $5120a_{4ff.}$ Aus Delphi ἐπὶ τούτοις ἔδωκε Νίκων τὰν ὠνὰν Δωρήματος τῶι Ἀπόλλωνι τῶι Πυθίωι $2084_{12/13}$. Aus Megara κατὰ τάδε ἔκριναν τοὶ Μεγαρεῖς τοῖς ['Επ]ιδαυρίοις καὶ Κορινθίοις περὶ τᾶς χώρας, ἅς ... 3025 2 ff. Aus Jasos κατὰ τάδε ἱεράσθω ὁ ἱερεὺς τοῦ Διὸς τοῦ Μεγίστου 5517$_1$. Aus Kalaurea (Argolis) ἐπὶ τοῖσδε ἀνέθηκε Ἀγασικράτης [Τ]εισία τῶι Ποσειδᾶνι ἀργυρίου δραχμὰς τριακοσίας ... 3380 1 ff.

Aus den delphischen Inschriften gehört der Anfangssatz der Freilassungsurkunden hierher. Weichen diese auch in mehreren Zusätzen sachlicher Art von einander ab, so ist doch gemeiniglich die Folge der wichtigsten Satzteile, soweit sie uns hier interessieren, diese: Gen. absol. — adverbielle Zeitangabe — ἐπὶ τοῖσδε — Prädikatsverb — Subjekt. Belege:

ἄρχοντος Ἀνδρονίκου, μηνὸς Ἐνδυσποιτροπίου ἐπὶ τοῖσδε ἀπέδοτο Χαρίξενος Ἀλέξωνος Δελφὸς τῶι Ἀπόλλωνι τῶι Πυθίωι σῶμα γυναικεῖον, ἇι ὄνομα Ἀνθράκιον ... ἐφ' ὧιτε .... 1687. ἄρχοντος Εὐχαρίδα, μηνὸς Ποιτροπίου ἐπὶ τοῖσδε ἀπέδοτο Στόλος, συνευδοκεόντων καὶ τῶν υἱῶν αὐτοῦ Εὐκλείδα καὶ Σωσιδάμου, τῶι Ἀπόλλωνι τῶι Πυθίωι σῶμα γυναικεῖον κορίδιον τὸ γένος, ἐνδογενὲς ἃ ὄνομα Μέλισσα .. ἐφ' ὧιτε ... 1699. ἄρχοντος Πρασυκλέος, μηνὸς Ποιτροπίου ἐπὶ τοῖσδε ἀπέδοτο Ἀνδρόνικος Φρικίδα τῶι Ἀπόλλωνι τῶι Πυθίωι σώματα δύο παιδάρια ἐνδογενῆ οἷς ὀνόματα Σωτηρίδας καὶ Σωσικράτης ... ἐφ' ὧιτε ... 1703. ἄρχοντος Σωξένου μηνὸς Ἐνδυσποιτροπίου, βουλευόντων τὰν δευτέραν ἑξάμηνον Λαιάδα τοῦ Βαβύλου, Ἀντιγένεος τοῦ Διοδιώρου, γραμματεύοντος δὲ Ἡρακλείδα τοῦ Καλλία ἐπὶ τοῖσδε ἀπέδοτο Πολύα Φιλίνου συνευδοκεούσας καὶ τᾶς θυγατρὸς αὐτᾶς Ἡραΐδος καὶ τοῦ υἱοῦ Πολυτιμίδα καὶ Ἐρασίππου τοῦ τᾶς θυγατέρος υἱοῦ Ἀριστοῦς καὶ Φιλοκράτευς τῶι Ἀπόλλωνι τῶι Πυθίωι σῶμα γυναικεῖον ἇι ὄνομα Κασταλία, τὸ γένος Σύραν ... ἐφ' ὧιτε .. 1686. ἄρχοντος Ἀτεισίδα, μηνὸς Ἐνδυσποιτροπίου, βουλευόντων τὰν δευτέραν ἑξάμηνον Ἀναξανδρίδα τοῦ Αἰακίδα, Νικαρέτου τοῦ Ἀντιχάρευς, γραμματεύοντος [δὲ] Καλλίκωνος τοῦ Εὐκράτεος ἐπὶ τοῖσδε ἀπέδοτο Νικὼ Ἐχεκλέος, συνευδοκέοντος καὶ τοῦ ἀνδρὸς [α]ὐτᾶς Λαϊάδα καὶ τῶν θυγατέρων Εὐκλείας καὶ Ἰοππίδος καὶ τοῦ υἱοῦ Βαβύλου τῶι Ἀπόλλωνι τῶι Πυθίωι σῶμα γυναικεῖον, ἇι ὄνο[μ]α Εὐρώπα, τὸ γένος οἰκογενῆ ... ἐφ' ὧιτε ... 1698. Oder στραταγέοντος Φαινέα, μηνὸς Δίου, ἐν Δελφοῖς δὲ ἄρχοντος Ὀρθαίου μηνὸς Ποιτροπίου ἐπὶ τοῖσδε ἀπέδοτο Ἀξίοχος Ὑπαταῖος Στρατυλλὶν τὰν ἰδίαν θεράπαιναν τῶι Ἀπόλλωνι τῶι Πυθίωι ... ἐφ' ὧιτε ... 2073. στραταγέοντος τῶμ Φωκέων Εὐαινέτου Ἀμβρυσσίου, μηνὸς Ἀμαλίου, ἐν Δελφοῖς δὲ ἄρχοντος Μελισσίωνος μηνὸς

Δαιδαφορίου ἐπὶ τοῖσδε ἀπέδοτο Μέλισσα Λιλαῖς σῶμα γυναικεῖον, ἇι ὄνομα Ἀριστώ, οἰκογενὲς τῶι Ἀπόλλωνι τῶι Πυθίωι ... ἐφ' ὧιτε ... 2077. In den beiden letzten Belegen steht das Akkusativobjekt vor dem Dativobjekt, in den vorher genannten umgekehrt das Dativobjekt vor dem Akkusativobjekt. Weitere Belege, die hierher gehören, 1689, 1702, 1708, 1709, 1710, 1712, 1714, 1716—1718, 1723—1727 usw.

Viel seltener folgt auf das Demonstrativadverbium das Subjekt und dann erst das Verb. Ich fand nur aus Antimachia auf Kos [κ]ατὰ τάδε ταὶ ἱέ[ρει]αι ἱερώσθω τᾶι Δάματρι 3721_1. Da das Dativobjekt dem Verb folgt, so steht letzteres auch in diesem Falle in Mittelstellung. Vgl. § 19.

§ 11. Das Verb in Mittelstellung bei der Reihenfolge Objekt — Verb — Subjekt. In § 9 haben wir gesehen, daß das substantivische Objekt, wenn es ein Demonstrativpronomen bei sich hat, am Anfange des Satzes steht, daß das Prädikatsverb in der Mitte steht und das Subjekt durch 'Inversion' dem Verb folgt. Es kann aber das Objekt überhaupt, auch ohne den attributiven Zusatz eines Demonstrativpronomens, an den Anfang treten, wenn es zuerst apperzipiert wird und besonders hervorgehoben werden soll. Das Verb steht dann wieder in der Mitte, und das Subjekt folgt dem Verb. Das Objekt steht zunächst im Akkusativ.

Belege aus den Inschriften: τᾶς ὠνᾶς τὸ ἀν[τίγρα]φον φυλάσσοντι οἱ θεοκόλο[ι τοῦ] Ἀπόλλωνος τοῦ Νασιώτα Φιλόξενος Νικία, Εὐχανδρίδας Νικάνδρου Χαλειεῖς $1477_{5\text{ff.}}$ (lokrisch), wobei der vom Objekt abhängige Genitiv diesem vorangeht, weil er die Verknüpfung mit dem Vorhergehenden bewirkt. τὰν δὲ ἱέρειαν [τελέσ]ει ἁ πό[λις] 3627_{20} (Kos). τὰν ἐ[ν] Κησκώραι κα[ὶ] τὰν ἐμ Πάλαι φυταλιὰν ἔδωκαν ἁ πόλις φυτεῦσαι 5000 II a 1 ff. (Gortyn).

Anmerkung. Sätze dieser Art sind in den Inschriften nicht sehr zahlreich zu belegen. Zu vergleichen sind auch noch die Befehlssätze, in denen ebenfalls die Wortfolge Objekt — Prädikatsverb — Subjekt herrscht. So: τὰ δὲ ψαφίσματα καὶ τὰς προκλήσις καὶ τὰν γραφὰν τᾶς δίκας ... ἀναγινωσκέτω ὁ γραμματεὺς ... $3591_{20\text{ff.}}$ (Kalymna). τὸν δὲ ἱερῆ τελεσάτω ἁ πό[λις κατὰ τὰ ν]ομιζόμενα $3628_{6\text{f.}}$

Häufiger findet sich die in Rede stehende Stellung in literarischen Texten. So aus Herodot: τὴν γὰρ Ἀσίην καὶ τὰ ἐνοικέοντα ἔθνεα βάρβαρα οἰκηιεῦνται οἱ Πέρσαι I 4. Die Stelle zeigt deutlich, daß das Objekt τὴν Ἀσίην καὶ τὰ ἐνοικέοντα ἔθνεα hervorgehoben wird, denn es heißt weiter τὴν δὲ Εὐρώπην καὶ τὸ Ἑλληνικὸν ἥγηνται κεχωρίσθαι. Ferner ὅρκια δὲ ποιέεται ταῦτα τὰ ἔθνεα τά πέρ τε Ἕλληνες καὶ ... I 74. τὴν γὰρ κύνα καλέουσι σπάκα Μῆδοι I 110. τὴν δὲ Φώκαιαν ἐρημμωθεῖσαν ἀνδρῶν ἔσχον οἱ Πέρσαι I 164. τὴν γὰρ Κρήτην εἶχον τὸ παλαιὸν πᾶσαν βάρβαροι I 173. γυναῖκα μὲν γαμέει ἕκαστος (ταύτῃσι δὲ ἐπίκοινα χρέωνται) I 216. σὲ μὲν γὰρ καὶ τοὺς τέσσερας τῶν παίδων ῥύεται τὰ ξείνια· τοῦ δὲ ἑνὸς .... VII 39. τὰς μὲν κεφαλὰς εἱλίχατο μίτρῃσι οἱ βασιλέες αὐτῶν .... τὰ δὲ ἄλλα ... VII 90. τὴν μὲν δὴ Τροιζηνίην ... αὐτίκα αἱρέουσι ἐπισπόμενοι οἱ βάρβαροι VII 180.

Aus Thucydides: καὶ Πελοπόννησον περιέπλευσαν Ἀθηναῖοι Τολμίδου τοῦ Τολμαίου στρατηγοῦντος I 108, 5. καὶ ναυμαχίαν μέν τινα βραχεῖαν ἐποιήσαντο οἱ Σάμιοι ... I 117, 3. καὶ τὴν Βοιωτίαν ἐξέλιπον Ἀθηναῖοι πᾶσαν I 113, 3. Vgl. auch τὰς δὲ τῶν Μυτιληναίων δέκα τριήρεις, αἳ ἔτυχον βοηθοὶ παρὰ σφᾶς κατὰ τὸ ξυμμαχικὸν παροῦσαι, κατέσχον οἱ Ἀθηναῖοι καὶ .. III 3, 4. καὶ ἔξοδον μέν τινα πανδημεὶ ἐποιήσαντο οἱ Μυτιληναῖοι ἐπὶ τὸ τῶν Ἀθηναίων στρατόπεδον III 6, 2. τὸ δὲ περὶ τὰ στρατόπεδα οὐ πολὺ κατεῖχον οἱ Ἀθηναῖοι ibidem. τὸ εὐώνυμον εἶχον Θεσπιῆς καὶ Ταναγραῖοι καὶ Ὀρχομένιοι IV 93, 4.

Aus Xenophons exped. Cyri: καὶ τὰ ὑποζύγια συνεπόδισεν ἡ χιὼν IV, 4, 11. Aus dessen hist. graec. τὰ μὲν οὖν χρήματα πάντα διήρπασαν οἱ στρατιῶται, τὰ δὲ ἀνδράποδα πάντα συνήθροισεν ὁ Καλλικρατίδας εἰς τὴν ἀγοράν. I 6, 14. τὸν δὲ Καλλίξεινον προσεκαλέσαντο παράνομα φάσκοντες συγγεγραφέναι Εὐρυπτόλεμός τε ὁ Πεισιάνακτος καὶ ἄλλοι τινές I 7, 12. τοὺς μὲν δὴ ἱππέας ἐδέξαντο οἱ Πέρσαι III 4, 24. τὸ μέντοι Λέχαιον ἐφρούρουν οἱ Λακεδαιμόνιοι καὶ οἱ σύμμαχοι IV 5, 19.

Es ist im Prinzip natürlich dasselbe, wenn an Stelle des Akkusativobjekts ein Dativobjekt erscheint. So z. B. Ἀρτυβίῳ δὲ τῷ στρατηγῷ τῶν Περσέων ἐθελοντὴς ἀντετάσσετο Ὀνήσιλος Herodot V 110. τοῖς δ' Ἀθηναίοις ἠγγέλθη εὐθὺς τὰ περὶ τῶν Πλαταιῶν γεγενημένα Thucydides II 6, 2 ... τῇ δ' οὖν στρατιᾷ τότε ἀπέδωκε Κῦρος μισθὸν τεττάρων μηνῶν Xenophon exped. Cyri I 2, 12. καὶ Κύρῳ παρῆσαν αἱ ἐκ Πελοποννήσου νῆες τριάκοντα καὶ πέντε καὶ ἐπ' αὐταῖς ναύαρχος Πυθαγόρας Λακεδαιμόνιος I 4, 2.

Besonders oft, wenn das Partizipium im 'loseren' Dativ steht. So aus Herodot: καί σφι ἤδη παρεσκευασμένοισι ... ἦλθε ἄλλη ἀγγελίη, ὡς ... VII 83. περικατημένῳ δέ οἱ Θάσον ἦλθε ἀγγελίη, ὡς . . . VI 28. ἀπικομένῳ δέ οἱ ἔλεγε Ξέρξης τάδε VII 15. ἐπειρωτῶντι δέ οἱ χρᾷ ἡ Πυθίη τάδε IV 155. Vgl. auch V 92η. πορευομένῳ δὲ αὐτῷ ἀπεγίγνετο μὲν οὐδὲν τοῦ στρατοῦ εἰ μή τι νόσῳ Thuc. II 98, 3.

Auch der Fall Genitivobjekt—Prädikatsverb—Subjekt ist möglich. Λυδῶν δὲ καὶ Μυσῶν ἦρχε Ἀρταφρένης, ὁ Ἀρταφρένεος, ὃς . . . Herodot VII 74. Μαρῶν δὲ καὶ Κόλχων ἦρχε Φαρανδάτης ὁ Τεάσπιος VII 79. τῶν γὰρ Μακεδόνων εἰσὶ καὶ Λυγκησταὶ καὶ Ἐλιμιῶται καὶ ἄλλα ἔθνη ἐπάνωθεν Thucydides II 99, 2. Δαρείου καὶ Παρυσάτιδος γίγνονται παῖδες δύο Xenoph. exped. Cyri I 1, 1.

§ 12. Der Stellungstypus prädikatives Objekt—Prädikatsverb in der Mitte—Subjekt. Es sei kurz darauf hingewiesen, daß ein ähnlicher Stellungstypus ist: prädikatives Objekt—Verb—Subjekt. Die Stellung des echten Objektes lassen wir hierbei unerörtert. So inschriftlich πρόξενον ποεῖ ἁ ἁλία Διονύσιον Φρύνιχον Ἀθηναῖον. Korkyra 3199 5 ff. bei Collitz. γέρη λαμβάνει ὁ ἱαρεὺς σκέλη καὶ δέρματα Kos 3637_{20}. Ohne besonderen Subjektsausdruck γέρ[η] λαμβά[νει] δέρμα καὶ σκέλος 3637 7/8. Aus Herodot νόμοισι δὲ χρέωνται οὗτοι παραπλησίοισι τοῖσι ἑτέροισι IV 169. Ohne besonderen Subjektsausdruck ἄρχοντα δὲ παρείχοντο Μασσάγην τὸν Ὀαρίζου VII 71. Umgekehrt kann auch das echte Objekt voranstehen und das prädikative folgen, wie τοῖς δ' Ἀργείοις ἐπιτυγχάνουσιν οἱ Λακεδαιμόνιοι αναχωροῦσι Xenophon hist. graec. IV 2, 22. Das Verb steht in diesen Fällen, auch wenn ein besonderer Subjektsausdruck fehlt, in der Mitte.

Hier sei auch noch der Typus Prädikatsnomen—Verb—Subjekt kurz berührt, bei dem also das Prädikatsverb ebenfalls in Mittelstellung erscheint. σοφοὶ ἄνδρες εἰσὶ Θεσσαλοί Herodot VII 130. (Siehe auch S. 52) τῶν δὲ πρότερον ἔργων μέγιστον ἐπράχθη τὸ Μηδικόν Thucydides I 23, 1. πλεῖστοι δὲ τῶν Ἑλλήνων ἐγένοντο οἱ τῶν παλαιῶν Μεσσηνίων τότε δουλωθέντων ἀπόγονοι I 101, 2. τοσοῦτοι ἦσαν οἱ ξύμπαντες II 78, 4. ἐμπόριον δ' ἦν τὸ χωρίον Xenoph. exped. Cyri I 4, 6. Zur Stellung Subjekt—Verb—Prädikatsnomen vgl. § 26.

§ 13. Andere Verba als Verba des Beschließens in Mittelstellung bei der Wortfolge Zeitbestimmung—Verb—Subjekt in der Sprache der Inschriften. Bereits in § 3 und 4 haben wir gesehen, wie das Verb dadurch vom Satzanfang verdrängt wurde, daß eine adverbiale Zeitbestimmung oder auch ein Gen.-absol., der eine solche ausdrückte, den Satz eröffnete. Würde man sich diese oder diesen wegdenken, so stünde das Verb wieder am Anfang. Hier wollen wir nun noch aus den Inschriften Belege anführen, wo wir bei Mittelstellung des Verbs die Wortfolge Gen. absol. oder Adverb (oder beides)—Verb—Subjekt antreffen.

Aus den delphischen Freilassungsurkunden gehören die Stellen hierher, die des im vorigen Paragraphen behandelten Zusatzes ἐπὶ τοῖσδε ('unter der Bedingung') entbehren.

So ἄρχοντος Βαβύλου μηνὸς Βουκατίου ἀπέδοτο Στράταγος Τηλεφάνεος τῶι Ἀπόλλωνι τῶι Πυθίωι σῶμα γυναικεῖον ἇι ὄνομα Στολίς, συνευδοκέοντος καὶ τοῦ υἱοῦ Νικάνορος . . . ἐφ' ὅτωι . . . 1704. ἄρχοντος Βαβύλου μηνὸς Ἡρακλείτου ἀπ[έ]δοντο Μενὼ καὶ Καλλίας οἱ Δίωνος κοράσιον, ἇι ὄνομα Συνωρίς, τῶι Ἀπόλλωνι τῶι Πυθίωι . . . ἐφ' ὅτωι 1705. ἄρχοντος Εὐδώρου μηνὸς Δαιδαφορίου ἀπέδοτο ἁ πόλις τῶν Δελφῶν τῶι Ἀπόλλωνι τῶι Πυθίωι σῶμα ἀνδρεῖον, ὧι ὄνομα Εὐτυχίδας, ἐνδογενῆ . . . ἐφ' ὅτωι . . . 1706. ἄρχοντος Ἀθάμβου τοῦ Ἀβρομάχου μηνὸς Θευξενίου ἀπέδοτο Ζωΐς Ζωπύρου συνευδοκεούσας καὶ τᾶς θυγατέρος Πολυξένας τῶι Ἀπόλλωνι τῶι Πυθίωι σῶμα γυναικεῖον, ἇι ὄνομα Εὐκολίνα, τὸ γένος Θρᾶισσαν . . . ἐφ' ὧιτε 1711. ἄρχοντος ἐν Δελφοῖς Ἀνδρονίκου τοῦ Φρικίδα, μηνὸς Ἐνδυσποιτροπίου, ἐν δὲ Θεσσαλίαι στραταγέοντος Δαμοθοίνου μηνὸς Θύου, ὡς Θεσσαλοὶ ἄγοντι, ἀπέδοτο Εὐκλείδας Θεοδότου Γυρτώνιος σῶμα ἀνδρεῖον, ὧι ὄνομα Ἀλέξανδρος, ὃν εἶχεν ἐν τᾶι ὠνᾶι πάπον, τὸ γένος Μακεδόνα τῶι Ἀπόλλωνι τῶι Πυθίωι . . . ἐφ' ὅτωι . . . 1720. Auch hier steht meistens der Dativ vor dem Akkusativ, manches Mal ist aber auch das Umgekehrte der Fall. Vgl. ferner 1721, 1722, 1728, 1730, 1732, 1735 usw., 2064, 2079, 2082, 2089 usw. Besonders merke noch: ἄρχοντος Πεισιθέου, μηνὸς Ἰλαίου, βουλευόντων τὰν δευτέραν ἑξάμ[η]νον Ἀγησίλα, Εὐδόκου, Γλαύκου ἀπέδοτο τῶι θεῶι Ξεναίνετος Π[α]τρώνδα παιδάριον, ὧι ὄνομα Ἡράκλειτος . . . ὥστε . . . 1713. Hier ist das Dativobjekt noch vor das Subjekt getreten; die 'Inversion' Prädikat—Subjekt ist dadurch nicht gestört.

Ich füge nun aus den delphischen Inschriften noch andere Belege gleichen oder ähnlichen Inhaltes wie die vorigen an. Das Verb ist immer ein anderes als oben ἀπέδοτο. Die Wortfolge ist dieselbe. ἄρχοντος Ξενέα ποταπέδωκε Κύπριος Δωροθέω ἡμιμναῖον, Θηβαγόρα ἡμιμναῖον, Ἀρχία ἡμιμναῖον . . . 1750. ἄρχοντος Ὕβρία, βουλευόντων τὰν δευτέραν ἑξάμηνον Ἁγίωνος τοῦ Κλεοδάμου, Τιμοκλέος τοῦ Πολύωνος, γραμματεύοντος δὲ Βαβύλου τοῦ Ἀνδρομένεος ἀνεγράφη ἁ ἀνάθεσις. $2097_{1\,\text{ff.}}$ ἀγωνοθετέοντος Εὐνίκου Τριτέος, μηνὸς τετάρτου, ἐν δὲ Φυσκέοις ἄρχοντος Εὐκλείδα μηνὸς Ἀρατύου τριακάδι ἐν ἐννόμωι ἐκκλησίαι ἀνέθηκε Ἀγησιβούλα Φυσκίς, συνευδοκεόντων τοῦ τε πατρὸς αὐτᾶς Λύκωνος καὶ τᾶς ματρὸς Ἁρμοξένας, τῶι Ἀπόλλωνι τῶι Πυθίωι σῶμα γυναικεῖον, ἆι ὄνομα Μνασώ, ὥστε ... 2097$_{4ff.}$ ἄρχοντος Σωσιπάτρου μηνὸς Ποιτροπίου, βουλευόντων τὰν πρώταν ἑξάμηνον Ἀντιγένεος τοῦ Διοδώρου, Ἁγίωνος τοῦ Κλεοδάμου, γραμματεύοντος δὲ Ὑβρία τοῦ Ξένωνος, ἐν δὲ Ἐρινεῶι ἄρχοντος Νίκωνος μηνὸς Ἑσπερίνου ἀνέθηκαν Καλλικράτης Καλλινόου, Πραξὼ Κλεομένεος Ἐριναῖοι σῶμα ἀνδρεῖον ὧι ὄνομα Ἀντίοχος, τῶι Ἀπόλλωνι τῶι Πυθίωι ἐπ' ἐλευθερίαι 2172. ἐπὶ δὲ ἄρχοντος Μέντορος τοῦ Λαιάδα μηνὸς Ἰλαίου ἀπέλυσε Ἀθηναΐς τᾶς παραμονᾶς Ὀνασίφορον ὥστε ... 2220. In der Ausdrucksweise verschieden στραταγέοντος τῶν Αἰτωλῶν Δαμοκρίτου Καλυδωνίου μηνὸς Δίου, ἐν Δελφοῖς δὲ ἄρχοντος Μαντία καὶ ἱερέων Εὐκλέος Ξένωνος μηνὸς Ποιτροπίου, ἐν δὲ Ἀμφίσσαι ἄρχοντος Λαμπρία μηνὸς Παναγυρίου ἐπρίατο ὁ Ἀπόλλων ὁ Πύθιος παρὰ Σωσιβίου Ἀμφισσέος ἐπ' ἐλευθερίαι σῶμ[α] γυναικεῖον, ἆι ὄνομα Νίκαια, τὸ γένος Ῥωμαίαν ... 2116.

Ferner z. B. aus Paros ἐπ' ἄρχοντος τοῦ Δειφάνου νεωκοροῦντος Ἀκέσιος καὶ Σοιστροῦς ἱερῆς ἐλόγευσε[ν] εἰς ἐπισκευὴν τῆς κρήνης καὶ τοῦ βωμοῦ καὶ τοῦ θαλάμου Μυλλὶς Χάρητος ε', Πνυτὼ Εὐαγόρου ς', Φιλακὼ Εὐαγόρου γ' ... IG. 12[5], 186. Aus Phocis ἄρχοντος Τιμοκράτεος ἀφίητι Καλλι[ώνυ]μος Δωροθέου, Ἀντιδώρα Λάμπου τὰ ἴδια σώματα ἐλεύ[θερα Φι]λό[φ]ρο[να], Σωσίχαν, Παρμενίωνα ... Collitz 1547 (= IG. 9[1], 34). Vgl. auch 1532a, 1532b.

§ 14. **Der Stellungstypus Gen. absol. (besonders als Zeitangabe) oder Adverbium (besonders der Zeit) —Verb—Subjekt ist auch in der Literatursprache als sehr häufige Wortfolge zu belegen.** Ich gebe wieder Belege aus Herodot, Thucydides und Xenophon [1]).

Aus Herodot: τελευτήσαντος δὲ Ἀλυάττεω ἐξεδέξατο τὴν βασιληίην Κροῖσος ὁ Ἀλυάττεω, ἐτέων ἐὼν ἡλικίην πέντε καὶ τριήκοντα, ὃς ... I 26. κατεστραμμένων δὲ τούτων καὶ προσεπικτωμένου Κροίσου Λυδοῖσι ἀπικνέονται ἐς Σάρδις ἀκμαζούσας πλούτῳ ἄλλοι τε οἱ πάντες ἐκ τῆς Ἑλλάδος σοφισταί, οἳ ..., καὶ δὴ καὶ Σόλων ἀνὴρ Ἀθηναῖος I 29. Ferner μετὰ δὲ Σόλωνα οἰχόμενον ἔλαβε ἐκ θεοῦ νέμεσις μεγάλη Κροῖσον I 34. Vgl. αὐτίκα δέ οἱ εὕδοντι ἐπέστη ὄνειρος, ὃς ... ibid. Siehe auch I 35. τοῦ δὲ λαβυρίνθου τούτου ἐόντος τοιούτου θῶμα ἔτι μέζον παρέχεται ἡ Μοίριος καλεομένη λίμνη, παρ ἣν ... II 149. Ἀπρίεω δὲ ὧδε καταραιρημένου ἐβασίλευσε Ἄμασις νομοῦ μὲν Σαΐτεω ἐών, ἐκ τῆς δὲ ἦν πόλιος οὔνομά

[1]) **Einige Stellen haben die Wortfolge Gen. abs. oder Adv.—Objekt —Verb—Subjekt; sie können auch zu § 11 gezogen werden.**

οἵ ἐστι Σιούφ II 172. τὰ μὲν οὖν πρῶτα κατώνοντο τὸν Ἄμασιν Αἰγύπτιοι ... ibid. ἐπ' Ἀμάσιος δὲ βασιλέος λέγεται Αἴγυπτος μάλιστα δὴ τότε εὐδαιμονῆσαι II 177. μετὰ δὲ τὴν Βαβυλῶνος αἵρεσιν ἐγίνετο ἐπὶ Σκύθας αὐτοῦ Δαρείου ἔλασις IV 1. μέχρι μὲν δὴ τῆς τούτων τῶν Σκυθέων χώρης ἐστὶ ἡ καταλεχθεῖσα πᾶσα πεδιάς τε γῆ καὶ βαθύγαιος IV 23. μέχρι δὲ τῆς Ἰνδικῆς οἰκέεται ἡ Ἀσίη IV 40. ταῦτα Σκυθέων ἐπαγγελλομένων ἐβουλεύοντο οἱ βασιλέες οἱ ἀπὸ τῶν ἐθνέων ἥκοντες IV 119. ταραχθέντων δὲ τῶν Σκυθέων καὶ βοῇ χρεωμένων εἴρετο ὁ Δαρεῖος τῶν ἀντιπολέμων τὸν θόρυβον IV 134. ἀποδημεόντων δὲ τούτων πλέω χρόνον τοῦ συγκειμένου τὸν Κορώβιον ἐπέλιπε τὰ πάντα IV 152. χρόνου δὲ περιιόντος ἐξεγένετό οἱ παῖς ἰσχόφωνος καὶ τραυλός, τῷ ὄνομα ἐτέθη Βάττος IV 155. ἐπὶ μέν νυν Βάττου τε τοῦ οἰκιστέω τῆς Ζόης, ἄρξαντος ἐπὶ τεσσεράκοντα ἔτεα, καὶ τοῦ παιδὸς αὐτοῦ Ἀρκεσίλεω, ἄρξαντος ἑκκαίδεκα ἔτεα, οἴκεον οἱ Κυρηναῖοι ἐόντες τοσοῦτοι, ὅσοι ἀρχὴν ἐς τὴν ἀποικίην ἐστάλησαν· ἐπὶ δὲ τοῦ τρίτου Βάττου τοῦ εὐδαίμονος καλεομένου Ἕλληνας πάντας ὥρμησε χρήσασα ἡ Πυθίη πλέειν συνοικήσαντας Κυρηναίοισι Λιβύην IV 159. τούτων δὲ κατύπερθε πρὸς νότον ἄνεμον ἐν τῇ θηριώδεϊ οἰκέουσι Γαράμαντες, οἳ ... IV 174. εἰρωτῶντος δὲ τοῦ Δαρείου, ὁποδαπὴ εἴη, ἔφασαν οἱ νεηνίσκοι εἶναι Παίονες καὶ ἐκείνην εἶναι σφέων ἀδελφεήν V 13. πρῶτα μὲν γὰρ ἔχεται τῆς λίμνης τὸ μέταλλον, ἐξ οὗ ... τάλαντον ἀργυρίου Ἀλεξάνδρῳ ἡμέρης ἑκάστης ἐφοίτα V 17. περιιόντος Μεγαβάτεω τὰς ἐπὶ τῶν νεῶν φυλακὰς ἐπὶ νεὸς Μυνδίης ἔτυχε οὐδεὶς φυλάσσων V 33. Auch δεθέντος δὲ τοῦ Σκύλακος ἐξαγγέλλει τις τῷ Ἀρισταγόρῃ, ὅτι ... V 33. ἅμα δὲ ἐπίεζέ μιν ἡ δαπάνη τῆς στρατιῆς ἀπαιτεομένη V 35. ταῦτά κῃ λεγόντων συνεχώρησε ὁ Ἀλεξανδρίδης V 40. ἐν τῇ προτέρῃ νυκτὶ τῶν Παναθηναίων ἐδόκεε ὁ Ἵππαρχος ἄνδρα οἱ ἐπιστάντα μέγαν καὶ εὐείδεα αἰνίσσεσθαι τάδε τὰ ἔπεα V 56. ἐπὶ τούτου δὴ τοῦ Λαοδάμαντος τοῦ Ἐτεοκλέος μουναρχέοντος ἐξανιστέαται Καδμεῖοι ὑπ' Ἀργείων V 61. ἀπὸ δὲ ταύτης τῆς διχοστασίης ἐτέθη νόμος ἐν Σπάρτῃ μὴ ἐξεῖναι ... V 75. Beachte auch τοιαῦτα ἐπιλεγομένων εἶπε δή κοτε μαθών τις V 80. Ferner ἔτι τε πρὸς τούτοισι ἐνῆγόν σφεας οἱ χρησμοὶ λέγοντες ... V 90. νοστήσαντος δὲ τοῦ κήρυκος ἐς τὴν Κόρινθον ἦν πρόθυμος πυνθάνεσθαι τὴν ὑποθήκην ὁ Περίανδρος V 92 Ζ. τούτου δὲ τοιούτου γενομένου ἔλεξαν οἱ τύραννοι τῆς Κύπρου, συγκαλέσαντες τῶν Ἰώνων τοὺς στρατηγοὺς V 109. συλλεχθέντων δὲ τῶν Καρῶν ἐνθαῦτα ἐγίνοντο βουλαὶ ἄλλαι τε πολλαὶ καὶ ἀρίστη γε δοκέουσα εἶναι ἐμοὶ Πιξωδάρσου τοῦ Μαυσώλου, ἀνδρὸς Κινδυέος, ὃς....V 118. μετὰ δὲ παρεόντων καὶ διαβάντων τὸν Μαίανδρον τῶν Περσέων ἐνθαῦτα ἐπὶ τῷ Μαρσύῃ ποταμῷ συνέβαλόν τε τοῖσι Πέρσῃσι οἱ Κᾶρες καὶ μάχην ἐμαχέσαντο ... V 119. μετὰ δὲ τοῦτο τὸ τρῶμα ἀνέλαβόν τε καὶ ἀνεμαχέσαντο οἱ Κᾶρες V 121. Hier also sogar zwei Verba vorauf! Ferner σὺν δέ σφι ἀπέθανε καὶ Μύρσος ὁ Γύγεω V 122. Δαρείου δὲ οὐκ ἀποδεικνυμένου κω γνώμην ἐτύγχανε κατὰ τὠυτὸ τούτοισι καὶ Δημάρητος ὁ Ἀρίστωνος ἀναβεβηκὼς ἐς Σοῦσα VII 3. κατὰ δὲ Ἄβδηρα λίμνην μὲν οὐδεμίαν ἐοῦσαν ὀνομαστὴν παραμείψατο Ξέρξης, ποταμὸν δὲ ... VII 109. ἐς δὲ Ἀθήνας καὶ Σπάρτην οὐκ ἀπέπεμψε Ξέρξης ἐπὶ γῆς αἴτησιν κήρυκας VII 133. τούτων μὲν εἵνεκα οὐκ ἔπεμψε Ξέρξης τοὺς αἰτήσοντας ibid. Κλεάνδρου δὲ τοῦ Πατάρεος τελευτήσαντος τὸν βίον ... ἀναλαμβάνει τὴν μουναρχίην Ἱπποκράτης, Κλεάνδρου ἐὼν ἀδελφεός VII 154. ἀποθανόντος δὲ Κλεομένεος ἄπαιδος ἔρσενος γόνου Δωριέος τε οὐκέτι ἐόντος ἀλλὰ τελευτήσαντος καὶ τούτου ἐν Σικελίῃ, οὕτω δὴ ἐς Λεωνίδην ἀνέβαινε ἡ βασιληίη VII 205. πρὸς τούτοισι ἐπίκλητοι ἐγένοντο Λοκροί τε οἱ Ὀπούντιοι πανστρατιῇ καὶ Φωκέων χίλιοι VII 203. ταῦτα βουλευομένων σφέων ἔπεμπε Ξέρξης κατάσκοπον ἱππέα ἰδέσθαι...VII 208. ἐνθαῦτα ἐβουλεύοντο οἱ Ἕλληνες VII 219. Λακεδαιμονίων δὲ καὶ Θεσπιέων τοιούτων γενομένων ὅμως λέγεται ἄριστος ἀνὴρ γενέσθαι Σπαρτιήτης Διηνέκης VII 226. ἐν Σαλαμῖνι γὰρ οὐ συνεναυμάχησαν Πλαταιέες Ἀθηναίοισι διὰ τοιόνδε τι πρῆγμα VIII 44. ταῦτα δὲ Θεμιστοκλέος λέγοντος ἀνεδιδάσκετο Εὐρυβιάδης VIII 63. κατὰ μὲν δὴ Ἀθηναίους ἐτετάχατο Φοίνικες, κατὰ δὲ Λακεδαιμονίους Ἴωνες VIII 85. μετὰ δὲ ταῦτα ἐτάσσοντο ὧδε οἱ ἐπιφοιτῶντές τε καὶ οἱ ἀρχὴν ἐλθόντες Ἑλλήνων IX 28. παρὰ δὲ τούτους ἐτάσσοντο Μεγαρέων τρισχίλιοι IX 28[1]). παρὰ δὲ τούτους ἔστησαν Ἑρμιονέες τριηκόσιοι ibid.[2]). μετὰ δὲ τοῦτον ἠρίστευσαν Ποσειδώνιός τε καὶ Φιλοκύων καὶ Ἀμομφάρετος Σπαρτιῆται IX 71. καίτοι γενομένης λέσχης, ὃς γένοιτο αὐτῶν ἄριστος, ἔγνωσαν οἱ παραγενόμενοι Σπαρτιητέων Ἀριστόδημον μὲν ... ἔργα ἀποδέξασθαι μεγάλα, Ποσειδώνιον δὲ ... ἄνδρα γενέσθαι IX 71.

Aus Thucydides: πρότερον δὲ ἦσαν ἐπὶ ῥητοῖς γέρασι πατρικαὶ βασιλεῖαι I 13, 1. καὶ ὀλίγον μὲν χρόνον ξυνέμεινεν ἡ

---

[1]) Aber ebendort auch μετὰ δὲ τούτους Αἰγινητέων πεντακόσιοι ἐτάχθησαν.

[2]) Aber ebendort μετὰ δὲ τούτους Λευκαδίων καὶ Ἀνακτοριέων ὀκτακόσιοι ἔστησαν.

ὁμαιχμία, ἔπειτα ... I 19, 3. προελθόντος δὲ τοῦ χρόνου ἐγένετο ἡ τῶν Ἐπιδαμνίων δύναμις μεγάλη καὶ πολυάνθρωπος I 46, 4. μετὰ δὲ τὴν μάχην τροπαῖον ἔστησαν οἱ Ἀθηναῖοι καὶ ... I 63, 3. μέχρι μὲν οὖν τοῦδε ὡρίσθω ὑμῶν ἡ βραδυτής, νῦν δὲ ... I 71, 4. οὕτω γὰρ ὠνομάσθη τῶν χρημάτων ἡ φορά I 96, 2. ὕστερον δὲ αὐτοῖς ἐβοήθησαν ἐκ τῶν Ἀθηνῶν νῆες τεσσαράκοντα καὶ Χίων καὶ Λεσβίων πέντε καὶ εἴκοσι I 116, 2. καὶ ἐκ τῶν Ἀθηνῶν ὕστερον προσεβοήθησαν τεσσαράκοντα μὲν αἱ μετὰ Θουκιδίδου καὶ Ἅγνωνος καὶ Φορμίωνος νῆες, εἴκοσι δὲ αἱ μετὰ Τληπολέμου καὶ Ἀντικλέους, ἐκ δὲ Χίου καὶ Λέσβου τριάκοντα I 117, 2. μετὰ ταῦτα δὲ ἤδη γίγνεται οὐ πολλοῖς ἔτεσιν ὕστερον τὰ προειρημένα, τά τε Κερκυραϊκὰ καὶ τὰ Ποτειδεατικά I 118, 1. τέσσαρα καὶ δέκα μὲν ἔτη ἐνέμειναν αἱ τριακοντούτεις σπονδαί, αἳ ἐγένοντο μετ' Εὐβοίας ἅλωσιν II 2, 1. ἐκ δ' οὖν τῆς γῆς ἀνεχώρησαν οἱ Θηβαῖοι οὐδὲν ἀδικήσαντες II 5, 7. ἅμα δὲ τῇ χώσει καὶ μηχανὰς προσῆγον οἱ Πελοποννήσιοι τῇ πόλει II 76, 4. ἧς (= φυλακῆς) ἐπεξελθούσης ἐκ τῆς Σπαρτώλου ἐς μάχην καθίστανται οἱ Ἀθηναῖοι ὑπ' αὐτῇ τῇ πόλει II 79, 2. ἄρτι δὲ τῆς μάχης γενενημένης ἐπιβοηθοῦσιν ἄλλοι πελτασταὶ ἐκ τῆς Ὀλύνθου II 79, 4. ἡσσημένων δὲ ἀνδρῶν οὐκ ἐθέλουσιν αἱ γνῶμαι πρὸς τοὺς αὐτοὺς κινδύνους ὁμοῖαι εἶναι II 89, 11. μέχρι γὰρ Λαιαίων Παιόνων καὶ τοῦ Στρύμονος ποταμοῦ, ὃς ... ῥεῖ, ὡρίζετο ἡ ἀρχὴ τὰ πρὸς Παίονας αὐτονόμους ἤδη II 96, 4. ἐς τοῦτό τε περιέστη ἡ τύχη ὥστε ... IV 12, 3. δεξαμένων δὲ τῶν στρατηγῶν τὸν λόγον ἐγίγνοντο σπονδαὶ τοιαίδε IV 16, 1. καὶ τότε πρὸς ταῖς πύλαις ἤδη ἦν ἡ ἅμαξα IV 67, 4. ἅμα δέ τι καὶ εἰρήκεσαν τοιοῦτον οἱ παρὰ Περδίκκου ἐν τῇ Λακεδαίμονι, ὡς ... IV 83, 4; εἰρήκεσαν steht hier also nicht etwa unmittelbar vor dem von ihm abhängigen ὡς-Satze. καίτοι στρατιᾷ γε τῇδ' ἣν νῦν ἔχω ἐπὶ Νίσαιαν ἐμοῦ βοηθήσαντος οὐκ ἠθέλησαν Ἀθηναῖοι πλέονες ὄντες προσμεῖξαι IV 85, 7. τοῦ δὲ Δηλίου ἑβδόμῃ καὶ δεκάτῃ ἡμέρᾳ ληφθέντος μετὰ τὴν μάχην καὶ τοῦ ἀπὸ τῶν Ἀθηναίων κήρυκος οὐδὲν ἐπισταμένου τῶν γεγενημένων ἐλθόντος οὐ πολὺ ὕστερον αὖθις περὶ τῶν νεκρῶν ἀπέδοσαν οἱ Βοιωτοὶ ... IV 101, 1. ὑπὸ δὲ νύκτα αὐλωσαμένου τοῦ στρατεύματος ἄπωθεν ἐκδιδράσκουσιν οἱ ἐκ τῶν Ὀρνεῶν VI 7, 2. ἄρτι δ' ἀνειλήφει ἡ πόλις ἑαυτὴν ἀπὸ τῆς νόσου καὶ τοῦ ξυνεχοῦς πολέμου ... VI 26, 2. εἰ δὲ τὰς Συρακούσας ἠγγέλλετο μὲν πολλαχόθεν τὰ περὶ τοῦ ἐπίπλου ... VII 32, 3. καὶ ἐκκλησίας γενομένης τὴν μὲν στρατιὰν οὐκ ἐδέχοντο οἱ Καταναῖοι ... 51, 1. καὶ ἐπὶ πολὺ μὲν οὐκ ἐδίωξαν αἱ Ἀθηναῖοι ... VI 70, 3 τῇ δ' ὑστεραίᾳ ἀπὸ τοῦ κύκλου ἐτείχιζον οἱ Ἀθηναῖοι τὸν κρημνὸν τὸν ὑπὲρ τοῦ ἕλους VI 101, 1. καὶ μετὰ ταῦτα ἐτείχιζον οἱ Συρακόσιοι καὶ οἱ ξύμμαχοι ... τεῖχος ἁπλοῦν VII 4, 1.

Beachte auch mit dem Dativ des Partizips πορευομένῳ δὴ αὐτῷ ἀπεγίγνετο μὲν οὐδὲν τοῦ στρατοῦ εἰ μή τι νόσῳ, προσεγίγνετο δὲ ... II 98, 3. Hier ist freilich das Verb, weil es besonders betont ist, möglichst an den Anfang gerückt.

Aus Xenophons exped. Cyri: διὰ μέσου δὲ τοῦ παραδείσου ῥεῖ ὁ Μαίανδρος ποταμός I 2, 7. διὰ μέσου δὲ τῆς πόλεως ῥεῖ ποταμὸς Κύδνος ὄνομα, εὖρος δύο πλέθρων I 2, 23[1]). ἐνταῦθα λέγεται Ἀπόλλων ἐκδεῖραι Μαρσύαν I 2, 8. ἐνταῦθα ἔμεινε Κῦρος ἡμέρας τριάκοντα I 2, 9. ἐνταῦθα ἀφικνεῖται Ἐπύαξα ἡ Συεννέσιος γυνὴ τοῦ Κιλίκων βασιλέως παρὰ Κῦρον I 2, 12. ἐνταῦθα ἦν παρὰ τὴν ὁδὸν κρήνη ἡ Μίδου καλουμένη τοῦ Φρυγῶν βασιλέως I 2, 13. τῇ δ' ὑστεραίᾳ ἧκεν ἄγγελος λέγων, ὅτι .. I 2, 21. ἐνταῦθα ἔμεινε Κῦρος καὶ ἡ στρατιὰ ἡμέρας εἴκοσιν I 3, 1. ἐνταῦθα ἦν τὰ Βελέσυος βασίλεια τοῦ Συρίας ἄρξαντος I 4, 10. νῦν δεῖται Κῦρος ἕπεσθαι τοὺς Ἕλληνας ἐπὶ βασιλέα I 4, 14. ἐνταῦθα ἦν πόλις ἐρήμη, μεγάλη I 5, 4. καὶ δή ποτε στενοχωρίας καὶ πηλοῦ φανέντος ταῖς ἁμάξαις δυσπορεύτου ἐπέστη ὁ Κῦρος σὺν τοῖς περὶ αὐτὸν ἀρίστοις I 5, 7. ἐντεῦθεν προϊόντων ἐφαίνετο ἴχνη ἵππων καὶ κόπρος I 6, 1. εἰπόντος δὲ τοῦ Ὀρόντα, ὅτι ..., ἠρώτησεν ὁ Κῦρος αὐτὸν ... I 6, 8. ἐκ τούτου πάλιν ἠρώτησεν ὁ Κῦρος ibid. ταύτῃ μὲν οὖν τῇ ἡμέρᾳ οὐκ ἐμαχέσατο βασιλεύς I 7, 17. αὐτίκα γὰρ ἐδόκουν οἱ Ἕλληνες καὶ πάντες δὲ ἀτάκτοις σφίσιν ἐπιπεσεῖσθαι I 8, 2. καὶ ἐνταῦθα δὴ ἐδίωκον μὲν κατὰ κράτος οἱ Ἕλληνες, ἐβόων δὲ ἀλλήλοις μὴ θεῖν δρόμῳ I 8, 19. Hier ist wieder zu beachten, daß die Verba mit μὲν — δὲ einander gegenübergestellt und deshalb stark betont sind. Ferner ἐνταῦθα διέσχον ἀλλήλων βασιλεύς τε καὶ οἱ Ἕλληνες ὡς τριάκοντα στάδια I 10, 4. ἐνταῦθα δ' ἔστησαν οἱ Ἕλληνες ('machten Halt') I 10, 12 und 16. καὶ ἐπὶ μὲν τὸ ἄκρον ἀναβαίνει Χειρίσοφος πρὶν ... IV 1, 7. ἐξ ἀπροσδοκήτου γὰρ αὐτοῖς ἐπέπεσε τὸ Ἑλληνικόν IV 1, 10. εἰς δὲ τὴν ὑστεραίαν γίγνεται χειμὼν πολύς IV 1, 15. καὶ ἐνταῦθα ἀποθνήσκει ἀνὴρ ἀγαθὸς Λακωνικὸς Κλεώνυμος τοξευθεὶς διὰ τῆς ἀσπίδος καὶ τῆς σπολάδος εἰς τὰς πλευρὰς IV 1, 18[2]). καὶ ἐν τούτῳ τῷ χρόνῳ

---

[1]) Etwas anderes, nämlich mit Zwischenschiebung des Verbs zwischen grammatisch und logisch Zusammengehöriges: διὰ μέσου δὲ ῥεῖ τούτων ποταμὸς Κάρσος ὄνομα εὖρος πλέθρου I 4, 4.

[2]) Aber καὶ νῦν δύο καλώ τε καὶ ἀγαθὼ ἄνδρε τέθνατον .. IV 1, 19.

ἦλθεν Ἀρχαγόρας ὁ Ἀργεῖος πεφευγώς IV 2, 17. πορευομένων δ' αὐτῶν ἀντιπαρῆσαν αἱ τάξεις τῶν ἱππέων IV 3, 17. στρατοπεδευομένων δ' αὐτῶν γίγνεται τῆς νυκτὸς χιὼν πολλή IV 4, 8. νυκτερευόντων δ' αὐτῶν ἐνταῦθα ἐπιπίπτει χιὼν ἄπλετος IV 4, 11. διὰ τὰς τοιαύτας οὖν ἀνάγκας ὑπελείποντό τινες τῶν στρατιωτῶν IV 5, 15. ἐν δὲ ταῖς οἰκίαις ἦσαν αἶγες, οἶες, βόες ὄρνιθες καὶ τὰ ἔκγονα τούτων IV 5, 25. ἐνταῦθα δὴ καὶ διδάσκει ὁ κωμάρχης περὶ τοὺς πόδας τῶν ἵππων καὶ τῶν ὑποζυγίων σακία περιελεῖν IV 5, 36. ἐπὶ δὲ τῇ εἰς τὸ πεδίον ὑπερβολῇ ἀπήντησαν αὐτοῖς Χάλυβες καὶ Τάσχοι καὶ Φασιανοί IV 6, 5. ἐντεῦθεν ἐπορεύοντο Χειρίσοφος καὶ Ξενοφῶν καὶ Καλλίμαχος Παρράσιος λοχαγός IV 7, 8. μετὰ τούτους οὖν ὑπῆλθον ὑπὸ τὰ δένδρα ἄνθρωποι ὡς ἑβδομήκοντα, οὐκ ἀθρόοι, ἀλλὰ καθ' ἕνα IV 7, 8. ἔνθα δὴ ἔθεον πάντες καὶ οἱ ὀπισθοφύλακες IV 7, 24. ἐντεῦθεν δ' ἐπορεύθησαν οἱ Ἕλληνες διὰ Μακρώνων σταθμοὺς τρεῖς παρασάγγας δέκα IV 8, 1. ἔνθα δὴ προσέρχεται Ξενοφῶντι τῶν πελτάστων ἀνὴρ Ἀθήνησι φάσκων δεδουλευκέναι IV 8, 4. ἐκ τούτου παρηγγύησαν οἱ στρατηγοὶ εὔχεσθαι IV 8, 16. τῇ δ' ὑστεραίᾳ ἀπέθανε μὲν οὐδείς, ἀμφὶ δὲ τὴν αὐτήν πως ὥραν ἀνεφρόνουν IV 8, 21. ἄνω δὲ πρὸς τὸ ἰσχυρῶς ὄρθιον μόλις βάδην ἐπορεύοντο οἱ ἵπποι IV 8, 28. τῇ δὲ ὑστεραίᾳ ἀπῆσαν οἱ Ἕλληνες ἔχοντες τὰ ἐπιτήδεια V 2, 28. ἐκ τούτου συνελθόντων εἶπε πάλιν Ξενοφῶν VI 4, 17. ἔτι δὲ καθημένων τῶν στρατιωτῶν προσέρχεται Κοιρατάδας Θηβαῖος, ὃς ... VII 1, 33. Beachte auch πρὶν δὲ ὁμοῦ εἶναι τοὺς πολλοὺς ἀλλήλοις συμμιγνύασιν οἱ κατὰ τὰ ἄκρα IV 6, 24.

Aus Xenophons hist. graec. μετὰ δὲ ταῦτα οὐ πολλαῖς ἡμέραις ὕστερον ἦλθεν ἐξ Ἀθηνῶν Θυμοχάρης ἔχων ναῦς ὀλίγας I 1, 1. ἐν τούτῳ δὲ ἧκον οἱ διάδοχοι τῶν Συρακοσίων εἰς Μίλητον I 1, 31. ἐν Θάσῳ δὲ κατὰ τὸν καιρὸν τοῦτον στάσεως γενομένης ἐκπίπτουσιν οἱ Λακωνισταὶ καὶ ὁ Λάκων ἁρμοστὴς Ἐτεόνικος I 1, 32. ἐνταῦθα δὴ ἐχείμαζον ἅπαντες, Λάμψακον τειχίζοντες I 2, 15. ἐκ δὲ τῆς μάχης ταύτης συνέβησαν οἱ στρατιῶται αὐτοὶ αὐτοῖς I 2, 17. μετὰ ταῦτα ὤμοσεν ὁ μὲν ἐν Χρυσοπόλει... ὁ δ' ἐν Καλχηδόνι I 3, 12. Vgl. I 5, 14. ἐν δὲ τῷ Βυζαντίῳ ἦν Κλέαρχος Λακεδαιμόνιος ἁρμοστὴς καὶ σὺν αὐτῷ τῶν περιοίκων τινὲς ... I 3, 15. ἀρχομένου δὲ τοῦ ἔαρος πορευομένοις αὐτοῖς παρὰ βασιλέα ἀπήντησαν καταβαίνοντες οἵ τε Λακεδαιμονίων πρέσβεις ... καὶ ἔλεγον . . I 4, 2. μετὰ δὲ ταῦτα ἐν τῇ βουλῇ διηγοῦντο οἱ στρατηγοὶ περί τε τῆς ναυμαχίας καὶ τοῦ μεγέθους τοῦ χειμῶνος I 7, 3. καὶ ἐπὶ τούτοις εἰπόντος Λυκίσκου καὶ τούτους ... κρίνεσθαι ...

ἐπεθορύβησε πάλιν ὁ ὄχλος καὶ... I 7, 13. πείσαντος δὲ τοῦ Σπιθριδάτου κατέλιπε τῷ Ἀγησιλάῳ Ὄτυς χιλίους μὲν ἱππέας, δισχιλίους δὲ πελταστάς IV 1, 3. ἐκ τούτου δὴ ἐκάλει ὁ Ἀγησίλαος τὸν Σπιθριδάτην τε καὶ τοὺς ἄλλους IV 1, 12. προσιόντων δ' εὐθὺς εἶπεν ὁ Ἡριππίδας IV 1, 13. μετὰ δὲ τοῦτο ἤρξατο λόγου ὁ Φαρνάβαζος IV 1, 31. ἐρομένου δὲ τοῦ Ἀγησιλάου... ἀπεκρίνατο δὴ ὁ Δεκρυλίδας IV 3, 2. μετὰ τοῦτό γε μὴν ἀφείθη μὲν κατὰ πόλεις τὸ ἄλλο στράτευμα, ἀπέπλευσε δὲ καὶ ὁ Ἀγησίλαος IV 4, 1; hier ist wieder das Verb stark hervorgehoben. τῇ δ' ὑστεραίᾳ ἧκον οἱ Ἀργεῖοι, πασσυδίᾳ βοηθοῦντες IV 4, 9. τῇ δ' ὑστεραίᾳ ἀπῆγεν ὁ Ἀγησίλαος τὸ στράτευμα IV 6, 8. ἅμα δὲ τῇ ἡμέρᾳ... ἧκον οἱ τῶν Ἀθηναίων ὁπλῖται V 1, 10. τούτων δὲ πραττομένων ἀφικνεῖται καὶ ἡ παρὰ Διονυσίου δευτέρα βοήθεια VII 1, 28. usf. Beachte auch die Nachstellung des logischen Subjektes: καὶ οὐ πολλῷ χρόνῳ ὕστερον μετέμελε τοῖς Ἀθηναίοις I 7, 35.

Das Subjekt kann auch durch einen Infinitiv oder Accusativus c. inf. gebildet werden. So aus Herodot ἐούσης ὁρτῆς τῇ Ἥρῃ τοῖσι Ἀργείοισι ἔδεε πάντως τὴν μητέρα αὐτῶν (id est Κλεόβιος καὶ Βίτωνος) ζεύγεϊ κομισθῆναι ἐς τὸ ἱρόν I 31. πρὸς δὲ καὶ ἀδύνατα ἐφάνη βασιλέα Δαρεῖον ὑπερβαλέσθαι V 124. συλλεγομένων δὲ ἐς τωὐτὸ τῶν Ἑλλήνων τῶν περὶ τὴν Ἑλλάδα τὰ ἀμείνω φρονεόντων ... ἐνθαῦτα ἐδόκεε βουλευομένοισι αὐτοῖσι πρῶτον μὲν χρημάτων πάντων καταλλάσσεσθαι τάς τε ἔχθρας καὶ τοὺς κατ' ἀλλήλους ἐόντας πολέμους VII 145. οὕτω οὐκ ὄνειδος οὐδὲν ἡμῖν ἐστι λέγειν ταῦτα VII 161. Aus Thucydides χρόνῳ δὲ ὕστερον ξυνέβη Θασίους αὐτῶν ἀποστῆναι I 100, 2. ἐς γὰρ Οἰνιάδας αἰεί ποτε πολεμίους ὄντας μόνους Ἀκαρνάνων οὐκ ἐδόκει δυνατὸν εἶναι... στρατεύειν II 102, 2. ἐντὸς γὰρ πολλοῦ χωρίου τῆς πόλεως οὐκ ἦν πελάσαι II 77, 5. Vgl. auch IV 6, 2. Aus Xenophons exped. Cyri μετὰ ταῦτα ἐδόκει πάλιν διασκηνητέον εἶναι εἰς στέγας IV 4, 14. τῇ δ' ὑστεραίᾳ ἐδόκει πορευτέον εἶναι, ὅπῃ δύναιντο τάχιστα IV 5, 1. ἐνταῦθα ἔδοξε κράτιστον εἶναι τοὺς ἑπομένους πολεμίους φοβῆσαι IV 5, 17. Vgl. auch IV 4, 8.

§ 15. Der Stellungstypus adverbiale Bestimmung (auch Loc. absol. im Altindischen, Ablativus absol. im Lateinischen) — Prädikatsverb — Subjekt in anderen indogermanischen Sprachen. Im Altindischen stehen Orts-, Zeit-Adverbia und demonstrative Adverbien gern am Anfang des Satzes, siehe Thommen a. a. O. S. 16. Der Locativus absolutus, der — wie die Adverbien im allgemeinen —

bei habitueller Wortfolge seinen Platz zwischen Subjekt und Prädikat hat, steht, wenn er eine lokale oder temporale Bestimmung enthält, häufig vorauf. Aber die habituelle Wortfolge ist dann Loc. absol. — Subj. — Prädikat; viel seltener findet sich die unserem griechischen Typus entsprechende Reihenfolge Loc. abs. — Prädikat — Subjekt. Siehe auch § 24.

Aus dem Avestischen gehört hierher mit am Satzanfang stehender Ortsbestimmung: *apāxtarat̰ hača naēmat̰, apāxtarĕ'byō hača naēmaēibyō fradvarat̰ aǝrō mainyuš pouru-mahrkō* 'von der nördlichen Seite her, von den nördlichen Seiten her eilt hervor der A. M., der vielverderbliche'. Vend. 19, 1. *ā tat̰ hanjamanǝm pa'tijasat̰ yō daδvå ahurō mazdå haϑra mainyao'byō yazataē'byō.* 'Zu dieser Versammlung kam der Schöpfer A. M. zusammen mit den geistigen Jazatas' Vend. 2, 21.

Aus dem Armenischen: *khanzi i bar̄nal azgin aršakuneaç tireçin ašxarhin Hayaç azgn Sasanay parski, or* .... 'denn bei dem Sturze des Stammes der Arsaciden trat die Herrschaft über das Land der Armenier das Geschlecht des Persers Sassan an, welcher ...' Elisei hist. I. *yaynm žamanaki sphr̄eçan episkoposkhn yiwrakhančiwr išxanuthiwns* 'zu dieser Zeit zerstreuten sich die Bischöfe ein jeder in seine Diözese' ibid. III. *ew aynpēs baržanin araračkhs* 'und so trennten sich die Geschöpfe' ibid. III. *i miojn... bnakeal ē otarn* 'in einem (Himmel) wohnt der fremde (Gott)' Eznicii refutatio haeres. IV 1.

Im Altpersischen aber findet sich in derartigen Sätzen die 'Inversion' Prädikat — Subjekt nicht; vielmehr geht das Subjekt vorauf, und das Verb steht am Ende. Siehe § 24.

Im Slavischen ist unser Stellungstypus reichlich zu belegen. Siehe z. B. Berneker a. a. O. S. 4 aus dem Altrussischen *v lěto 6473 ide Svjatoslav na Kosary* 'im Jahre 6473 zog Sw. gegen die Kosaren'.

Ich selbst notierte aus dem Slovenischen: *zdaj zgrabi Jurij palico* 'jetzt ergriff Iurij den Knüppel' Berneker, Slav. Chrestom. S. 274.

Über das Litauische vgl. Berneker a. a. O. S. 57. In dieser Sprache ist die in Rede stehende Stellung vielfach anzutreffen, besonders im Anfang der Märchen. Ich nenne noch *vënam̃ këmè gyvẽno jáuns gaspadõrius* 'in einem Dorfe lebte ein junger Landwirt' Schleicher[1]) S. 160. *sýkį bùvo vëns žmogùs* 'er war

[1]) Ich habe die falsche Akzentuierung Schleichers hier wie sonst nicht geändert.

einmal ein Mann' S. 120. Auch mitten in einer Erzählung, z. B. *rytmetý atėjo gaspadórei* 'zur Morgenszeit kamen die Bauern wieder' Schleicher S. 228. Vgl. aber auch § 24.

Aus dem Lettischen nenne ich: *wezzûs laikûs bija wîns k'ēninsch* 'in alten Zeiten war ein König'. *wakkar pî man înâza kàds nabadf'in'sch* 'gestern kam zu mir ein Bettlerchen herein' (*înâza* 3 sq. praet. von *î-nâkt*) nach Bielenstein Lettische Grammatik S. 258. *wînreif bija wîns wîrs* 'einmal war ein Mann' ibid. S. 414 und öfters. Vgl. aber § 24.

Im Germanischen ist der Typus ebenfalls bezeugt. Vgl. Braune a. a. O. S. 36 u. 39 z. B. altnordisch *þessu næst urþu þau tiþindi* 'bald darauf geschahen die Ereignisse' (Gunnlaugs saga 6_{28}). Vgl. z. B. auch aus einer altschwedischen Runeninschrift (Noreen, Gramm. Nr. 16) *þaiʀ situ stin suniʀ þurkitils auk fulku* 'hier setzten (den) Stein die Söhne Thorkätils und Fulkas'. Oder noch altisländisch *eptir þetta tal legz Brynhildr í rekkju* 'nach diesem Gespräch legt sich Brunhild zu Bett'. So auch im Angelsächsischen: *and þý ilcan geáre cuóm micel here on Angelcynnes lond* 'und in demselben Jahre kam ein großes Heer in das Land des englischen Volkes' Sachsenchronik 866. Und so öfters in dieser Chronik. In der neuenglischen Prosa ist diese Inversion nur erhalten in *there is*, *was* etc. mit folgendem Subjekt, z. B. *there is no doubt whatever about that* Dickens, A christmas carol stave I. *there never was such a goose* ibid. stave III.

Neuhochdeutsch ist die Stellung notwendig, z. B. *Über Freilingen lag eine kalte, stürmische Novembernacht* W. Hauff, Der Mann im Monde, Anfang. *Im Westen, im Rücken des deutschen Lagers sank rasch die Sonne* F. Dahn, Die Kreuzfahrer I 1. *Nur in meines Vaters Arbeitszimmer hingen einige wertvolle Ölgemälde* P. Heyse, Jugenderinnerungen und Bekenntnisse I. Mein Elternhaus S. 34.

Ebenso im Holländischen: *op zijn aangezicht verscheenen allerlei uitdrukkingen van pijn, van hoop, van vertwijfeling en van schaamte* Conscience, De arme edelman 1. *In het diepe des eigendoms tusschen de hoogste boomen stond een groot huis* 2.

Im Lateinischen ist ebenfalls nach satzeinleitenden adverbialen Bestimmungen, besonders des Ortes oder der Zeit, Inversion von Subjekt und Prädikat zu belegen, so daß auch in dieser

Sprache das Verb in diesem Falle Mittelstellung aufweist. Aus Caesars bellum Gallicum nenne ich: *apud Helvetios longe nobilissimus fuit et ditissimus Orgetorix* I 2, 1. *diem ex die ducere Aedui* I 16, 4. *ad alteram partem succedunt Ubii, quorum fuit civitas ampla atque florens.* IV 3, 3. *in eadem causa fuerunt Usipetes et Tencteri ... qui ...* IV, 4, 1. *tandem dat Cotta permotus manus* V 31, 3. *omnibus locis fit caedes* VII, 67, 6. *trans Rhenum ad Germanos pervenit fama diripi Eburones* VI 35, 4. Aus dem bellum civile etwa noch: *in eandem sententiam loquitur Scipio* I 1, 4. *his de causis aguntur omnia raptim atque turbate* I 5, 1. *proximis diebus habetur extra urbem senatus* I 6, 1. *ita complures dies manserant castra* III 66, 7.

Nach einem Ablativus absolutus: *tali timore omnibus perterritis confirmatur opinio barbaris ... nullum esse intus praesidium* Gall. VII 37, 9. Vgl. VII, 2, 1: *His rebus agitatis profitentur Carnutes se nullum periculum ... recusare. hac oratione habita discedit Ambiorix* V 27, 11. *commisso proelio deseritur a suis Varus* bell. civ. I 13, 4. *quorum cognita voluntate clam profugit Apollonia Staberius* III 12, 4. Häufig ist diese Stellung bei Cäsar nicht.

Im Albanesischen kann ebenfalls ein Adverbium vors Verb treten: *atεherε i ϑot e šóḱeja gomarjārit* 'darauf sagte die Frau des Eselshirten zu ihm' *e keštú mbεsε fundi ṙoitin sεbašku me dašurí è me bukε tέmbal'ε* 'und so lebten sie endlich zusammen in Liebe und mit süßem Brot' Meyer, Kurzgef. alb. Gramm. Märchen I S. 58 Z. 26 u. S. 59 Z. 12/13. *è atέ natε giϑ-aštú lindi ńε tšupε eδ e mótεra ḱε* ... 'und in dieser Nacht gebar ebenso auch die Schwester ein Mädchen, welche ...' ibid. S. 57 Z. 11. *atεherε i ϑot e mótεra* 'darauf sagte die Schwester zu ihr' S. 58 Z. 7/8. *mbεsε fundi ϑot e ǵora mεmmε se* 'endlich sagte die unglückliche Mutter' (*se* wie griech. ὅτι zur Einleitung der folgenden direkten Rede) 15. *eδé námεta i doti ńε trεndafil' nga faḱεja* 'und hierauf wuchs ihm (= dem Mädchen) eine Rose aus der Wange hervor' 24/25. *pas tsa kohe i ϑotε dial'i sεmmεs* 'nach einiger Zeit sagte der Sohn zu seiner Mutter' Märchen II S. 59 Z. 19. *è ndεr ta iš eδé ńε plák i mεntšimε* 'und unter ihnen war auch ein kluger Greis' Z. 26. *mb ató dit i kiš maṙ eδé kumbáreja hua pélεnε mbarse kεtíj pεr tε špε̄nε me tε tsa driϑε nε mulí* 'an jenem Tage hatte auch der Gevatter dessen schwangere Stute leihweise genommen, um einiges Getreide zur Mühle zu bringen' S. 61 Z. 5 ff. So kann also auch im Albanesischen das Verb in Mittelstellung erscheinen, wie auch noch der § 6 lehren wird.

Im Altirischen dagegen ist bekanntlich diese einfache Voranstellung eines Adverbs und die damit verbundene Mittelstellung des Verbums nicht möglich, sondern es muß eine Form des Hülfsverbs zu Hilfe genommen werden.

§ 16. Der Stellungstypus substantivisches Demonstrativpronomen als Objekt oder Substantiv mit attributivem Demonstrativpronomen als Objekt — Verb — Subjekt in den andern indogermanischen Sprachen. Im Altindischen ist der Typus Demonstrativpronomen als Objekt — Verb — Subjekt als altertümlicher Rest noch erhalten, wenn das Verbum finitum durch ein Verb des Sagens gebildet wird. So: *tān aho 'pādhyāyaḥ* 'zu ihnen sagte der Lehrer'; *tām abravīd rājā* 'zu ihr sagte der König'; worüber Thomma a. a. O. S. 9. Fälle, in denen ein Substantiv mit attributivem Demonstrativum das Objekt bildet, scheinen dort nicht belegbar zu sein.

Im Avestischen: *tąm yazata yō daδvå ahurō mazdå* 'der opferte der Schöpfer A. M.' Yašt 5, 17. *tąm yazata yimō xšaēto hvąϑwō hukairyāṯ paiti barəzaŋhaṯ satəm aspanąm aršnąm, hazaŋrəm gavąm, baēvarə anumayanąm* 'der opferte der glänzende, gute Herden besitzende Yima auf dem Berge Hukairya hundert männliche Pferde, tausend Rinder, zehntausend Schafe 5, 25. *tąm yazata ažiš ϑrizafå dahākō bawrōiš paiti daiŋhaove satəm aspanąm* etc. 'der opferte im Lande von Bawri das dreimäulige Ungeheuer Dahaka hundert Pferde etc. 5, 29. Siehe auch noch 5, 21, 33, 37. 41, 45, 49, 53, 57, 61, 68, 72, 76, 81. *təm yazata yō yimō xšvaeta hvąϑwō* ..... 'dem opferte der glänzende, gute Herden besitzende Yima ..... Yašt 15, 15. Vgl. 15, 2, 7, 11, 19 etc. Ferner 17, 24, 28, 33, 37, 41, 45 etc.

Ferner *aya daēnaya fraorenta ahurō mazdå ašava* 'zu dieser Religion bekannte sich der rechtgläubige A. M.' Yast 10, 92.

Aus dem Albanesischen: *kεtó fjal'a indεgoi e emma* 'diese Reden hörte die Mutter' G. Meyer, Kurzgef. alban. Gramm. Märchen I 857 Z. 18/19. Mit noch vorgesetzter temporaler Adverbialbestimmung *atεherε atij i hūri ndε mεndε fjal e pl'akut* 'da kam ihm das Wort des Greises in den Sinn' Märchen II S. 60 Z. 18.

Aus dem Štokavischen sei genannt: *ù toga càra bile su ùši kòzje* 'et eius regis fuerunt aures caprinae' Berneker, Slav. Chestomathie S. 213.

Aus den altschwedischen Runeninschriften: *han siku blakumen i utfaru* 'ihn hinterlisteten die Walachen auf der Reise ins Ausland' Noreen, Altschwedische Grammatik, Inschrift Nr. 26.

Aus dem Althochdeutschen: *Diz sagêta Marcuuart Nanduuin Helitberaht etc.* Würzburger Marktbeschreibung B. Ende. Neuhochdeutsch z. B. *Dieses Götterkind, diesen Ausbund von Liebenswürdigkeit erwartete der Hofrat* W. Hauff, Der Mann im Monde, der Ball.

Aus dem Lateinischen gehört hierher: *his praeerat Viridovix* Caes. Gall. III 17, 1. *huic rursus circumvento fert subsidium Pulio* V 44, 12. *hui officio praepositus erat Fefius Calenus legatus, qui* .... civ. III 8, 2. *hoc vero magis properare* (inf. hist.) *Varro* civ. II 20, 1. Vgl. noch *id tulit factum graviter Indutiomarus* Gall. V 4, 4, wo sich das Verb an die zweite Stelle im Satze, direkt hinter das satzverbindende Demonstrativ gedrängt und sich so zwischen das attributive Pronomen und sein zugehöriges Substantiv geschoben hat. Übrigens fehlt bei Caesar in solchen Sätzen sehr häufig der besondere Subjektsausdruck, so daß das Verb in Endstellung erscheint; aber auch das läßt sich feststellen, daß bei besonderem Subjektsausdruck die Stellung Objekt — Subjekt — Verb viel häufiger ist als die Folge Objekt — Verb — Subjekt, mit anderen Worten in diesem Satztypus ist die Endstellung des Verbs weit üblicher als die Mittelstellung. Vgl. z. B. *his Caesar libertatem concessit* Gall. IV 15, 5. *huic Caesar .... maiorum locum restituerat* V 25, 2. *hos omnes flumina continebant* civ. I 51, 4 *his tamen omnibus annona crevit* I 52, 1. *hos Tarraconenses et Jacetani et Ausetani et ... Illurgavonenses ... insequuntur* I 60, 2. Also selbst ein umfangreiches Subjekt steht vor dem Verb. Ferner *id factum ex suis hospitibus Caesar cognoverat.* Gall. V 6, 3. *id oppidum Lentulus Spinther X cohortibus tenebat.* civ. I 15, 3. *id opus inter se Petreius atque Afranius partiuntur* civ. I 73, 4. *id oppidum C. Considius Longus unius legionis praesidio tuebatur* II 23, 4. *huic officio oppidoque Manius Acilius legatur praeerat* III 39, 1. Über *ei legationi Ariovistus respondit* Gall. I 34, 2 vgl. auch S. 69 f.

§ 17. Der Stellungstypus Objekt oder prädikatives Objekt — Verb — Subjekt in andern indogermanischen

Sprachen. Aus dem Avestischen sei angeführt: *āaṯ ahē paityārəm kərəntaṯ aŋrō mainyuš pouru-mahrkō ažimča yim raoᵊ-ɗitəm zyąmča daēvō-dātəm* 'aber ihm schuf als Landplage der vielverderbliche A. M. die rötliche Schlange und den daēvageschaffenen Winter' Vend. 1, 2. Ähnlich 4, 5, 6 etc. bis 19. *nōit hīm gātvō vindənti pasvasča staorāča mašyāca* 'nicht mehr Platz (*gatvō* Gen. Sing.) fanden Kleinvieh und Großvieh und Menschen' Vend. 2, 8, auch 9, 16, 17 etc. *hanjamanəm frabarata yō daɗvå ahurō mazdå haϑra mainyaoibyō yazataēᶦbyō* 'eine Versammlung veranstaltete der Schöpfer A. M. zusammen mit den geistigen Jazatas'. Vend. 2, 20. Vgl. auch 2, 11, 15, 19 etc., wenn man dort als erstes Wort *astəm* 'ein Heim' liest. *āsu-aspīm daɗāᶦti miϑrō yō vouru-gaoyaoitiš* 'Besitz schneller Rosse gibt der weite Fluren besitzende Mithra' Yašt 10, 3 und öfters.

Aus dem Albanesischen: *pa tšúpazet i ruań unε* 'aber die Mädchen behüte ich' G. Meyer, Kurzgef. alb. Gramm. Märchen I. S. 58 Z. 8. *è tε dū sīt e tšúpεzεsε mierε i kiš mfšehnε ajó ndε ǵī tε sāj* 'und die beiden Augen des unglücklichen Mädchens hatte jene in ihrem Busen verborgen' ibid. 12/13. *è kuajt i špāri aū jaštε fšatit pákεzε l'argε pšéhεzazi* 'und die Pferde brachte er heimlich ein wenig fern außerhalb des Dorfes' Märchen II S. 60 S. 25/26. *dial'it i mbetεn ndε dorεt tε tre kuajt e tatārit tε tsil'εt* . . . 'dem Burschen bleiben die drei Pferde des Tataren in der Hand, welche . . .' Z. 14/15.

Aus dem Lateinischen: *multum cum in omnibus rebus, tum in re militari potest fortuna.* Caes. bell. Gall. VI 30, 2. *Scipioni obvenit Syria, L. Domitio Gallia* bell. civ. I 6, 5. Häufiger ist aber im Lateinischen die Wortfolge Objekt — Subjekt — Prädikatsverb, so daß also Entstellung des Verbs herrscht. Vgl. z. B. *Gallos ab Aquitanis Garumna flumen a Belgis Matrona et Sequana dividit.* bell. Gall. I 1, 2. *oppidum autem Britanni* (scil. *id*) *vocant* V 21, 3. *tum Tito Balventio . . . viri forti et magnae auctoritatis utrumque femur tragula traicitur* V 35, 6.

Aus dem Neuhochdeutschen: *dem guten, alten Junggesellen pochte das Herz beinahe hörbar* Hauff, Der Mann im Monde I. Der Ball. *Das behagliche runde Gesicht durchblitzte oft, schnell wie ein Gedanke, ein satirisches Lächeln* ibid. Das Urteil der Welt.

§ 18. Der Stellungstypus Objekt im Akkusativ, Dativ oder Genitiv — Subjekt — Verb im Griechischen, also Endstellung des Verbs.

Neben der Reihenfolge Objekt — Verb — Subjekt kommt im Griechischen auch der Typus Objekt — Subjekt — Verb vor. Das Verb steht am Ende, wenn kein weiterer Zusatz hinten antritt. Das Subjekt ist betont; auf dem Objekte liegt ebenfalls Betonung, oder es stellt die Verbindung mit dem Vorhergehenden her. So aus Herodot: ταῦτα μέν νυν Πέρσαι τε καὶ Φοίνικες λέγουσι I 5. Vgl. auch hierüber § 36. τούτων δὲ Γύζαντες ἔχονται IV 194. Siehe aber auch § 11. τῆς δὲ Σπάρτης Ἀναξανδρίδης μὲν ὁ Λέοντος οὐκέτι περιεὼν ἐβασίλευσε... Κλεομένης δὲ... V 39. Beachte, daß in diesem Satze das betonte Subjekt durch μὲν noch besonders hervorgehoben ist. Ἀλεξανδρίδῃ γὰρ . . . παῖδες οὐκ ἐγίνοντο V 39. ἡμέας δὲ τοὺς Κορινθίους τό τε αὐτίκα θῶμα μέγα εἶχε . . . νῦν τε . . . V 92η. Aus Thucydides τοὺς δ' Ἀθηναίους ἰδόντας ταῦτα γιγνόμενα θάρσος τε ἔλαβε καὶ . . . II 92, 1. τοιαῦτα μὲν τοῖς Πελοποννησίοις οἱ ἄρχοντες παρεκελεύσαντο II 88, 1; siehe über diese Satzart auch § 36. Vgl. auch II 90, 1. τήν τε γὰρ Ἀττικὴν καὶ Εὔβοιαν καὶ Σαλαμῖνα ἑκατὸν ἐφύλασσον III 17, 2. τήν τε γὰρ Ποτίδαιαν δίδραχμοι ὁπλῖται ἐφρούρουν III 17, 3. Aus Xenophons Exped. Cyri στρουθὸν δὲ οὐδεὶς ἔλαβεν I 5, 3. ταύτην δὴ τὴν πάροδον Κῦρός τε καὶ ἡ στρατιὰ παρῆλθε I 7, 16.

Anmerkung 1. Das Verb kann in diesem Satztypus wieder dadurch aus der Endstellung in die Mittelstellung geraten, daß Zusätze antreten. αἰτίαν δὲ οὐκ ἐλαχίστην Ἀρχίδαμος ἔλαβεν ἀπ' αὐτοῦ Thuc. II 18, 3. τὸ μὲν οὖν ἐλεγεῖον οἱ Λακεδαιμόνιοι ἐξεκόλαψαν εὐθὺς τότε ἀπὸ τοῦ τρίποδος I 132, 3. ταύτην δὲ τὴν τάφρον βασιλεὺς ποιεῖ ἀντὶ ἐρύματος Xen. exped. Cyri I 7, 16. τὸ δὲ δεξιὸν κέρας Πρωτόμαχος εἶχε πεντεκαίδεκα ναυσί hist. graec. I 6, 30.

Anmerkung 2. Daß diese im Griechischen mögliche, im Neuhochdeutschen unmögliche Stellung im Lateinischen eine übliche Stellungsart ist, wurde bereits im vorhergehenden Paragraphen dargelegt. Sie kommt auch im Avestischen neben der § 17 behandelten Wortfolge vor, z. B. *āaṯ yimāi xšaϑrāi ϑrisato-zima hanjašenti* 'und dem Reiche des Yima gehen dreihundert Jahre hin'. Vend. 2, 8. Vgl. 12 und 16.

§ 19. Endstellung des Verbs bei der Wortfolge Gen. absol. oder Adverb — Subjekt — Verb. In der Sprache der behandelten drei griechischen Historiker findet sich ebenso nach satzeinleitendem Gen. absol. oder nach einem Adverb auch die Reihenfolge Subjekt — Prädikatsverbum (ohne 'Inversion'), so daß das Verbum, wenn kein Zusatz dahinter tritt, am Ende steht. Bei Herodot dürfte diese Stellungsart nicht so gebräuchlich sein wie die 'Inversion'. An einigen Stellen ist das Subjekt sichtlich betont, so Herodot V 106, V 120; aber von vielen Belegen läßt sich dies nicht mehr behaupten. Vielleicht wurde dieser Stellungstypus von jenen Fällen aus, wo Hervorhebung des Subjektes beabsichtigt ist, verallgemeinert.

Belege aus Herodot: ἄρξαντος δὲ τούτου ἐπὶ τριήκοντα ἔτεα καὶ διαπλέξαντος τὸν βίον εὖ διάδοχος οἱ τῆς τυραννίδος ὁ παῖς Περίανδρος γίνεται V 92 ζ. κρεμαμένης δὲ τῆς κεφαλῆς καὶ ἤδη ἐούσης κοίλης ἐσμὸς μελισσέων ἐσδὺς ἐς αὐτὴν κηρίων μιν ἐνέπλησε V 114. πεσόντων δὲ τῶν πάντων πολλῶν μάλιστα Μιλήσιοι ἐπλήγησαν V 120. καὶ γὰρ δὴ πρότερον οἱ Μιλήσιοι τοῖσι Χίοισι τὸν πρὸς Ἐρυθραίοις πόλεμον συνδιήνεικαν I 18. ἐμέο δ' ἂν ἐόντος ἐν Ἰωνίῃ οὐδεμία πόλις ὑπεκίνησε V 106. προδόντων δὲ τῶν Κουριέων αὐτίκα καὶ τὰ Σαλαμινίων πολεμιστήρια ἅρματα τωὐτὸ τοῖσι Κουριεῦσι ἐποίεον V 113.

Aus Thucydides: τοῦ δ' ἐπιγιγνομένου θέρους οἱ Πελοποννήσιοι καὶ οἱ ξύμμαχοι ἐς τὴν μὴν Ἀττικὴν οὐκ ἐσέβαλον, ἐστράτευσαν δ' ἐπὶ Πλάταιαν II 71, 1. τοσαῦτα εἰπόντων τῶν Πλαταιῶν Ἀρχίδαμος ὑπολαβὼν εἶπεν II 72, 1. μετὰ δὲ τοῦτο οἱ Ἀθηναῖοι τροπαῖον ἔστησαν καὶ ... VI 103, 1. δεκάτῳ δὲ ἔτει μετ' αὐτὴν αὖθις ὁ βάρβαρος τῷ μεγάλῳ στόλῳ ἐπὶ τὴν Ἑλλάδα δουλωσόμενος ἦλθεν I 18, 2. Der Gen. absol. leitet den Satz nicht ein: τοῖς μὲν οὖν Πελοποννησίοις γενομένου τούτου ἀπροσδονήτου τε καὶ παρὰ λόγον φόβος ἐμπίπτει ... τοὺς δ' Ἀθηναίους .. II 91, 4. Hier ist das stark betonte und durch μὲν noch besonders hervorgehobene τοῖς Πελοποννησίοις an den Anfang getreten.

Aus Xenophons exped. Cyri: ἀμφιλεξάντων δέ τι ἐνταῦθα τῶν τε Μένωνός του στρατιωτῶν καὶ τῶν Κλεάρχου ὁ Κλέαρχος κρίνας ἀδικεῖν τὸν τοῦ Μένωνος πληγὰς ἐνέβαλεν I 5, 11. τῇ δ' ἐπιούσῃ ἡμέρᾳ Χενοφῶν λαβὼν τὸν κωμάρχην πρὸς Χειρίσοφον ἐποιρεύετο IV 5, 30. Aus hist. graec. ἤδη δὲ τῶν βελτίστων ἀπολωλότων οἱ ἱππεῖς αὐτοῖς παραγίγνονται IV 5, 16. τούτων δὲ γενομένων ὁ Ἀγησίλαος τρόπαιον ἐστήσατο IV 6, 12.

Beachte auch noch: κατὰ δὲ τὸν χρόνον Σιμωνίδης Ἀθηναίων στρατηγὸς Ἠιόνα τὴν ἐπὶ Θρᾴκης Μενδαίων ἀποικίαν, πολημίαν οὖσαν, ξυλλέξας Ἀθηναίους τε ὀλίγους ἐκ τῶν φρουρίων καὶ τῶν ἐκείνῃ ξυμμάχων πλῆθος προσδιδομένην κατέλαβεν Thuc. IV 7. Dieses Beispiel ist deshalb bemerkenswert, weil trotz des langen Akkusativobjekts und des Participium conjunctum das Verb am Ende steht. Dasselbe gilt von IV 82, 1.

§ 20. Das Verb gerät durch Hinzufügung einer adverbialen Bestimmung des Ortes aus der Endstellung in die Mittelstellung. Viel häufiger aber tritt hinter das Verb noch ein Zusatz, so daß es selbst wieder in Mittelstellung gerät. In dem oben angeführten Beleg Thuc. II 71, 1 war die Ortsbestimmung vor das Verb getreten, weil sie betont war; sonst ist dies seltener. Meistens folgt die Orts- (oder Zeit-)bestimmung dem Verb nach, wenn schon ein Adverbialausdruck den Satz einleitet.

Belege aus Herodot: ἐντεῦθεν δὲ . . . οἱ Γεφυραῖοι οὗτοι δεύτερον ἐξαναστάντες ἐτράποντο ἐπ' Ἀθηνέων V 57. μετὰ δὲ Λακεδαιμόνιοι μέζω στόλον στείλαντες ἀπέπεμψαν ἐπὶ τὰς Ἀθήνας V 64. καιομένου δὲ τοῦ ἄστεος οἱ Λυδοί τε καὶ ὅσοι Περσέων ἐνῆσαν ἐν τῇ πόλι ἀπολαμφθέντες πάντοθεν . . . συνέρρεον ἔς τε τὴν ἀγορὴν καὶ ἐπὶ τὸν Πακτωλὸν ποταμόν V 101. οὕτω τότε τέταρτον Δωριέες ἐνέβαλον ἐς Ἀθήνας V 76. διαλυθέντος ὦν τοῦ στόλου τούτου ἀκλεῶς ἐνθαῦτα Ἀθηναῖοι τίνυσθαι βουλόμενοι πρῶτα στρατηίην ποιεῦνται ἐπὶ Χαλκιδέας V 77. Vgl. auch τούτων δὲ περιαγγελλομένων ἡ Ἀσία ἐδονέετο ἐπὶ τρία ἔτεα VII 1.

Aus Thucydides: ὑπὸ δὲ τοὺς αὐτοὺς χρόνους τοῦ χειμῶνος τούτου ἀρχομένου Σιτάλκης ὁ Τήρεω Ὀδρύσης Θρᾳκῶν βασιλεὺς ἐστράτευσεν ἐπὶ Περδίκκαν, τὸν Ἀλεξάνδρου, Μακεδονίας βασιλέα II 95, 1 ἅμα δὲ τῷ ἦρι εὐθυς ἀρχομένῳ τοῦ ἐπιγιγνομένου θέρους οἱ ἐν Σικελίᾳ Ἀθηναῖοι ἄραντες ἐκ τῆς Κατάνης περέπλευσαν ἐπὶ Μεγάρων VI 94, 1. μετὰ δὲ ταῦτα οὐ πολλῷ ὕστερον Εὔβοια ἀπέστη ἀπὸ Ἀθηναίων I 114, 1 (die adv. Bestimmung hier in übertragenem Sinne). ἀναχωρησάντων δὲ τῶν ἐκ τῆς Ἀττικῆς Πελοποννησίων οἱ Σπαρτιᾶται αὐτοὶ μὲν καὶ οἱ ἐγγύτατα τῶν περιοίκων εὐθὺς ἐβοήθουν ἐπὶ τὴν Πύλον, τῶν δὲ ἄλλων . . . IV 8, 1. ἀναχωρησάντων δὲ αὐτῶν οἱ Ἀθηναῖοι φυλακὰς κατεστήσαντο κατὰ γῆν καὶ κατὰ θάλασσαν II 24, 1. Siehe auch II 58, 1.

Aus Xenophons hist. graeca: μετὰ ταῦτα δὲ Τισσαφέρνης ἦλθεν εἰς Ἑλλήσποντον I 1, 19. ἡμέραις δὲ τριάκοντα ὕστερον Ἀλκιβιάδης ἐκ Σάρδεων μετὰ Μαντιθέου, τοῦ ἁλόντος ἐν Καρίᾳ, ἵππων εὐπορήσαντες νυκτὸς ἀπέδρασαν εἰς Κλαζομενάς I 1, 10.

Anmerkung: Auch eine Adverbialbestimmung modaler Art kann angefügt werden, z. B. ἔτι δὲ καθημένου Ἀγησιλάου ἱππεύς τις προσήλαυνε καὶ μάλα ἰσχυρῶς ἱδρῶντι τῷ ἵππῳ Xenoph. hist. graec. IV 5, 7.

§ 21. Das Verb kann auch dadurch in Mittelstellung geraten, daß ihm das Objekt nachfolgt. Es handelt sich also, wenn wir nur die wichtigsten Satzteile, auf die es uns hier allein ankommt, ins Auge fassen, um die Wortfolge Adverb oder Gen. absol. — Subjekt — Verb — Akkusativobjekt. Dieser Typus findet sich auch in den delphischen Freilassungsurkunden, aber viel seltener als die § 13 behandelte Stellungsart. Z. B. ἄρχοντος ἐν Στείρι Κάλλωος τοῦ Ἀ(γ)ήσωνος μηνὸς τετάρτου Πραξίας Θέωνος ἀφίητι ἐλευθέρους ἰδία(ι) Εὔπραξιν καὶ τὸ ἐξ αὐτᾶς παιδάριον, ὧι ὄνομα Δωρίων 1545. ἄρχοντος ἐν Στείρει Φίλωνος τοῦ Φιλοκράτου[ς], μηνὸς τετάρτου Σωτηρίδας Ξένωνος Δελφὸς ἀφίητι ἐλευθέρους Ξένωνα καὶ Παρά[μο]νον, τοὺς ἰδίους θρεπτούς 1546. Vgl. 2200. Siehe auch unten.

Aus Herodot: κρινόντων δὲ ταύτῃ τῶν μάγων Περσέων τε τῶν συλλεχθέντων αὐτίκα πᾶς ἀνὴρ ἐς τὴν ἀρχὴν τὴν ἑωυτοῦ ἀπελάσας εἶχε προθυμίην πᾶσαν ἐπὶ τοῖς εἰρημένοισι VII 19.

Aus Thucydides: τοῦ δ' ἐπιγιγνομένου χειμῶνος Εὔαρχος ὁ Ἀκαρνὰν βουλόμενος ἐς τὴν Ἀστακὸν κατελθεῖν πείθει Κορινθίους ... ναυσὶ .. ἑαυτὸν κατάγειν II 33, 1. Ähnlich τοῦ δ' αὐτοῦ θέρους οὐ πολλῷ ὕστερον τούτων Ἀμπρακιῶται καὶ Χάονες βουλόμενοι Ἀκαρνανίαν τὴν πᾶσαν καταστρέψασθαι ... πείθει Λακεδαιμονίους ναυτικὸν ... παρασκευάσαι II 80, 1. ἐν τούτῳ δὲ οἱ Λακεδαιμόνιοι μετεπέμποντο Παυσανίαν I 95, 3. τὰ δὲ τελευταῖα πρὸ τοῦδε τοῦ πολέμου ὁ δῆμος αὐτῶν ἐξεδίωξε τοὺς δυνατούς I 24, 5. Natürlich kann nun auch Akkusativobjekt und Adverbium nachstehen. Vgl. z. B. aus Xenophons hist. graeca τῇ δὲ τετάρτῃ ἡμέρᾳ ὁ Ἀγησίλαος ἦγε πρὸς τὸ Πείραιον τὸ στράτευμα IV 5, 3. Hier steht die Ortsbestimmung vor dem Objekt umgekehrt προϊόντος δὲ τοῦ χρόνου κατανοήσας ὁ Στρούθας ὅτι Θίβρων βοηθοίη ἔπεμψεν ἱππέας εἰς τὸ πεδίον IV 8, 18.

Auch ein Dativobjekt kann dem Verb folgen. τῆς δὲ αὐτῆς ἡμέρης οἱ Ἀθηναῖοι διαβάντες ἐς τὴν Εὔβοιαν συμβάλλουσι καὶ τοῖσι Χαλκιδεῦσι Herodot V 77. Dativobjekt und Akkusativobjekt: στρατηγοῦντος τῶν Φωκέων Καλλικράτους τοῦ Κριτοδάμου ... Δαμαίνετος Μνασία καὶ Κοσμία Διονυσίου ἀπέδοντο τῶ θεῶ τῶ Σεράπει τῶ ἐν Τιθόρα σῶμα κοράσιον γεγονὸς ἔτη δέκα δημιόπρατον ἃ ὄνομα Σωτηρίχα τιμᾶς ἀργυρίου μνᾶν δέκα ἐν ἐλευθερίαν delphische I. Collitz 1555 c. Hier folgen zugleich noch zwei andere Adverbialbestimmungen nach. Vgl. noch ἔτι δὲ τῶν Πελοποννησίων ξυλλεγομένων τε ἐς τὸν ἰσθμὸν καὶ ἐν ὁδῷ ὄντων ... Περικλῆς ὁ Ξανθίππω ... προηγόρευσε τοῖς Ἀθηναίοις ἐν τῇ ἐκκλησίᾳ, ὅτι ... Thuc. II 13, 1.

§ 22. Andere Zusätze hinter dem Verb. Ein Infinitiv mit Zubehör tritt noch hinter das Verb: ἐνταῦθα Ξέρξης ... λέγεται οἰκοδομῆσαι ταῦτά τε τὰ βασίλεια καὶ τὴν Κελαινῶν ἀκρόπολιν Xen. exp. Cyri I 2, 8. τοσαῦτα τῶν πρέσβεων ἀπαγγειλάντων οἱ Πλαταιῆς ἐβουλεύσαντο Ἀθηναίους μὴ προδιδόναι Thuc. II 74, 1.

Ein Accusativus c. inf. schließt sich an: γεγενημένης δὲ ἡμέρας ἤδη καὶ βεβαίως τῆς πόλεως ἐχομένης ὁ Βρασίδας τοῖς μὲν μετὰ τῶν Ἀθηναίων Τορωναίοις καταπεφευγόσι κήρυγμα ἐποιήσατο τὸν βουλόμενον ἐς τὰ ἑαυτοῦ ἐσελθόντα ἀδεῶς πολιτεύειν. Thuc. IV 114, 1.

Ein Gen. absol. beschließt den Satz: δυνατωτέρας δὲ γιγνομένης τῆς Ἑλλάδος καὶ τῶν χρημάτων τὴν κτῆσιν ἔτι μᾶλλον ἢ πρότερον ποιουμένης τὰ πολλὰ τυραννίδες ἐν ταῖς πόλεσι καθίσταντο τῶν προσόδων μειζόνων γενομένων Thuc. I 13, 1.

Ein Participium coniunctum bildet den Satzschluß: νυκτὸς δὲ γενομένης αὖτις τὠυτὸ ὄνειρον τῷ Ξέρξῃ κατυπνωμένῳ ἔλεγε ἐπιστάν Herod. VII 14. Oder ein Participium mit ὡς: γεγενημένου δὲ τοῦ ἐν Πλαταιαῖς ἔργου καὶ λελυμένων λαμπρῶς τῶν σπονδῶν οἱ Ἀθηναῖοι παρεσκευάζοντο ὡς πολεμήσοντες Thuc. II 7, 1.

§ 23. Mittelstellung des Verbs durch Spaltung logisch zusammengehöriger Satzglieder. Es kann ferner auch ein attributiver Zusatz zu dem dem Verb bereits vorangehenden Subjekt antreten, so daß das Verb zwischen die verschiedenen, grammatisch und logisch zusammengehörenden Teile des Subjekts zu stehen kommt und das entsteht, was man Spaltung nennt. Z. B. ἐς δὲ τὰς Ἀθήνας φρυκτοί τε ᾔροντο πολέμιοι Thuc. II 94, 1. Mit einem adverbalen Zusatz noch: στελλομένου δὲ Δαρείου ἐπ' Αἴγυπτον καὶ Ἀθήνας τῶν παιδῶν αὐτοῦ στάσις ἐγένετο μεγάλη περὶ ἡγεμονίης Herod. VII 2. Vgl. auch Thuc. I 105, 2. Auch andere mehrteilige Glieder können so 'gespalten' werden, z. B. das Objekt: τοῦ δ' ἐπιγιγνομένου χειμῶνος Ἀθηναῖοι ναῦς ἔστειλαν εἴκοσι μὲν περὶ Πελοπόννησον ... ἑτέρας δὲ ἓξ ἐπὶ Καρίας. Thuc. II 69, 1. Hier hat wohl die Gegenüberstellung durch μὲν — δὲ die Trennung von εἴκοσι und ναῦς bewirkt.

Übrigens kommt der letzte Beleg schon dem sehr nahe, was man sonst mit 'Schleppe' zu bezeichnen pflegt. Durch eine solche kann das Verb ebenfalls aus der Endstellung in die Mittelstellung geraten. Z. B. ἐν τῇδε τῇ ἡγεμονίᾳ ἤδη βιαίου ὄντος αὐτοῦ οἵ τε ἄλλοι Ἕλληνες ἤχθοντο καὶ οὐχ ἥκιστα οἱ Ἴωνες καὶ ὅσοι ἀπὸ βασιλέως νεωστὶ ἠλευθέρωντο Thuc. I 95, 1. Vgl. VI 8, 1. Zur Beurteilung der Spaltung s. § 46 ff.

In den letzten 3 Paragraphen kam es uns darauf an, zu zeigen, wie das Verb aus der Endstellung in Mittelstellung geraten konnte, und zwar dadurch, daß der Satz eine Erweiterung erfuhr. Über die Mittelstellung ist noch zu vergleichen § 46.

Wenn wir aber hierbei nicht so ausführlich gewesen sind wie vorher, so geschah dies deshalb, weil der Stoff eine besondere Abhandlung für sich in Anspruch nehmen darf; gilt es dabei doch, nicht nur die Stellungsverhältnisse der verschiedenen Satzglieder zum Verb, sondern auch zu sich selbst und untereinander darzulegen.

§ 24. Endstellung des Verbs bei der Wortfolge adverbiale Bestimmung oder gleichwertiges — Subjekt — Verb in anderen indogermanischen Sprachen. Die in § 19 erörterte Wortfolge des griechischen Adverb oder Gen. absol. (oder beides) — Subjekt — Verb hat Parallelen in andern indogermanischen Sprachen und dürfte deshalb alt sein. Wie bereits angeführt, ist nach Thommen a. a. O. S. 23 im Altindischen Loc. absol. — Subjekt — Verb die habituelle Wortfolge[1]).

Im Altpersischen ist nach satzeinleitendem Adverb ebenfalls Subjekt — Verb die regelmäßige Wortfolge. Das Verb hat also Endstellung. Vgl. Spiegel a. a. O. S. 515. Ich füge aus meinen Sammlungen hinzu: *pasāva^h ka^nbūjiya^h avam bardiyam avāja^n* 'hernach tötete K. den B.' Beh. 1, 10. *pasāva^h ka^nbūjiya^h mudrāyam ašiyava^h* 'hernach ging K. nach Ägypten' B. 1, 10 *pasāva^h ka^nbūjiya^h ^huvāmaršiyuš amariyatā* 'darauf starb K. durch eigene Schuld (oder durch Selbstmord?)' B. 1, 11.

Aus dem Armenischen: *orpēs zmard Ormizd arar* 'so hat O. den Menschen geschaffen' Elisei hist. II. In diesem Belege ist auch noch das betonte[2]) Objekt *zmard* vors Subjekt getreten. Meist aber finden wir im Armenischen bei der Wortfolge adverbiale Bestimmung — Subjekt — Verb das Verb in Mittelstellung, indem noch ein anderes Satzglied, z. B. das Objekt antritt. Vgl. so: *yaynm žamanaki miaban mogkhn ew khaw-*

---

[1]) Thommen weist bei habitueller Wortfolge dem Loc. absol. seinen Platz zwischen Subjekt und Prädikat zu, bemerkt aber, daß er als lokale und temporale Bestimmung häufig okkasionelle Vorausstellung vors Subjekt erleide. Ich glaube eher, daß im letzten Falle die Vorausstellung alt und auch nicht okkasionell, sondern habituell ist.

[2]) Es geht nämlich weiter *ew zaxts ew zhimandutһiwns ew zmah Arhmn arar* 'und die Leiden und die Krankheiten und den Tod hat A. geschaffen'. Außer den Objekten sind auch die Subjekte betont.

deaykhn barjin zjayns iwreanç. Zu dieser Zeit erhoben die Mager und Chaldäer zusammen ihre Stimme (armenisch pluralisch: Stimmen). ibid. *isk i kotmanç kotmanç khristoneaykhn or i zorun ēin imaçan zhurn, or* ... 'aber von allen Seiten merkten die Christen, welche im Heere waren, das Feuer, welches ... ibid.

Anmerkung: Aus dem Albanesischen ist die Wortfolge Adverbialbestimmung — Subjekt — Prädikatsverb auch zu belegen; nur ist das Verb in dem von mir notierten Beispiel durch das nachfolgende Objekt wieder in Mittelstellung gebracht worden: *atehere aú ndzōri unazen e gistitε tij* 'darauf zog der den Ring von seinem Finger ab' G. Meyer, Märchen I, S. 57, Z. 27/28. Doch ist gegenüber den § 15 angeführten Fällen zu beachten, daß das Subjekt ein Demonstrativum ist, das sich ja überhaupt gern möglichst an den Anfang drängt, wie denn auch im Albanesischen die Wortfolge demonstrativisches Subjekt — Verb öfters belegbar ist, z. B. *kū i vū rē asdj tšupenε venε ndε diép* 'dieser bemerkte das Mädchen in der Wiege liegen' S. 57, Z. 21/22, während der Typus Substantivisches Subjekt — Verb (statt Verb — Subjekt) ungleich seltener vorkommt (Anfang von Märchen II).

Aus dem Slavischen ist die Wortfolge Adverb — Subjekt — Verb auch zu belegen. Aus Berneker a. a. O. S. 37 nenne ich für das Bulgarische: *togai caro pismo praštaše* 'da schickte der Zar einen Brief'. Für das Litauische gilt dasselbe. Vgl. *o vénq nedéle tà senógi boba labai gerà búvo* 'aber an einem Sonntage war das alte Weib sehr gut' Schleicher S. 132. *dabàr jis sávo bàrzdą priparbávo* 'darauf färbte er seinen Bart' S. 134. *paskùi tàs szlúczus tůjaů atsìgulė* 'hernach ging der Besenbinder sogleich schlafen' S. 153. *paskùi jùdu isz to dváro iszéjo* 'darauf gingen die beiden aus dem Hofe heraus' S. 125. Häufig gerät aber auch im Litauischen bei der Wortfolge Adverbialbestimmung — Subjekt — Verb das Verb in Mittelstellung, indem ihm noch andere Satzglieder folgen. So z. B. das Objekt, welches im zweiten Beispiel dem Verb voranging: *rytmétý karálius jëszkójo sávo mérgą* 'in der Morgenzeit suchte der König sein Mädchen' S. 124. Oder eine Adverbialbestimmung: *dabàr jis važiávo į gìrę* 'darauf fuhr er in den Wald' S. 152. Oder ein Infinitiv *rytmetý tás póns atéjo pažiurét* 'in der Morgenzeit kam der Herr um nachzusehen'. Aus dem Lettischen nenne ich kurz *nu wakkars nâk* 'nun kommt der Abend' Bielenstein, Lettische Gramm. S. 259.

Über die Endstellung des Verbs im Germanischen vgl. § 61 und Braune a. a. O. S. 46 ff.

Aus dem Lateinischen gehören Sätze mit der Wortfolge

Ablat. absol. oder Adverb — Subjekt — Prädikat hierher. Z. B. aus Caesars bellum Gallicum: *ex eo oppido pons ad Helvetios pertinet* I 6, 3. *bello Helvetiorum confecto totius fere Galliae legati, principes civitatum, ad Caesarem gratulatum convenerunt* I 30, 1. *eo concilio dimisso idem principes civitatum . . . ad Caesarem reverterunt* I 31, 1. *quieta Gallia Caesar, ut constituerat, ad conventus agendos proficiscitur.* I 31, 1. *qua re per exploratores nuntiata Caesar legiones . . . portis incensis intromittit* VII 11, 8.

Wie im Griechischen der Gen. absol. auch dem Subjekt nachfolgen konnte, so auch im Lateinischen der Abl. abs. Z. B. *Galli re cognita per exploratores obsidionem relinquunt* V 49, 1. *Caesar acceptis litteris hora circiter undecima diei nuntium in Bellovacos ad M. Crassum quaestorem mittit* V 36, 1.

Der Hauptunterschied aber zwischen dem Griechischen und Lateinischen in den hier erörterten Satztypen besteht darin, daß irgendwelche Zusätze, wie Objekt oder Adverbialbestimmung im Lateinischen durchweg vors Verb treten, während sie im Griechischen auch nachstehen können, was bei den Ortsadverbien sogar die Regel ist, daß also im Lateinischen durchweg Endstellung des Verbs herrscht, im Griechischen aber End- und häufiger Mittelstellung. Selten sind eben im Lateinischen Fälle mit Mittelstellung wie *hac re cognita Caesar mittit complures equitum turmas de media nocte* VII 45, 1. *hoc negotio confecto Labienus revertitur Aegedincum* VII 62, 10.

§ 25. Anfangsstellung des Vollverbs εἶναι. Zur Anfangsstellung des Verbums sind noch einige Besonderheiten zu merken. Wenn das Verb εἶναι die Bedeutung 'vorhanden sein, sich befinden, leben, existieren, stattfinden, vorkommen' bedeutet, so steht es gern am Anfang des Satzes. Das Subjekt kann nicht nur ein Concretum, sondern auch ein Abstractum sein.

Belege aus Herodot: ἔστι δὲ τῆς Λιβύης χώρης Αἰγύπτου δὲ οὐ πρόσω, κόλπος θαλάσσης ἐσέχων ἐκ τῆς Ἐρυθρῆς καλεομένης θαλάσσης . . . II 11. ἔστι δὲ καὶ ἄλλος ὄρνις ἱρός, τῷ οὔνομα φοῖνιξ II 73. ἔστι ἐν τῷ τεμένεϊ τούτῳ Λητοῦς νηὸς ἐξ ἑνὸς λίθου πεποιημένος . . . II 155. ἦν δέ οἱ τὰ βασιλήϊα ἐν Σάϊ πόλι, μεγάλα ἐόντα καὶ ἀξιοθέητα II 163. ἔστι δὲ Αἰγυπτίων ἑπτὰ γένεα II 164. ἦσαν δὲ τῷ Κροίσῳ δύο παῖδες I 34. ἔστι δὲ ἐν τῷ τεμένεϊ τοῦ Πρωτέος ἱρὸν τὸ καλέεται ξείνης Ἀφροδίτης II 112. ἦν δὲ ἐπὶ τῆς ἠιόνος, τὸ καὶ νῦν ἐστι, Ἡρακλέος ἱρόν II 113. ἔστι δὲ ἡ κρήνη αὕτη ἐν οὔροισι χώρης τῆς τε ἀροτήρων Σκυθέων καὶ Ἀλιζώνων

IV 52. ἔστι δέ σφι κάνναβις, φυομένη ἐν τῇ χώρῃ πλὴν παχύτητος καὶ μεγέθεος τῷ λίνῳ ἐμφερεστάτη IV 74. ἦν οἱ ἐν Βορυσθενεϊτέων τῇ πόλι οἰκίης μεγάλης καὶ πολυτελέος περιβολή IV 79. ἦν γάρ παρὰ τῷ Ὀκταμασάδῃ ἀδελφεὸς Στάλκεω IV 80. ἔστι μεταξὺ Βορυσθενέος τε ποταμοῦ καὶ Ὑπάνιος χῶρος ... τοῦ καὶ ὀλίγῳ τι πρότερον τούτων μνήμην εἶχον IV 81. ἦν δὲ περὶ Δαρεῖον ἀνήρ Αἰγύπτιος φωνέων μέγιστον ἀνθρώπων IV 141. ἦσαν δὲ ἐν τῇ νῦν Θήρῃ καλεομένῃ νήσῳ ... ἀπόγονοι Μεμβλιάρου τοῦ Ποικίλεω, ἀνδρὸς Φοίνικος IV 147. ἔστι τῆς Κρήτης Ὀαξὸς πόλις ... IV 154. ἔστι δὲ καὶ ὅδε λόγος λεγόμενος Ἰήσονα ... περιπλέειν Πελοπόννησον IV 179. ἔστι δὲ ἁλός τε μέταλλον ἐν αὐτῇ διὰ δέκα ἡμερῶν ὁδοῦ καὶ ἄνθρωποι οἰκέοντες IV 185. ἔστι δὲ ἐκ τῆς Πρασιάδος λίμνης σύντομος κάρτα ἐς τὴν Μακεδονίην V 17. ἔστι δὲ καὶ ἀγαθὰ τοῖσι τὴν ἤπειρον ἐκείνην νεομένοισι ὅσα οὐδὲ τοῖσι συνάπασι ἄλλοισι V 49. ἔστι δὲ τῆς Χερσονήσου τῆς ἐν Ἑλλησπόντῳ Σηστοῦ τε πόλιος μεταξὺ καὶ Μαδύτου ἀκτὴ παχέα ἐς θάλασσαν κατήκουσα Ἀβύδῳ καταντίον VII 33. ἔστι πεδίον μέγα τῆς Μηδικῆς τῷ ὄνομά ἐστι Νήσαιον VII 40. ἔστι δὲ ἄλλος λόγος, λεγόμενος ἀνὰ τὴν Ἑλλάδα ὡς ... VII 150. ἔστι δὲ ἐν τῇ ἐσόδῳ ταύτῃ θερμὰ λουτρά, τὰ Χύτρας καλέουσι οἱ ἐπιχώριοι VII 176. ἔστι δὲ χῶρος ἐν τῷ κόλπῳ τούτῳ τῆς Μαγνησίης, ἔνθα λέγεται τὸν Ἡρακλέα καταλειφθῆναι ὑπὸ Ἰήσονος ... VII 193. εἰσὶ δὲ κατὰ ταῦτα τὰ χωρία καὶ λέοντες πολλοὶ καὶ βόες ἄγριοι, τῶν τὰ κέρεα ὑπερμεγάθεά ἐστι ... VII 126. ἔστι δὲ ἕτερος λεγόμενος λόγος, ὡς ... VII 214. ἦν μὲν δὴ νηνεμίη ... VII 218. ἔστι τῆς Πελοποννήσου ἰσθμὸς στεινὸς VII 235. εἰσὶ δέ τινες νομάδες ἄνθρωποι, Σαγάρτιοι καλεόμενοι VII 85.

Aus Thucydides: ἦν δέ τι καὶ χρηστήριον τοῖς Λακεδαιμονίοις Πυθικὸν πρὸ τοῦ τὸν ἱκέτην τοῦ Διὸς τοῦ Ἰθωμήτα ἀφιέναι I 103, 2. ἔστι γὰρ καὶ Ἀθηναίοις Διάσια, ἃ καλεῖται Διὸς ἑορτὴ Μειλιχίου μεγίστη, ἔξω τῆς πόλεως ... I 126, 6 in einer Parenthese. Ebenfalls noch in Parenthese ἦσαν γὰρ καὶ ἄνθρωποι κατὰ τοὺς ἀγροὺς καὶ κατασκευή II 5, 4. Ebenso ἔστι δὲ αὐτοῦ, ὃ καὶ ἀφύλακτον ἦν, τὸ μεταξὺ τοῦ τε μακροῦ (τείχους) καὶ τοῦ Φαληρικοῦ II 13, 7. Und ἔστι δὲ κώμη τῆς Μεγαρίδος ὄνομα τοῦτο ἔχουσα ὑπὸ τῷ ὄρει τῇ Γερανείᾳ IV 70, 1. Auch ἔστι γὰρ ἡ Πύλος τῆς Μεσσηνίδος ποτὲ οὔσης γῆς IV 41, 2. Und schließlich ἔστι γὰρ ἐν τῇ Ληκύθῳ Ἀθηναίας ἱερόν IV 116, 2. Nicht in Parenthese εἰσὶ δὲ καὶ νῦν ἔτι ἐν τῇ Ἰταλίᾳ Σικελοί VI 3, 4. Wieder in Parenthese: εἰσὶ δὲ κατὰ τὸ ἐπιχώριον πολλοὶ (scil.

Ἑρμαῖ) καὶ ἐν ἰδίοις προθύροις καὶ ἐν ἱεροῖς VI 27, 1. Und ἦσαν γὰρ καὶ τῶν ἱππέων αὐτοῖς οἱ πολλοὶ ἐνταῦθα VI 101, 5. Und ἔστι δὲ ἡ Χαιρώνεια ἔσχατον τῆς Βοιωτίας πρὸς τῇ Φανοτίδι τῆς Φωκίδος IV 76, 3.

Anmerkung: Für den Stil des Thucydides ist beachtenswert, daß er Sätze obiger Art besonders gern in Parenthese bringt, wie er denn überhaupt Schaltesätze sehr liebt, was man von Herodot und Xenophon nicht in dem Maße sagen kann.

Aus Xenophons exped. Cyri: ἔστι δὲ καὶ μεγάλου βασιλέως βασίλεια ἐν Κελαιναῖς ἐρυμνὰ ἐπὶ ταῖς πηγαῖς τοῦ Μαρσύου ποταμοῦ ὑπὸ τῇ ἀκροπόλει I 2, 7. ἦν δὲ παρὰ τὸν Εὐφράτην πάροδος στενὴ μεταξύ τοῦ ποταμοῦ καὶ τῆς τάφρου ὡς εἴκοσι ποδῶν τὸ εὖρος I 7, 15. ἦν δέ τις ἐν τῇ στρατιᾷ Ξενοφῶν Ἀθηναῖος, ὃς .. III 1, 4. ἦν δὲ τοῖς μὲν ὀφθαλμοῖς ἐπικούρημα τῆς χιόνος ... IV 5, 13. ἦσαν δὲ καὶ πυροὶ καὶ κριθαὶ καὶ ὄσπρια καὶ οἶνος κρίθινος ἐν κρατῆρσιν IV 5, 26.

Aus Xenophons hist. graeca: ἦν δέ τις Ἀπολλοφάνης Κυζικηνός, ὃς ... IV 1, 29. ἦν τις Φυλλίδας, ὃς ἐγραμμάτευε τοῖς .... πολεμάρχοις ... V 4, 2. ἦν δὲ καὶ ὄπισθεν αὐτῶν ἐν τῷ λιμένι Βοιωτῶν φυλακή IV 4, 9.

§ 26. Mittelstellung der Copula εἶναι. Soll aber nicht betont werden, daß ein Ort, ein Volk oder dergleichen existiert, wird vielmehr sofort zur näheren Beschreibung derselben übergegangen, oder wird nach schon erfolgter Erwähnung und Benennung ein neues Moment hinzugefügt, wobei in allen Fällen das Verb εἶναι nur als Kopula gebraucht wird, so steht es in Mittelstellung. Statt des Verbums εἶναι steht hier jeweils der Begriff am Anfang, der im Mittelpunkte des Interesses steht, der das wichtigste Moment der Satzaussage bildet, oder auch der, welcher die Verbindung mit dem Vorhergehenden darstellt.

Belege aus Herodot: Θρηικῶν δὲ ἔθνος μέγιστόν ἐστι μετά γε Ἰνδοὺς πάντων ἀνθρώπων V 3. ὁ γὰρ Ἄθως ἐστὶ ὄρος μέγα τε καὶ ὀνομαστόν, ἐς θάλασσαν κατῆκον, οἰκημένον ὑπὸ ἀνθρώπων VII 22. οὖρος δὲ Κιλικίης καὶ τῆς Ἀρμενίης ἐστὶ ποταμὸς νηυσιπέρητος, τῷ ὄνομα Εὐφρήτης V 52. τῇ δὲ πόλι ταύτῃ οὔνομά ἐστι Πίστυρος VII 109. πρώτη μέν νῦν πόλις ἐστὶ ἐν τῷ κόλπῳ ἰόντι ἀπὸ Ἀχαιίης Ἀντικύρη, παρ' ἣν ... VII 198. τὸ γὰρ χρηστήριον τοῦτο τὸ ἐν Αἰγύπτῳ ἐστὶ μὲν Λητοῦς ἱρόν, ἐν πόλι δὲ μεγάλῃ ἱδρυμένον II 155. οὔνομα δέ οἱ ἦν Ἄτυς I 34. Νασαμῶσι (von den Νασαμῶνες war bis jetzt die Rede) δὲ προσόμουροί εἰσι Φύλλοι IV 173.

Aus Thucydides: Ἐπίδαμνός ἐστι πόλις ἐν δεξιᾷ ἐσπλέοντι τὸν Ἰόνιον κόλπον I 24, 1. Κύλων ἦν Ἀθηναῖος ἀνὴρ Ὀλυμπιονίκης τῶν πάλαι εὐγενής τε καὶ δυνατός I 126, 3. τὸ δὲ ἕτερον Ῥίον ἐστὶν ἀντιπέρας τὸ ἐν τῇ Πελοποννήσῳ II 86, 3. (Hier fast noch Vollverb, τὸ δὲ ἕτερον Ῥίον aber ist der betonte Begriff). In einer Parenthese: αἱ δὲ Σῖφαι (das im Hauptsatz genannt und in der Parenthese näher beschrieben wird) εἰσὶ τῆς Θεσπικῆς γῆς ἐν τῷ Κρισαίῳ ἐπιθαλασσίδιοι IV 76, 3.

Aus Xenophon etwa αἱ δ' οἰκίαι (vorher war vom Dorfe die Rede) ἦσαν κατάγειαι Exped. Cyri IV 5, 25.

§ 27. Die Kopula εἶναι in Anfangsstellung. Indes wird dieser Stellungsunterschied des Vollverbs und der Kopula εἶναι durchaus nicht streng durchgeführt. Sehr zahlreich sind die Belege, wo die Kopula auch Anfangsstellung aufweist.

Belege aus Herodot: ἔστι γὰρ σεισμοῦ ἔργον ... ἡ διάστασις τῶν ὀρέων VII 129. ἦσαν μέν νυν καὶ αἱ πυραμίδες λόγου μέζονες καὶ πολλῶν ἑκάστη αὐτέων Ἑλληνικῶν ἔργων καὶ μεγάλων ἀνταξίη, ὁ δὲ δὴ λαβύρινθος .... II 148. ἔστι δὲ (scil. τὸ ὄρος) στεινὸν καὶ κυκλοτερὲς πάντῃ IV 184. ἦν δὲ ὁ Θήρας οὗτος, γένος ἐὼν Καδμεῖος, τῆς μητρὸς ἀδελφεὸς τοῖσι Ἀριστοδήμου παισὶ Εὐρυσθένεϊ καὶ Προκλέϊ IV 147. ἦσαν ἐν τῇσι Σάρδισι οἰκίαι αἱ μὲν πλεῦνες καλάμιναι, ὅσαι δὲ ... V 101.

Aus Thucydides: ἔστι δὲ ὁ πορθμὸς ἡ μεταξὺ Ῥηγίου θάλασσα καὶ Μεσσήνης IV 24, 5. καὶ ἔστιν ἡ Χάρυβδις κληθεῖσα τοῦτο ᾗ Ὀδυσσεὺς λέγεται διαπλεῦσαι ibid. ἔστι δὲ (sc. ἡ Ἀκτὴ) ἀπὸ τοῦ βασιλέως διορύγματος ἔσω προύχουσα IV 109, 2. ἦσαν δὲ ὀγδοήκοντα καὶ ἑκατὸν οἱ ληφθέντες II 5, 7. ἦσαν δὲ καὶ οἱ πλέοντες πολλοὶ καὶ οἱ τἀργύριον καταβάλλοντες I 27, 1. In diesen beiden letzten Sätzen erscheint ἦσαν fast als Vollverb, etwa 'es betrugen'. ἦν τε ἡ ναυμαχία καρτερά, τῇ μὲν τέχνῃ οὐχ ὁμοίως, πεζομαχίᾳ δὲ τὸ πλέον προσφερὴς οὖσα I 49, 2. ἔστι δὲ ταῦτα τὰ Σύβοτα τῆς Θεσπρωτίδος λιμὴν ἐρῆμος I 50, 3. Besonders auch in Parenthese: ἔστι δὲ ἡ νῆσος Παρίων ἀποικία, ἀπέχουσα τῆς Ἀμφιπόλεως ἡμίσεος ἡμέρας μάλιστα πλοῦν IV 104, 4. εἰσὶ δὲ οἱ Ἀργίλιοι Ἀνδρίων ἄποικοι IV 103, 3. ἦν γὰρ ἀγνὼς τοῖς ἐν τῇ νηί I 137, 2. Vgl. noch II 55, 1. I 26, 5. Dies wird wohl damit zusammenhängen, daß in den Schaltesätzen meistens Zuständiges geschildert wird, wie denn auch das Imperfektum das am meisten darin vorkommende Tempus ist. Das Präsens ist naturgemäß auch sehr oft bezeugt; der Aorist aber hat meistens die Bedeutung eines Plusquamperfekts. Über die Anfangsstellung des Verbs in Zustandssätzen[1]) siehe aber § 30.

Aus Xenophons exped. Cyri: In Parenthese ἦσαν δ' αὗται τετρακόσιαι ἅμαξαι I 10, 18. Sonst ἤστην δὲ ἄμφω ἀμφὶ τὰ πέντε καὶ τριάκοντα ἔτη ἀπὸ γενεᾶς II 6, 30. ἦν δὲ οὗτος δασὺς δένδρεσι παχέσι μὲν οὔ, πυκνοῖς δέ IV 8, 2. ἦν δὲ τῆς χιόνος τὸ βάθος ὀργυιά V 5, 5.

Aus Xenophons hist. graeca: ἦν δὲ τὸ πνεῦμα οὔριον I 6, 37 in Parenthese. Sonst ἦν δὲ τὰ ἆθλα τὰ μὲν πλεῖστα ὅπλα ἐκπεπονημένα εἰς κόσμον καὶ ὁπλιτικὰ καὶ ἱππικά IV 2, 7. ἦσαν δ' οἱ μὲν ἀντιτεταγμένοι τῷ Ἀγησιλάῳ Βοιωτοί, Ἀθηναῖοι, Ἀργεῖοι, Κορίνθιοι .. IV 3, 15. ἦν δ' οὗτος ἀνὴρ εὔχαρίς τε οὐχ ἧττον τοῦ Θίβρωνος, μᾶλλόν τε συντεταγμένος καὶ ἐγχειρητικώτερος στρατηγός IV 8, 22.

§ 28. Mittelstellung des Vollverbs εἶναι. Viel seltener sind die Fälle, wo das Vollverb εἶναι nicht am Anfang steht. So aus Herodot ἱρὸν δὲ ἔστι ἐν τῇ Βουτοῖ ταύτῃ Ἀπόλλωνος καὶ Ἀρτέμιδος II 155. ἐν γὰρ Σπάρτῃ ἐστὶ Ταλθυβίου ἱρόν VII 134. Handschriften und Ausgaben haben hier die Form der Kopula, die Bedeutung ist aber *il y a*. So auch κώμη δέ ἐστι ἀγχοτάτω τῆς ὁδοῦ, Ἀλπηνοὶ ὄνομα VII 176; wieder '*il y a un village*'. Die jeweils stark hervorgehobenen Wörter haben sich an den Anfang gedrängt.

Anmerkung 1. Für sich zu betrachten sind die Fälle, wo ein Adverb, besonders ein lokales oder temporales, oder ein Gen. absol. vors Vollverb εἶναι tritt. Siehe § 14.

Anmerkung 2. Oft ist auch eine strenge Scheidung zwischen Vollverb und Kopula im Griechischen nicht möglich, was für das Altindische ebenfalls gilt. Vgl. Thommen, a. a. O. S. 9. Vollverb und Kopula berühren sich oft sehr enge, wie folgende Fälle lehren. Wenn es Thuc. VI 97, 1 heißt ἔστι δὲ χερσόνησος μὲν ἐν στενῷ ἰσθμῷ προύχουσα ἐς τὸ πέλαγος ..., so könnte man auf den ersten Blick ἔστι προύχουσα als Prädikat zusammenfassen; dann wäre ἐστὶ Kopula. Viel besser aber faßt man προύχουσα als attributive Apposition zu χερσόνησος und räumt ἔστι den Wert eines Vollverbs ein. Interessant ist auch Xenophons hist. graeca IV 1, 16 ἦν δὲ καὶ τὰ πτηνὰ ἄφθονα τοῖς ὀρνιθεῦσαι δυναμένοις: ἦν ist hier Kopula; denkt man sich aber den Artikel τὰ fort, so wäre es Vollverb (es waren auch reichlich Vögel vorhanden ...). Ähnlich ibid. I 6, 37 ἦν δὲ τὸ πνεῦμα οὔριον. Ohne τὸ hieße es: "es herrschte aber günstiger Wind". Dieser Umstand, daß die Diktionen fast gleichwertig sind, mag

---

[1]) Dasselbe Prinzip wird natürlich auch in den einfachen (nicht parenthetischen) Hauptsätzen gewirkt haben.

dazu beigetragen haben, daß sich die Anfangstellung auch bei der Kopula weit verbreitete.

§ 29. Die Stellung des Vollverbs 'sein' in andern indogermanischen Sprachen.

Die Anfangsstellung des Vollverbs ist in dem Altindischen bekannt. Vgl. Thommen, a. a. O. S. 9 ff. Ich nenne noch aus Pañcatantra *asti kasmịścid dēśē maṭhāyatanam* 'es war in einem Lande eine Klosterkapelle' I 4. *asti kasmịścid nagarē Sagara dattō nāma vaṇik* 'Es lebte in irgend einer Stadt ein Kaufmann — namens S.' II 4. Vgl. übrigens Theod. Benfey, Pantschatantra, aus dem Sanskrit übersetzt, II. Teil, S. 409 Anmerkung 361. Ich will mich hier auf dessen Auseinandersetzung nicht einlassen; doch sehe ich nicht ein, weshalb man auch dort, wo weder Kosegarten noch die Hamburger Handschrift *prativasati sma* am Satzende hat, dieses noch ergänzen und *asti* als Partikel fassen soll. Wenn es Stellen gibt, wo bald nur die eine, bald nur die andere Handschrift den Zusatz hat, so ist es doch auch denkbar, daß aus einigen Stellen, die *prativasati sma* ursprünglich hatten, dieses mechanisch auch anderweitig hinzugesetzt worden ist. Aus dem Hitōpadēśa: *asti gāutamasyāraṇyē prastutayajaḥ kaścid brāhmaṇaḥ* 'es lebte im Walde des Sohnes des Gōtama (= des Buddha) eine Brahmane, der ein Opfer begonnen hatte'. IV 8. *asti kasmịścid vanōdēśē Madōtkaṭō nāma siṃhaḥ* 'es lebte in einer waldigen Gegend ein Löwe namens M.' IV 9.

Anmerkung 1. Ebenfalls ist im Altindischen die Anfangsstellung der Kopula belegt (Thommen S. 10 und 11).

Aus dem Altpersischen gehört ein Beleg mit gedeckter Anfangsstellung hierher: *naiy āhaʰ martiyaʰ naiy pārsaʰ naiy mādaʰ naiy amāxam taumāyāʰ kasciy hyaʰ avam gaumātam tyam magum xšaϑʳam dītam čaxriyāʰ* 'es gab keinen, weder einen Perser, noch einen Meder, noch jemanden von unserer Familie, der es fertig gebracht hätte, daß jener Gaumata, der Mager, der Herrschaft beraubt würde' Beh. 1, 13.

Aus dem Avestischen sei hingewiesen auf: *hənti anyåsčiṯ asåsča šoiϑråsča srīråsča gufråsča bərəxδåsča frašåsča bāmyåsča* 'es gibt auch noch andere Orte, Wohnstätten, schöne, wunderbare, prächtige, taugliche und glänzende'. Vend. 1, 21. Oder *hənti bāδa māvayačiṯ čaϑwārō aršāna* 'es sind auch für mich vier Männer da' Vend. 18, 31.

Aus dem Armenischen nenne ich nach *ew* 'und': *ew ēr nerkhini mi Hayoç thagawrin Aršakay ostikan havatarin leal.*

'und es gab einen armenischen Eunuchen des Königs Aršak, der ein treuer Verwalter war' Faustus Byz. hist. Armen. VII 7.[1]) — Mittelstellung aber, wenn zur näheren Beschreibung eines schon vorher Genannten geschritten wird, z. B. *ev ays Drastamat êr yaynm čakatu* 'und dieser D. war in jener Schlacht' ibid.

Im Slavischen ist die Anfangsstellung des Verbums *byti* 'sein, vorhanden sein' etc. gleichfalls bezeugt. Berneker handelt u. a. an den verschiedenen Stellen darüber. Ich füge folgende Belege, die ich mir aus Bernekers Slavischer Chrestomathie notiert habe, hinzu: aus dem Kleinrussischen *buo ęden čolovik, ščo ščodeń išov za groši orati* 'es gab einen Mann, der täglich für Geld ackern ging' S. 147. *buo sobi čolovik da žinka da v ih sin Ivas.* 'es gab einen Mann und eine Frau, die hatten einen Sohn I.' S. 144. Aus dem Štokavischen *bȉo jȅdan cȁr pȃ imao trȋ sȋna* 'es gab einen König, der hatte drei Söhne' S. 209. Und *bȉo jȅdan cȁr kȍji se zvȁo Trȍjan* 'es gab einen König, welcher Trojan hieß'. S. 213. Aus dem Čakavischen *bíl je jedán jáko velȉki bogatáš i imél tri kćȅri* 'es gab einen sehr großen Reichen, der hatte drei Töchter' S. 221. Aus dem Slovakischen *bol raz jeden driečny šuhaj a jedno švárno dierča* 'es gab einmal einen wackeren Burschen und ein sauberes Mädchen' S. 355.

Anmerkung 2. Daß aber auch die Kopula am Anfang stehen kann, lehrt Bernekers altrussischer Beleg S. 2 a. a. O. *byst' že Ivan muž' hytr* 'Johann war ein kluger Mann'.

Für das Litauische nenne ich aus Schleichers Lesebuch: *bùvo karálius, tas turė́jo labaí grážię páczę* 'es war ein König, der hatte eine sehr schöne Gemahlin' S. 123. *bùvo dù bróliu* 'es gab zwei Brüder' S. 126. *bùvo vė́ns bùrs ir vė́ns pôns* 'es gab einen Bauer und einen Herrn' S. 148 u. öfters. Auch *bùvo sýkį vė́ns žmogùs* 'es gab einmal einen Mann' S. 118. *bùvo sýkį dideí neläbs kùnigs vėnamè bažnýtkėmy* 'es war einmal ein sehr böser König in einem Kirchdorfe' S. 155. Doch steht *sýkį* auch am Satzanfange, so daß *bùvo* in Mittelstellung gerät. Vgl. § 15.

Im Neuhochdeutschen noch in der Umgangssprache und in der Poesie. Vgl. z. B. *War* (= *es gab, es lebte*) *einst ein Glockengießer zu Breslau in der Stadt* (Wilh. Müller).

Im Albanesischen ist bekanntlich die Anfangsstellung weit verbreitet, wenn sie auch, wie bereits einmal bemerkt, durchaus

[1]) Doch ist zu beachten, daß es sich um eine Übersetzung aus dem Griechischen handelt.

nicht so streng durchgeführt ist, wie im Altirischen. Unter unsere Rubrik gehört: *k'ë ńε mbεrét k'ε k'iš tre diema* 'es war ein König, der hatte drei Söhne'. Gustav Meyer, Kurzgefaßte Albanes. Gramm. Märchen S. 61. *iš ńε buřε me g'iϑε tε šok'en šum i vápεkε* 'es gab einen Mann samt seiner sehr armen Ehefrau' ibid. S. 57. *k'e ńε pl'akε, k'ε kište ńε tšupεzε* 'es war eine alte Frau, die hatte eine Tochter' Ἀλβανικὴ Μέλισσα herausgeg. v. E. Mitkos. Alexandria 1878 S. 165, von mir aus der griech. Schrift transskribiert. *iš ńε babá fort i bεgatε, k'ε kiš tε šók'en edè ńε djal'εzε* 'es war ein sehr reicher Vater, der hatte seine Frau und einen Sohn'. ibid. S. 178 und öfters dort.

Aus dem Lateinischen gehören fürs Vollverb folgende Belege aus Cäsars bellum Gallicum hierher. *erant omnino itinera duo, quibus itineribus domo exire possent.* I 6, 1. In Parenthese *erat omnino in Gallia ulteriore legio una* I 7, 2. Sonst wieder *erat una cum ceteris Dumnorix Aeduus, de quo ante dictum est.* V 6, 1. *erat in Carnutibus summo loco natus Tasgetius*[1]), *cuius maiores* ... V 25, 1. Weiter *erant in ea legione fortissimi viri, centuriones, qui primis ordinibus appropinquarent, Titus Pulio et Lucius Vorenus* V 44, 1. *est bos cervi figura, cuius a media fronte inter aures unum cornu exsistit* VI 26, 1. *erat, ut supra demonstravimus, manus certa nulla, non oppidum, non praesidium, quod se armis defenderet* VI 34, 1. Nach *ac*: *ac fuit antea tempus, cum Germanos Galli virtute superarent* VI 24, 1. Vgl. damit ἦν γάρ ποτε χρόνος, ὅτε θεοὶ μὲν ἦσαν, θνητὰ δὲ γένη οὐκ ἦν Plato, Protagor. 320 C. Nach *nec*: *nec fuit quisquam qui praedae studeret.* VII 28, 4.

Vgl. auch noch *erat navarchus in ea classe Volusius Proculus occidendae matris Neroni inter ministros non ex magnitudine sceleris provectus* Tac. annal. 15, 51. Und *erant in quadam civitate rex et regina* Apul. met. 28.

Es kann aber im Lateinischen wie im Griechischen der zu beschreibende Gegenstand vorantreten; *esse* steht dann als bloße Kopula in Mittelstellung. Dem Belege aus Thucydides Ἐπίδαμνός ἐστι πόλις ἐν δεξιᾷ ἐσπλέοντι τὸν Ἰόνιον κόλπον entspricht etwa aus Caesar *Noviodunum erat oppidum Aeduorum ad ripas Ligeris opportuno loco positum* bell. Gall. VII 55, 1. Beachte

---

[1]) Es ist hier nicht etwa *erat* mit *natus* zu verbinden; sondern *summo loco natus* ist Attribut zum Subjekt *Tasgetius*.

ferner *loca sunt temperatiora quam in Gallia* V 12, 7. *ita omnis insula est in circuitu viciens centenum milium passuum* V 13, 7.

Wie im Griechischen, so kommt aber auch im Lateinischen das Umgekehrte vor. Anfangsstellung der Kopula: *erant eius modi fere situs oppidorum, ut* ... III 12, 1. *fuit haec oratio non ingrata Gallis* VII 30, 1. *erant et virtute et studio pugnandi pares nostri* V 34, 2. Ebenso findet sich andrerseits aber auch Mittelstellung des Vollverbs: *flumen est Arar, quod per fines Aeduorum et Sequanorum in Rhodanum influit* I 12, 1. (Fast als ob es heißen sollte 'Arar ist der Fluß, welcher ...) *palus erat non magna inter nostrum atque hostium exercitum* III 9, 1. Von dem Sumpfe war vorher noch keine Rede, deshalb könnte man erwarten *erat palus non magna* ..... *collis erat leniter ab infimo acclivis* VII 19, 1. Diese Mittelstellung des Vollverbs scheint im Lateinischen bei Cäsar weit häufiger vorzukommen als im Griechischen bei Herodot, Thucydides und Xenophon. Natürlich ruht auf dem an den Anfang tretenden Worte Starkton.

§ 30. Anfangsstellung des Verbs bei der Schilderung von Zuständlichem. In den Fällen, wo das Vollverb εἶναι Anfangsstellung im Satze aufwies, handelt es sich um die Schilderung von Zuständlichem. So stehen nun auch andere Verba am Anfang des Satzes, wenn es sich um die Beschreibung von Zuständen in der Natur handelt, falls nicht eine adverbiale Ortsbestimmung sich an den Anfang drängt. Hier ist also ein Gegensatz des Griechischen zum Slavischen festzustellen, wonach Berneker a. a. O. S. 158f. bei der Beschreibung und allgemeinen Betrachtung Endstellung des Verbs herrscht.

Belege aus Herodot: κέεται δὲ μακρὴ ἡ λίμνη πρὸς βορέην τε καὶ νότον ... II 149. Vgl. I 10, I 14. τείνει δ' ἐς τὴν Προποντίδα ὁ Βόσπορος IV 85. τείνει δὲ ἡ Ἀνόπεια αὕτη κατὰ ῥάχιν τοῦ ὄρεος, λήγει δὲ κατά τε Ἀλπηνὸν πόλιν VII 216. διήκει δ' ὦν ἡ ὀφρύη μέχρι Ἡρακλέων στηλέων καὶ τὸ ἔξω τούτων IV 185. παρήκει δὲ ἀπὸ Πλατέης νήσου μέχρι τοῦ στόματος τοῦ Σύρτιος τὸ σίλφιον IV 169. ἐκδιδοῖ δὲ ὁ Ἑλλήσποντος ἐς χάσμα πελάγεος τὸ δὴ Αἰγαῖον καλέεται IV 85. ἐκδιδοῖ δὲ οὗτος ἐς λίμνην μεγάλην Τριτωνίδα IV 178. ἔχεται (grenzt an) δὲ τοῦ ἁλὸς τούτου ὄρος τῷ ὄνομα Ἄτλας IV 184. ἔχεται δὲ τούτων γῆ ἥδε Κισσίη, ἐν τῇ ... V 49[1]). ἔχεται δὲ ταύτης Θασίων πόλις Στρύμη VII 108.

[1]) Das Demonstrativ drängt sich an den Anfang des Satzes: τούτων δὲ ἔχονται Γιλιγάμαι IV 169. Siehe aber auch das folgende Beispiel oben!

περιοίκεον δέ σφεας τὰ πολλὰ τῶν χώρων τοῦτον τὸν χρόνον Ἑλλήνων Ἴωνες V 58. οἰκέει δ' ἐν τῇ ἀκτῇ ταύτῃ ἔθνεα ἀνθρώπων τριήκοντα[1]).

Aus Thucydides: ἐξίησι δὲ παρ' αὐτὴν Ἀχερουσία λίμνη ἐς θάλασσαν I 46, 4. Vgl. I 63, 2. ῥεῖ δ' οὗτος ἐκ τοῦ ὄρους ὅθεν περ ὁ Νέστος καὶ ὁ Ἕβρος II 96, 5. ἀπέχει γὰρ σταδίους μάλιστα ἡ Πύλος τῆς Σπάρτης τετρακοσίους IV 3, 2. Vgl. VII 19, 2. ἀπέχει δὲ τὸ πόλισμα πλέον τῆς διαβάσεως in einer Parenthese IV 103, 5. ἀπέχει δὲ ἡ Πλάταια τῶν Θηβῶν σταδίους ἑβδομήκοντα II 5, 2. διέχετον δὲ (nämlich die beiden Ῥίον) ἀπ' ἀλλήλων σταδίους μάλιστα ἑπτὰ τῆς θαλάσσης II 86, 3. κεῖται δὲ ἡ Κεφαλληνία κατὰ Ἀκαρνανίαν καὶ Λευκάδα τετράπολις οὖσα II 30, 2. Hierher gehört auch παρῆν δὲ ἤδη ὁ πεζὸς στρατός IV 8, 2.

Aus Xenophons exped. Cyri: ῥεῖ δὲ καὶ διὰ τῆς Κελαινῶν πόλεως I 2, 7. ῥεῖ δὲ καὶ οὗτος διὰ τῆς πόλεως I 2, 8. περιερρεῖτο δ' αὕτη ὑπὸ τοῦ Μάσκα κύκλῳ I 5, 4. παρετέτατο[2]) δὲ ἡ τάφρος ἄνω διὰ τοῦ πεδίου ἐπὶ δώδεκα παρασάγγας μέχρι τοῦ Μηδίας τείχους I 7, 15. ἀπεῖχε δὲ τῶν ὀρέων ὁ ποταμὸς ἓξ ἢ ἑπτὰ στάδια IV 3, 1. Hierher gehört auch wieder: ἐνῆσαν δὲ καὶ ὠτίδες καὶ δορκάδες I 5, 2. ἐνῆσαν δὲ καὶ αὐταὶ αἱ κριθαὶ ἰσοχειλεῖς IV 5, 26.

Aus Xenophons hist. graeca: διεῖχε δὲ ὁ Ἑλλήσποντος ταύτῃ σταδίους ὡς πεντεκαίδεκα II 1, 21.

Die Angabe eines Zustandes liegt auch vor, wenn der Führer oder Oberfeldherr des Heeres oder einer Truppe genannt wird. In diesem Falle steht habituell das Verb gleichfalls am Anfang.

Belege aus Herodot: ἐστρατήγεε δὲ αὐτῶν Δημόφιλος Διαδρόλεω VII 222. ἐστρατήγεε δ' αὐτῶν Ἀριστείδης ὁ Λυσιμάχου IX 28. ἐστρατήγεε δὲ αὐτοῦ (id est τοῦ πλήθεος) Τιγράτης, κάλλεϊ τε καὶ μεγάθεϊ ὑπερφέρων Περσέων IX 96. Beachte auch ἡγεμόνευε δὲ Ἁλικαρνασσέων τε καὶ Κῴων καὶ Νισυρίων τε καὶ Καλυνδίων πέντε νέας παρεχομένη (scil. Ἀρτεμισίη) VII 99. Ähnlich auch ἐτυράννευε δὲ ὁ Περίανδρος Κορίνθου I 23.

Aus Thucydides: ἐστρατήγει δὲ τῶν μὲν νεῶν Ἀριστεὺς ὁ Πελλίχου καὶ Καλλικράτης ὁ Καλλίου καὶ Τιμάνωρ ὁ Τιμάνθους I 29, 2. ἐστρατήγει δὲ αὐτῶν Λακεδαιμόνιός τε ὁ Κίμωνος καὶ Διότιμος ὁ Στρομβίχου καὶ Πρωτέας ὁ Ἐπικλέους I 45, 2. ἐστρα-

[1]) Die Ortsbestimmung tritt vor: μέχρι δὲ τῆς Ἰνδικῆς οἰκέεται ἡ Ἀσίη IV 40. Das Verb also hier in Mittelstellung.

[2]) Beachte das Plusquamperfekt, das das Zuständige betont.

τήγει δὲ αὐτῶν Ἀριστεὺς ὁ Ἀδειμάντου I 60, 2. ἐστρατήγει δὲ αὐτῶν Κλείπομπος ὁ Κλεινίου II 26. ἡγεῖτο δὲ Ἀρχίδαμος ὁ Ζευξιδάμου, Λακεδαιμονίων βασιλεύς II 19, 1. Derselbe Satz in Parenthese II 47, 2. ἐστρατήγει δὲ Ξενοφῶν ὁ Εὐριπίδου αὐτὸς τρίτος II 79, 1. ἦρχε δ' αὐτῶν Ἐπιτάδας ὁ Μολόβρου IV 8, 9. ἐστρατήγει δὲ αὐτῶν Νικίας ὁ Νικηράτου καὶ Νικόστρατος ὁ Διειτρέφους καὶ Αὐτοκλῆς ὁ Τολμαίου IV 53, 1. ἦγον δὲ καὶ ἄλλοι Θεσσαλῶν αὐτὸν καὶ ἐκ Λαρίσης Νικονίδας Περδίκκᾳ ἐπιτήδειος ὢν IV 78, 1. In Parenthese ἡγεῖτο δὲ Ἆγις ὁ Ἀρχιδάμου Λακεδαιμονίων βασιλεύς IV 2, 1. ἦρχε δὲ αὐτῶν Δίφιλος VII 34, 3. Vgl. auch VII 31, 5.

Aus Xenophons exped. Cyri: ἡγεῖτο δ' αὐταῖς Ταμῶς Αἰγύπτιος ἐξ Ἐφέσου ἔχων ναῦς ἑτέρας Κύρου πέντε καὶ εἴκοσιν I 4, 2. ἡγοῦντο δ' οἱ νεανίσκοι ἐν ἀριστερᾷ ἔχοντες τὸν ποταμόν IV 3, 16. ἡγεῖτο δ' αὐτοῖς ὁ κωμάρχης λελυμένος διὰ χιόνος IV 6, 2. ἦρχε δὲ αὐτῶν Στρατοκλῆς Κρής IV 2, 28. Nach καί: καὶ ἡγεῖτο μὲν Χειρίσοφος, ὠπισθοφυλάκει δὲ Ξενοφῶν IV 1, 15. Hier sind die Verba zugleich durch μὲν — δὲ hervorgehoben.

Aus Xenophons hist. graeca: ἐστρατήγει δὲ αὐτῶν Σάμιος ὀνόματι Ἱππεύς I 6, 29.

Anmerkung 1. Das Verb kann vom Anfang verdrängt werden, indem wieder ein Demonstrativpronomen vortritt, das zugleich die Verknüpfung mit dem Vorhergehenden herstellt. Vgl. aus Herodot τούτων συναμφοτέρων ἦρχε Ἀρτόχμης, Δαρείου ἔχων θυγατέρα VII 73. τούτων πάντων ἦρχε Βάδρης ὁ Ὑστάνεος VII 77. τούτου μὲν τοῦ στρατοῦ ἦρχον μὲν οὗτοι, οἵπερ εἰρέαται VII 81.

Anmerkung 2. Der Name tritt voran, weil er, wie der angefügte Satz lehrt, betont ist: Ἐπισθένης δὲ Ἀμφιπολίτης ἦρχε τῶν πελταστῶν καὶ ἐλέγετο φρόνιμος γενέσθαι Xen. hist. graec. I 10, 7.

§ 31. **Anfangsstellung der Verba außer εἶναι bei fortschreitender Erzählung.** Anfangsstellung des Verbs ist im Griechischen ferner zu finden, wenn das Verbum zur Fortführung in der Erzählung dient.

Belege aus Herodot: ἀνεῖλέ τε δὴ τὸ χρηστήριον καὶ ἐβασίλευσε οὕτως Γύγης I 13. ἐσέβαλε μέν νυν στρατιὴν καὶ οὗτος ... ἔς τε Μίλητον καὶ ἐς Σμύρνην I 14. ἐπολέμησε Μιλησίοισι παραδεξάμενος τὸν πόλεμον παρὰ τοῦ πατρός I 17. ἐστρατεύετο δὲ ὑπὸ συρίγγων τε καὶ πηκτίδων καὶ αὐλοῦ ibid. ἐπειρήθη δὲ καὶ τοὺς ἐν τῇ λίμνῃ κατοικημένους ἐξαιρέειν ὧδε V 16. συνέσπετο δὲ Δωριέϊ καὶ συναπέθανε Φίλλιππος ὁ Βουτακίδεω Κροτωνιήτης ἀνήρ V 47. ἀπικνέεται ὦν ὁ Ἀρισταγόρης ὁ Μιλήτου τύραννος V 49. παρεκάλεε ὦν ἐς πόλεμον θέλων εἰδέναι ... VII

205. ἔμαθον δέ σφεας οἱ Φωκέες ὧδε ἀναβεβηκότας VII 218. ἐπορεύοντο δὲ ταύτῃ ἀποσχισθέντες τῆς ἄλλης στρατιῆς τῶνδε εἵνεκα VIII 35.

Aus Thucydides: ἐδεήθησαν δὲ καὶ τῶν Μεγαρέων ναυσὶ σφᾶς ξυμπροπέμψαι I 27, 2. προσέφερε δὲ λόγους καὶ τοῖς ἐπὶ Θρᾴκης Χαλκιδεῦσι καὶ Βοττιαίοις ξυναποστῆναι I 57, 5. ἦλθε δὲ καὶ τοῖς Ἀθηναίοις εὐθὺς ἡ ἀγγελία τῶν πόλεων ὅτι ἀφεστᾶσι I 61, 1. ἀπέθανον δὲ Ποτειδεατῶν μὲν καὶ τῶν ξυμμάχων ὀλίγῳ ἐλάσσους τριακοσίων, Ἀθηναίων δὲ αὐτῶν πεντήκοντα καὶ ἑκατόν I 63, 3. παρεκάλουν τε εὐθὺς ἐς τὴν Λακεδαίμονα τοὺς ξυμμάχους I 67, 1. ἐψηφίσαντο δὲ οἱ Λακεδαιμόνιοι τὰς σπονδὰς λελύσθαι καὶ πολεμητέα εἶναι I 88, 1. ἤρξαντο δὲ κατὰ τοὺς χρόνους τούτους καὶ τὰ μακρὰ τείχη Ἀθηναῖοι ἐς θάλασσαν οἰκοδομεῖν I 107, 1. ἦλθον δὲ καὶ Θεσσαλῶν ἱππῆς τοῖς Ἀθηναίοις κατὰ τὸ ξυμμαχικόν I 107, 7. ἀνεκέλευον δὲ καὶ οἱ Ἀθηναῖοι τοὺς Λακεδαιμονίους τὸ ἀπὸ Ταινάρου ἄγος ἐλαύνειν I 128, 1. ἐπυνθάνοντο δὲ καὶ ἐς τοὺς Εἵλωτας πράσσειν τι αὐτόν I 132, 4. ἀνέστησαν δὲ καὶ Αἰγινήτας τῷ αὐτῷ θέρει τούτῳ ἐξ Αἰγίνης Ἀθηναῖοι II 27, 1. ἔθνῃσκον δὲ οἱ μὲν ἀμελείᾳ, οἱ δὲ καὶ πάνυ θεραπευόμενοι II 51, 2. ἐπίεσε δ' αὐτοὺς μᾶλλον πρὸς τῷ ὑπάρχοντι πόνῳ καὶ ἡ ξυγκομιδὴ ἐκ τῶν ἀγρῶν ἐς τὸ ἄστυ II 52, 1. ξυνεστρατεύοντο δὲ μετὰ Χαόνων καὶ Θεσπρωτοὶ ἀβασίλευτοι II 80, 5. ἔπεμψε δὲ καὶ Περδίκκας κρύφα τῶν Ἀθηναίων χιλίους Μακεδόνων II 80, 7. Vgl. II 85, 1. Nach καὶ: καὶ ἀφικνοῦνται τεσσαρακοστῇ ἡμέρᾳ ὕστερον ἐπὶ Θρᾴκης . . . I 60, 3.

Aus Xenophons exped. Cyri: ἐκέλευσε δὲ τοὺς Ἕλληνας οὕτω ταχθῆναι I 2, 15. ἐθεώρει οὖν ὁ Κῦρος πρῶτον μὲν τοὺς βαρβάρους . . . εἶτα δὲ τοὺς Ἕλληνας I 2, 16. εἰκάζετο δ' εἶναι ὁ στίβος ὡς δισχιλίων ἵππων I 6, 1. παρήγγελτο δὲ τῶν πελταστῶν οὓς ἔδει διώκειν III 4, 3. εἷλκον δὲ τὰς νευρὰς . . . πρὸς τὸ κάτω τοῦ τόξου τῷ ἀριστερῷ ποδὶ προσβαίνοντες IV 2, 28. Nach καὶ: καὶ συνέπεμψεν αὐτῇ τοὺς στρατιώτας οὓς Μένων εἶχε καὶ αὐτὸν I 2, 20. καὶ ἔπεμψέ τινα ἐροῦντα ὅ, τι συγγενέσθαι αὐτῷ χρῄζει II 5, 2.

Aus Xenophons hist. graeca: Παρῄνεσάν τε προθύμους εἶναι καὶ τὰ λοιπά I 1, 27. ἐξῆλθον δέ τινες καὶ ἄλλας ἐξόδους τοῦ χειμῶνος εἰς τὴν ἤπειρον I 2, 17. ἐπέμφθησαν δὲ Ἀθηναίων μὲν Δωρόθεος, Φιλοκύδης, Θεογένης . . . I 3, 13. ἐπορεύοντο δὲ καὶ Λακεδαιμονίων Πασιππίδας καὶ ἕτεροι . . ibid. ἤθροισαν δὲ καὶ ἄλλας (scil. ναῦς) πλείους ἢ τριάκοντα παρὰ τῶν ἄλλων συμμάχων

I 6, 25. ἀπώλοντο δὲ τῶν μὲν Ἀθηναίων νῆες πέντε καὶ εἴκοσιν . . ., τῶν δὲ Πελοποννησίων . . . ἐννέα I 6, 34.

Diese Beispiele lassen sich natürlich leicht bedeutend vermehren.

§ 32. Die Anfangsstellung des Verbs außer εἶναι zur Fortführung in der Erzählung in anderen indogermanischen Sprachen.

Im Altindischen ist die Anfangsstellung des Verbums auf gewisse Fälle beschränkt. Siehe Thommen a. a. O. S. 8 ff. und die §§ 20 und 34.

Vom Altpersischen gilt das Gleiche. Siehe die §§ 20 und 34.

Im Avestischen aber ist bei fortschreitender Erzählung Anfangsstellung des Verbs häufig. Vgl. Spiegel a. a. O. S. 516 f. z. B. *pairi-tačaṯ, pairi-jasaṯ ašiš vaŋuhī yā bərəzaiti* 'es umkreiste ihn laufend, gehend die A. V., die hohe'. Yašt 17, 31. *vindaṯ təm yānəm yō yimō xšaētō hvąθwō* 'es erlangte diesen Gesamtbeweis Y. der lichte, mit guten Herden versehene' ibid.

Die im Neuhochdeutschen in der Prosa im allgemeinen nicht mehr übliche absolute Anfangsstellung des Verbes ist im älteren Germanisch häufig. Vgl. Braune a. a. O. S. 34 ff., übers Altnordische S. 39 ff. Siehe auch Erdmann Grundzüge d. deutschen Syntax 1 S. 187. Aus der neuhochdeutschen Poesie sei erinnert an: *tauscht der Bursch sein Ränzlein ein gegen einen Krug voll Wein* (Baumbach).

Im Slavischen und Litauischen herrscht nach Berneker a. a. O. S. 158 f. ursprünglich Anfangsstellung in der lebhaften, fortschreitenden Erzählung.

Im Albanesischen ist bekanntlich Anfangsstellung des Verbs sehr beliebt, im Altirischen Regel.

Im Lateinischen ist die zur Weiterführung der Erzählung dienende Anfangsstellung auch noch zu finden.

Belege aus Caesars bellum Gallicum [1]): *reperiebat enim in quaerendo Caesar, quod proelium . . . esset factum* I 18, 10. *animadvertit Caesar unos ex omnibus Sequanos nihil earum rerum facere* I 32, 2. *persuadent Rauricis et Tulingis et Lotovicis finitimis suis, uti . . . proficiscantur* I 5, 4. *quaerit ex solo ea, quae in conventu dixerat. dicit liberius atque audacius* I 18, 2. *postulavit*

---

[1]) Ich habe hier absichtlich, wie auch schon vorher, auch solche Belege mit aufgeführt, die eines besondern Subjektsausdruckes entbehren.

deinde eadem quae legatis in mandatis dederat I 43, 9. *pugnatum est diu atque acriter* III 21, 1. *pugnatum est ab utrisque acriter* IV 26, 1 [1]). *pugnatur una omnibus in partibus. consistit agmen* VII 67, 2 und 3. *pugnatur uno tempore omnibus locis* VII 84, 2. *mittuntur etiam ad eas civitates legati, quae sunt ... finitimae Aquitaniae* I 23, 3. *mittitur ad eos colloquendi causa G. Arpinius. et Q Junius* V 27, 1. *mittit primo Brutum adulescentem cum cohortibus Caesar* VII 87, 1. *dimittit ad finitimas civitates nuntios Caesar* VI 24, 8. *accessum est ad Britanniam omnibus navibus meridiano fere tempore* V 8, 5. *defertur ea res ad Caesarem* V 25, 4. *pronuntiatur prima luce ituros* V 31, 4. *augebatur auxiliorum cotidie spes* VI 7, 5. *loquitur in consilio palam* VI 7, 5. *cogunt equitum duo milia Sugambri, qui sunt proximi Rheno* VI 35, 5. *transeunt Rhenum navibus ratibusque triginta milibus passuum infra eum locum* VI 35, 6. *circumfunduntur ex reliquis hostes partibus* VI 37, 4. *docet longe alia ratione esse bellum gerendum* VII 14, 2. *deliberatur de Avarico in communi consilio* VII 15, 3. *conclamat omnis multitudo* VII 21, 1. *conclamant equites sanctissimo iure iurando confirmari oportere* VII 66, 7. *fit magna caedes* VII 88, 4. *fit protinus hac re audita ex castris Gallorum fuga* VII 88, 6. *iubet arma tradi, principes produci* VII 89, 3. *exit cum nuntio Crassus* V 46, 1.

Belege aus dem bellum civile: *referunt consules de re publica* I 1, 2. *dixerat aliquis leniorem sententiam* I 2, 2. *refertur confertim de internecione tribunorum* I 2, 7. *dicuntur sententiae graves* I 2, 8. *laudat Pompeius* I 3, 1. *dicuntur etiam ab non nullis sententiae, ut ...* I 3, 7. *pollicetur L. Piso censor sese iturum ad Caesarem* I 3, 6. *decurritur ad illud extremum atque ultimum senatus consultum* I 5, 3. *profugiunt statim ex urbe tribuni plebis* I 5, 5.

Ich gab absichtlich ziemlich viele Belege, um zu zeigen, wie oft bei Caesar die alte Anfangsstellung vorkommt. Beachtenswert scheint mir, daß besonders oft das praesens historicum den Satz beginnt, das ja zum lebhaften Fortschritt der Erzählung dient. Daß die Verba des 'Sagens' eine besondere Stellung einnehmen, darüber vgl. § 34.

Anmerkung: Manchmal ist übrigens Anfangsstellung des Verbs die allein mögliche, falls nicht Nebensätze ungewöhnlicher Weise vorausgenommen werden sollen. Vgl. z. B. bell. Gallicum I 43, 6. II 2, 5. II 12, 7. V 19, 3.

---

[1]) Aber *acriter utrimque usque ad vesperum pugnatum est* I 50, 3.

§ 33. Die Verba des Sagens im Griechischen in Anfangsstellung. In Anfangsstellung erscheinen auch, wenn die Erzählung fortgeführt wird, die Verba des 'Sagens'. Weshalb wir sie besonders anführen, wird aus den folgenden Paragraphen klar werden. Hier sei nur bemerkt, daß sie besonders oft bei fortschreitender Erzählung am Anfang des Satzes stehen und daß gerade bei ihnen besonders oft eine satzverbindende Partikel fehlt, falls diese Verba vor einer direkten Rede stehen.

Belege aus Herodot: ἀμείβεται ὁ νεηνίης τοισίδε I 39. ἀμείβεται Κροῖσος I 40. ἀμείβεται Κροῖσος τοισίδε I 38. ἀμείβεται ὁ Ἄδρηστος· ὦ βασιλεῦ ... I 42. ἀμείβεται πρὸς ταῦτα Ξέρξης· Ἀρτάβανε ... VII 52. εἶπε πρὸς ταῦτα Ἱστιαῖος V 106. ἀμείβεται Γέλων τοισίδε VII 172. εἶπε πρὸς ταῦτα Ξέρξης· Δημάρητε ... VII 234. ἀμείβεται Ξέρξης τοισίδε· Ἀχαίμενες VII 237. εἶπε πρὸς ταῦτα Ἀμύντης· ὦ Πέρσαι ... V 18. εἶπαν οἱ μάγοι I 120. εἶπαν πρὸς ταῦτα οἱ μάγοι ibid. λέγει Ἀρτάβανος μετὰ ταῦτα VII 51. In diesen Belegen vor direkter Rede bei Herodot keine satzverbindende Partikel. — Sonst noch εἴρετο δὲ αὐτὸν ὁ Ἀστυάγης εἰ γινώσκοι ... I 119. ἔλεγον δέ μοι οἱ ἱερέες ἱστορέοντι τὰ περὶ Ἑλένην γενέσθαι ὧδε Herodot II 113. ἔλεγον δὲ καὶ τόδε μοι μέγα τεκμήριον περὶ τῆς χώρης ταύτης οἱ ἱερέες II 13. ἔλεγον δὲ οἱ ἐπιχώριοι καὶ ὡς ... II 150. λέγουσι δὲ καὶ τάδε Καρχηδόνιοι (es folgt ein accus. c. infin.) IV 196. λέγεται δὲ καὶ τάδε ὑπὸ τῶν ἐν Σικελίῃ οἰκημένων, ὡς ... VII 165. Vgl. VII 220. λέγεται δὲ c. acc. c. inf. VII 232. Ferner λέγει μετὰ τοῦτον Ἀχαιμενής, ἀδελφεός τε ἐὼν Ξέρξεω καὶ τοῦ ναυτικοῦ στρατοῦ στρατηγός VII 236 nicht ganz unmittelbar vor der direkten Rede, da sich noch eine Partizipialkonstruktion mit abhängigem μή-Satze dazwischen schiebt. Sogar enklitisches φασί steht am Anfang. φασὶ δὲ αὐτοὶ Ἠλεῖοι ἐκ κατάρης τευ οὐ γίνεσθαι σφίσι ἡμιόνους IV 30. φασὶ δὲ οὗτοι εἶναι τῶν ἐκ Τροίης ἀνδρῶν IV 191. Vgl. IV 2. Auch ἔφασαν δέ μιν Αἰγύπτιοι τοῦ πρώτου βασιλεύσαντος Αἰγύπτου παῖδα μονογενέα γενέσθαι II 79. Auch ὁμολογέουσι δὲ ταῦτα τοῖσι Ὀρφικοῖσι καλεομένοισι καὶ Βακχικοῖσι II 81.

Anmerkung 1. Bei Thucydides fand ich nur in gedeckter Anfangsstellung καὶ ἔλεξεν αὐτοῖς Τευτίαπλος ἀνὴρ Ἠλεῖος τάδε III 29, 2, wo die Diktion der des Herodot nahe kommt und wo auch das Subjekt durch 'Inversion' dem Verb folgt. Sonst noch Mittelstellung des Verbs wieder bei 'Inversion' des Subjekts und satzbeginnendem Adverb: αὖθις δὲ εἶπεν ἐκεῖνος III 113, 4. Aber im allgemeinen gebraucht Thucydides zur Einführung der gewichtigen politischen Reden diese einfache Diktion nicht;

er wendet vielmehr eine Ausdrucksweise an, in der das Verb bei der Wortfolge Subjekt — Prädikat — Akkusativobjekt in Mittelstellung erscheint. So παρελθόντες δὲ τελευταῖοι Κορίνθιοι καὶ τοὺς ἄλλους ἐάσαντες πρῶτον παροξῦναι τοὺς Λακεδαιμονίους ἐπεῖπον τοιάδε I 64, 5. καὶ παρελθόντες οἱ Ἀθηναῖοι ἔλεγον τοιάδε I 72, 2. παρελθὼν δὲ Ἀρχίδαμος ὁ βασιλεὺς αὐτῶν ... ἔλεξε τοιάδε I 79, 2. καὶ παρελθὼν Περικλῆς ὁ Ξανθίππου ... παρῄνει τοιάδε I 139, 4. παρελθὼν δὲ ἔλεξε τοιάδε I 59, 3. Vgl. I 86, 6. 88, 3. μετὰ δ' αὐτὸν Διόδοτος ὁ Εὐκράτους ... παρελθὼν καὶ τότε ἔλεγε τοιάδε I 41, 1. τότε δ' οὖν παρελθὼν τοῖς Ἀθηναίοις παρῄνει τοιάδε VI 15, 5. παρελθὼν δ' αὐτοῖς Ἀθηναγόρας .... ἔλεγε τοιάδε VI 35, 2. καὶ οἱ μὲν Κερκυραῖοι ἔλεξαν τοιάδε I 31, 4. Vgl. auch noch παρελθὼν δὲ Σθενελάδας τελευταῖος... ἔλεξεν ὧδε I 85, 3. Vgl. auch die §§ 20 und 39. Vereinzelte Endstellung des Verbs, indem das Objekt vor dieses tritt, fand ich VI 67, 3: μέλλουσι δὲ τοῖς Ἀθηναίοις προτέροις ἐπιχειρήσειν ὁ Νικίας κατά τε ἔθνη ἐπιπαριὼν ἕκαστα καὶ ξύμπασι τοιάδε παρεκελεύετο (Wortfolge: Subjekt — Akkusativobjekt — Verb). Siehe § 41. Fehlt das Objekt, so steht das Verb natürlich am Ende, so ὁ δὲ θαρσύνων αὐτοὺς πρὸς ταῦτα ἔφη II 72, 3. οἱ δὲ τῶν Μηλίων ξύνεδροι ἀπεκρίναντο V 86, 1.

Aus Xenophon: ἀποκρίνεται ὁ Χειρίσοφος exp. Cyri IV 1, 20. Ferner ἠρώτων ἐνεῖναι, εἰ δοῖεν ἂν τούτων τὰ πιστά IV 8, 7. ἔλεξεν οὖν Ξέρξης, ὅτι δοκοίη ... IV 8, 10. Aus dessen hist. graeca: ἀπεκρίνατο δὴ ὁ Δερκυλίδας IV 3, 2.

Anmerkung 2. Ein Demonstrativum drängt sich gern an den Anfang des Satzes; deshalb heißt es natürlich mit Endstellung des Verbs bei Herodot οἱ δὲ εἶπαν VII 27. VII 147. ὁ δὲ εἶπε VII 209 zweimal. VII 28. Durch Zusätze kann das Verb dann wieder in Mittelstellung geraten, wie ὁ δὲ ἀμείβετο λέγων VII 46, 47, 49. ὁ δὲ ἀμείβετο αὐτὸν τοισίδε V 31. Nach diesem Muster kommt dann aber auch mit nominalem Subjekt vor: Ξέρξης δὲ ἀμείβετο λέγων VII 47. Ξέρξης δὲ πρὸς ταῦτα ἀμείβετο τοισίδε VII 48. Oder auch πρὸς ταῦτα (satzverbindend) Δημάρητος λέγει VII 104. Die Gegenüberstellung der Subjekte durch μὲν — δὲ hat die Voranstellung des Subjektes auch im zweiten Satze bewirkt in Sätzen wie ὁ μὲν ταῦτ' ἔλεγε (regelmäßig, siehe § 38), Ξέρξης δὲ ἡσθεὶς τοῖσι εἰρημένοισι εἶπε VII 28. Ἀρτάβανος μὲν ταῦτα ἔλεξε, Ξέρξης δὲ θυμωθεὶς ἀμείβεται τοισίδε VII 11. Vgl. § 36.

Mit den Stellen, wo das Verb des Sagens (auch des Fragens, s. oben Xen. exped. Cyri IV 8, 7) am Satzanfang stand, wenn ein abhängiger Satz mit ὅτι, ὡς (oder εἰ) darauf folgte, stimmen nun auch die zu Dodona gefundenen griechischen Inschriften überein, die aus den verschiedensten Gegenden stammen. Ich zitiere sie wieder nach Collitz.

ἱστορεῖ Νικοκράτ[ει]α, τίνι θεῶν θύουσα λώϊον καὶ ἄμεινον πράσσοι καὶ τᾶς νόσου παύσα(ι)το 1561. ἐπ[ι]κοινῶνται τοὶ Κ[ο]ρκυραῖ[οι τῶι Δὶ] Νάωι καὶ τᾶι Δ[ι]ώναι τίνι κα [θ]εῶν [ἢ] ἡρώων θύον[τ]ες καὶ εὐχ[ό]μενο[ι] ὁμονοοῖεν ἐ[π]ὶ τὠγαθόν 1563 (= 3209).

Ähnlich 1562 (= 3208). Vgl. 1564 (= 3184), 1566 A (= 3226), 1578, 1584, wo jeweils leider mit Ausnahme von 1562 das Verb ganz vom Herausgeber ergänzt werden mußte; doch dürfte die Ergänzung ziemlich sicher sein. Ferner noch ἐπικοινῆται Εὔβανδρος καὶ ἁ γυνὰ τῶι Διεὶ Νάωι καὶ τᾶι Διώναι, τίνι ... 1582 a. ἐπι]κοινῆ[ται Θέμις τῶι Διὶ τῶ]ι Ναΐωι κ[αὶ τᾶι Διώναι ...] 1581 ἐπι]κοινῆτα[ι] Ἱππόστρατος τῶι Διὶ τῶι Νάωι καὶ τᾶι Διώναι ... 1583. ἐρωτῆ Λυσανίας Δία Νάον καὶ Διώνα(ν), ἦ ... 1565. [ἐρωτ]ᾶι Πολέ[μα]ρ(χ)ο(ς) [τὸν] (Δ)ί[α τὸν Ν](ά)ο(ν καὶ) [τὰ]ν Δ(ιώ)ν[αν αἴ]τι ... 1568 B. ἐ(ρω)τᾶ Μέν[ων Δία Νάον καὶ Διώνα](ν) περὶ (γ)[ε]ν[ε]ᾶς ... 1572 b. Vgl. auch 1567, 1572a, 1574, 1577. Ferner ἐρωτεῖ Ἆγις Δία Νάον [καὶ Διώναν] ὑπὲρ τῶ στρωμάτων κ[αὶ τῶν προς]κεφαλαίων ... 1586. ἐρ[ωτ]εῖ Ἀντίοχο[ς τὸ]ν Δί(α) καὶ τὰν Διών[α]ν ὑπὲρ ὑγιείας [α]ὐτοῦ καὶ πατρὸς καὶ ἀδελφᾶς ... 1587 (= 3406 Anmerkung). ἐρουτᾶι Κλεούτα(ς) τὸν Δία καὶ τὰν Διώναν, αἴ ἐστι αὐτοῖ προβατεύοντι (ὄ)ναιον καὶ ὠφέλιμον 1559 (= 1333). ἐπερωτᾶ Κράτ[υλος Δία] Νάον καὶ Διών[αν αἴ ἔσ[τι ... 1560. [ἐ]περωτῆ Ῥι[ανὸς Δία Νάον] καὶ Διών[αν ...] 1585 A. ἐπερωτεῖ Ἀμύντας Δ[ία Νά]ιον καὶ Διώναν, ἦ ... 1588. ἐπερωτῶντι τὸ κοινὸν τῶν [....] ... ων Δία Νάον καὶ Διώναν, ἦ .. 1590. Vgl. auch 1592. Dazu noch aus einer Inschrift aus Anaphe ἐπερωτᾶι Τιμόθεος [τὸν] θεόν, πότερον ... ἦ ... 3430, 23 ff.

Vokative gehen vorher, den eigentlichen Satz aber beginnt wieder das Verbum des Bittens in folgenden zwei Belegen: δέσποτα, ἄναξ, Ζεῦ Νάϊε καὶ Διώνη καὶ Δωδοναῖοι, αἰτεῖ ὑμᾶς καὶ ἱκετεύει Διόγνητος Ἀριστομήδου Ἀθηναῖος δοῦναι αὐτῶι .. 1596. Ζεῦ Νάϊ[ε καὶ Διώνη, αἰτεῖ ὑμᾶς καὶ] ἱκετεύει Ἐ[τεοκλ](ῆ)ς αὐτῶι κ[αὶ τῆι γενε]ᾶι δοῦναι ε]ὐχὰς] αὐτῶι Ἐτ[εοκλεῖ καὶ τῶι] ἑ[α](υτ)οῦ (υ)ἱεῖ κ[αὶ .... 1597.

Anmerkung 3. Die Ausnahmen, die nicht Anfangsstellung des Verbs des Bittens und Fragens aufweisen, sind gering an Zahl. Mittelstellung des Verbs, indem das Subjekt den Satz eröffnet: Ἡρακλ[ε]ίδας αἰτεῖ τὸν Δία καὶ τὴν Διώνην τύχην καὶ τὸν θεὸν ἐπερωτᾶι περὶ γενεῆς ... 1561 A. Ἀγάθων ἐπ[ερωτᾶι .., wo sicher noch einiges auf das Verb gefolgt sein wird. 1598. Mittelstellung des Verbs bei der Reihenfolge Dativobjekt — Prädikatsverb — Subjekt in Δὶ Νάωι καὶ Διώναι ἐπικοινᾶται Μον[δ]αιατᾶν τὸ κοινὸν πὲρ το(ῖ) [ἀρ]γύρροι τᾶς Θέμιστο(ς), αἱ ... 1557. Endstellung des Verbs bei der Wortfolge Dativobjekt — Subjekt — Verb: [τῶι Δὶ τῶι Ναΐ]ωι καὶ τᾶι Διώναι Σωκράτης ἐπικοι[νῆται ἦ ..] 1575 A.

§ 34. Anfangsstellung der Verba des Sagens in anderen indogermanischen Sprachen. Daß diese Voranstellung der Verba des Sagens, Fragens etc., wie wir sie bei

Herodot und Xenophon einerseits und in den dodonischen Inschriften andererseits fanden, altererbt ist, scheint mir aus den folgenden Verhältnissen in anderen indogermanischen Sprachen [1]) zu erhellen.

Vom Altindischen, wo die Anfangsstellung des Verbs sehr beschränkt ist, gilt nach Thommen a. a. O. S. 8f., daß im Mahābhārata die Verba des Sagens wenigstens noch in gedeckter Anfangsstellung vorkommen, was offenbar eine Altertümlichkeit ist. Z. B. *athō 'vāca kanyā* 'und das Mädchen sagte'.

Im Altpersischen ist absolute Anfangsstellung des Verbs überhaupt nur bei *ϑātiy* 'er spricht' bezeugt. So: *ϑātiy dārayavaʰuš xšāyaϑiyaʰ* 'es spricht Darius der König' oft; z. B. Beh. I Zeile 3/4, 6, 8/9, 11, 12/13, 24, 26/27 etc. oder II 1, 8, 11, 18, 29 etc. *ϑātiy xšayāršā xšāyaϑiyaʰ vazarkaʰ* 'es spricht Xerxes, der Großkönig' D 11, Ea 15/16, A 21—23. Ca 9/10. Auch *ϑātiy xšayāršā xšāyaϑiyaʰ* 'es spricht Xerxes der König' z. B. D. 17/18 K 16/17. Schließlich *ϑātiy artaxšaϑʳaʰ xšāyaϑiyaʰ* 'es spricht der König Artaxerxes VI P 27/28, 31/32. Auch mit längerer Apposition beim Subjekt *ϑātiy artaxšaϑʳaʰ xšāyaϑiyaʰ vazarkaʰ, xšāyaϑiyaʰ xšāyaϑiyānām xšāyaϑiyaʰ dahyunām, xšāyaϑiyaʰ ahyāyā būmiyā* 'es spricht Artaxerxes, der Großkönig, der König der Könige, der König der Provinzen, der König dieser Erde' VI P. 11 ff. Vgl. auch V S. 1 ff.

Aber auch im Avestischen stehen gerade die Verba des Sagens und Fragens am Anfang des Satzes. Z. B. *mraoṯ ahurō mazdå spitamāi zaraϑuštrāi* 'es sprach A. M. zum Spitamiden Zarathustra', oft z. B. Vend. 1, 1. *pərəsaṯ zaraϑuštrō ahurəm mazdąm* 'es fragte Zarathustra den Ahura Mazda' oft, z. B. Vend. 2, 1. 19, 17, 19, 20. 19, 26. *uzvaēδayaṯ zaraϑuštrō aərəm mainyūm* 'es benachrichtigte Z. den A. M. Vend. 19, 50.

Aus dem Armenischen nenne ich: *asen mogkhn* 'es sagen die Mager' Elisei hist. de Vardano et bello Armeniorum I. *asen çna eranelikhn* 'es sagen zu ihm die Seeligen' VIII. *asē çnosa dahčapetn* 'es spricht zu ihnen der Oberste der Henker' ibid. *asē çna Zrwan* 'es spricht zu ihm Z.' II zweimal [2]). In gedeckter

[1]) Die aus den andern indogermanischen Sprachen angeführten Stellen stehen aber alle vor direkter Rede.

[2]) Aber auch die Folge Subjekt — Verb mit Endstellung des letzteren ist bezeugt, so im 8. Buche: *dahčapetn asē* 'der Oberste der Henker spricht'. *episkoposn asē* 'der Bischof spricht'. *Denšapuh asē* 'D. spricht' u. ähnlich öfters.

Anfangsstellung *ew asē thagaworn Šapuh* 'und es sagt der König S.' Faust. Byz. hist. Armen. V 7. *ew asē çna Yesu* 'und es spricht Jesus zu ihm'. Eznek, refut. haeres. IV 1 zweimal.

Anmerkung 1. Im Albanesischen, das doch sonst die Anfangsstellung des Verbs liebt, fand ich merkwürdigerweise in den von G. Meyer in seiner Grammatik aufgenommenen Märchen und in denen der 'Αλβανική Μέλισσα nie Anfangsstellung des Verbs *ϑom* 'ich sage', sondern bei der Wortfolge Subjekt — Verb Endstellung; vgl. z. B. *e dūta ϑa* 'die zweite sagte' S. 57 Z. 15, *e treta ϑa* 'die dritte sagte' 16, *è e mótεra i ϑa* 'und die Schwester sagte zu ihr' 58_{16}. *plaku pra i ϑa* 'der Greis sprach also zu ihm' 59_{80} u. öfters. Dies ist um so auffallender, als es nach satzeinleitendem Adverb *ϑote mótεra* heißt und auch im Nachsatze *ϑom* am Anfang steht. Vgl. § 15.

Für das Slavische verweise ich auf Berneker a. a. O. S. 48, wo er vom Altpolnischen bemerkt, daß Anfangsstellung 'recht häufig' bei den Verben 'sagen, antworten, fragen' zu finden ist, z. B. *powiedział mu pan* 'der Herr sagte ihm'. *rzekł gospodarz* 'der Herr sprach'.

Im Litauischen ist Anfangsstellung der Verba des Sagens reichlich zu belegen in den von Leskien und Brugmann gesammelten Märchen: *pasákė duktė́* 'es sagte die Tochter' S. 157. *sáko brólis* 'es sagt der Bruder' S. 163 *sáko karálius ìr karalë́nė* 'der König und die Königin sagen' S. 164. *kláusė jijė́* 'sie fragte' S. 169. *sáko jisai* 'er sagt' S. 162. *kláusė tàs sénas dë́das* 'es fragte der alte Mann' S. 219 *sáko mótna* 'es sagt die Mutter' S. 166 *sáko karálius* 'es sagt der König' ibid. In gedeckter Anfangsstellung nach *ìr* 'und' *ìr sáko tàs żuvinįko vaikas* 'und der Fischerknabe sagt' S. 180. Freilich kommt auch die Wortfolge Subjekt — Verb, also Endstellung des Verbs vor: *kùnigas sáko* 'der Pfarrer sagt' S. 176. *vë́nas smákas sáko* 'ein Drache sagt' S. 164. *jì pasákė* 'sie sagte' ibid. Auch nach *ìr* 'und' *ìr tàs jenarótas sáko* 'und der General spricht' S. 180.

Anmerkung 2. In den von Schleicher herausgegebenen litauischen Märchen fand ich nur gedeckte Anfangsstellung: *ir sáke kìts kìtám* 'und es sprach einer zum andern' S. 207. Sonst stehen die Verba des Sagens hier vielmehr am Ende, indem das Subjekt vorangeht. Vgl. z. B. *meszkà sákė* 'der Bär sagte' S. 120. *jìs sákė* 'der sagte' S. 123. *szìs bagóczus sákė* 'dieser reiche Mann sagte' S. 126. *dë́dė sáko* 'der Onkel spricht' ibid. *szìs sákė* 'der sagte' S. 132. Das pronominale Objekt kann vors Verb treten, so daß dieses am Ende stehen bleibt. *àns jám sákė* 'jener sagte ihm' S. 118. *o ta żmonà jeĩ sákė* 'und das Weib sagte ihr' S. 123. Auch das nominale Objekt kann vor das Verb treten, so daß dieses in Endstellung verharrt, vgl. *ìr jìs kálvį kláse* 'und der fragte den Schmied' S. 216. Doch können die Objekte beiderlei Art auch dem Verb folgen, wodurch dieses in Mittelstellung gerät. So *tà laumė klásė ję* 'die Fee fragte sie' S. 145. *tàs žmogus sáke tám gaspadoriui* 'der Mann sagte zu dem Landwirt' S. 149. *tai jis sáke sávo páczei* 'da sagte er zu seiner Frau' S. 152. Auch *karálius sáke į àntrąjį* 'der König sagte zum zweiten' S. 143. Jedenfalls bisher überall die Reihenfolge Subjekt — Prädikatsverb. Leitet aber eine Adverbialbestimmung den Satz ein, so begegnet die Wortfolge Verb — Subjekt, wobei ersteres in Mittelstellung erscheint, genau so wie im Albanesischen und Altisländischen und Neuhochdeutschen. Also *paskùi sáke tà bobùtė* 'darnach sagte das alte Weib' S. 148. *dabàr sáko tàs žmogùs* 'hierauf sagt der Mann' S. 150. *ànt gálo sáke gróvs* 'am Ende sprach der Graf' S. 169. Auch die Wortfolge Participium oder Gerundium — Verb des Sagens — Subjekt ist zu belegen. So *namó parėjęs sáke jis páczei* 'nach Hause gekommen, sagte er zu seiner Frau' S. 212. *paválgius sáke Mertýns* 'als er gegessen hatte, sprach Martin' S. 236. Aber im Litauischen kommt doch auch, vielleicht analogisch nach den Sätzen ohne einleitende Adverbialbestimmung, nach einem solchen Adverb die Reihenfolge Subjekt — Prädikatsverb, also Endstellung des Verbums vor. So *dabàr tàs žmogùs sáko* 'darauf sagt der Mann' wieder auf S. 150. *paskùi ji jëms sáko* 'darnach sagt sie zu ihnen' S. 118.

Für das Germanische sei erinnert an Luther Joh. 4, 9 *spricht nu das samaritisch Weib zu jhm*, *spricht das Weib zu jhm* 4, 15 und 25, *spricht zu jhm das Weib* 4, 11[1]); ferner an die Stellen des bekannten Liedes von Baumbach: *spricht die Wirtin* und *spricht zu ihm das schöne Weib*, worin sich ein Rest altererbter Anfangsstellung erhalten hat.

Anmerkung 3. In der altnordischen Vǫlsungasaga fand ich bei den Verben des Sagens denselben Unterschied wie im Albanesischen. Einmal herrscht Endstellung des Verbs bei der Reihenfolge Subjekt — Verb in Sätzen wie *Guþrún męlti* 'Gudrun sprach' K. 28. *Brynhildr męlti* 'Brunhild sprach' K. 27. *Guþrún segir* 'Gudrun spricht' K. 28; das andere Mal bei satzeinleitendem Adverb steht das Verb in der Mitte bei der Folge Adverbialbestimmung — Verb — Subjekt, z. B. *þá męlti Sigurþr* 'da sprach Sigurd' K. 18. *þá męlti Alsviþr* 'da sprach Alsvid' K. 24. *þá segir karl* 'da sagt der Mann' K. 43. *nú męlti kerling* 'jetzt sagte die alte Frau' ibid. Diese beiden Typen haben sich ja auch im Neuhochdeutschen erhalten. Weit seltener ist die Wortfolge Subjekt — Verb — Adverbialbestimmung in solchen Sätzen, wobei das Verb die Mittelstellung behält; z. B. *Gunnarr męlti þá* 'Gunnar sagte darauf'. K. 29.

Wegen des Lateinischen wurde bereits früher bemerkt, daß bei der Anfangsstellung des Verbs bei lebhaftem Fortschritt der Erzählung ein sehr großer Teil durch die Verba

[1]) Aber *das Weib spricht zu ihm* 4, 19, während im griechischen Text auch an dieser Stelle — wie 4, 9, 11, 15 und 25 — λέγει am Anfang des Satzes steht. Vgl. Einleitung S. 5, Anm. 4.

des Sagens ausgemacht wird. Um so mehr muß hier darauf aufmerksam gemacht werden, daß in Sätzen, welche eine Antwort in indirekter Rede einleiten, Endstellung des Verbs zu herrschen scheint. Ich notierte aus Caesars bellum Gallicum: *his Caesar ita respondit* I 14, 1. *Divico respondit* I 14, 7. *ad haec Ariovistus respondit* I 36, 1. *ei legationi Ariovistus respondit* I 34, 2. *ad haec Caesar respondit* II 32, 1. *Cicero ad haec unum modo respondit* V 41, 7. Vgl. I 44, 1.

Anmerkung 4. Die bei Caesar nicht gerade häufigen direkten Reden weisen natürlich eingeschobenes *inquit* auf. Siehe IV 25, 3. V 30, 1. VI 8, 3. VII 20, 8 und 12. VII 38, 2 und 7. VII 50, 4 und 6. 87, 3.

In der altprovenzalischen Prosa des 12. und 13. Jahrhunderts hingegen, in welcher im Gegensatz zur altfranzösischen Prosa dieser Zeit Anfangsstellung des Verbs ohne satzeinleitendes *et* vorkommt, wird der größte Teil der Belege von Verben des Sagens (und Denkens) gestellt. Vgl. R. Pape Die Wortstellung in der provençalischen Prosa-Literatur des 12. und 13. Jahrhunderts (Dissert. Jena 1883) S. 10. Z. B. *respondet Jhesu Christ* 'es antwortete Jesus Christus'. *Dis l'angel*, 'Es sprach der Engel'. *Demandet sant Paul al angel* 'Es fragte Sankt Paul den Engel'. (Letzteres Beispiel bei Pape falsch eingeordnet).

Anmerkung 5. Die ältesten Texte, z. B. das Rolandslied, überliefern uns auch für die altfranzösische Sprache die fast ausnahmslose Wortfolge Verb — Subjekt, wenn es sich um Verben des Sagens handelt, denen die direkte Rede folgt, z. B. *dist le païens, respunt Rollaz*, s. Meyer-Lübke Gramm. der rom. Sprachen, 3 S. 798.

§ 35. Anmerkung. Mittelstellung der Verba des Sagens im Avestischen und Altindischen. Für das Avestische möchte ich darauf aufmerksam machen, daß das Verb in den im vorigen Paragraph genannten Sätzen durch den Vortritt eines demonstrativen Adverbs wieder in Mittelstellung geraten kann. Vgl. z. B. *āaṯ aoxta ahurō mazdå yimāi* 'darauf sagte A. M. zum Y.' Vend. 2, 22. *āaṯ aoxta zaraϑuštrō* 'darauf sprach Z.' Yasn 9, 3. 9, 48. *āat aoxta ašiš vaṇuhi yå bərəzaiti* 'darauf sagte Ašiš, die gute, die hohe' Art Yašt 54. *āaṯ mraoṯ ahurō mazdå* 'darauf sprach A. M.' Art Yašt 60. Varhrān Yašt 43 usw. *uiti davata hō yō duždå aṇrō mainyuš pouru-mahrkō* 'so sprach der böswillige Aŋro Mainyuš, der vielverderbliche' Vend. 19, 1. So auch im Altindischen: *ity abravīd ṛṣiḥ* 'so sprach der Ṛṣi.' oder *ity abravīt Pāṇḍavō Mārkaṇḍeyam* 'so sagte P. zu M.' bei Thommen S. 9. Fürs Albanesische, Litauische und Germanische, vgl. Anmerkung 1, 2 und 3 des § 34.

§ 36. Endstellung der Verba des Sagens im Griechischen. In § 33 hatten wir gesehen, wie im Griechischen bei fortschreitender Erzählung die Verba des Sagens am Anfang des Satzes stehen, besonders wenn sie eine direkte Rede ankündigen. Im Gegensatz dazu steht das Verbum des Sagens am Ende des Satzes, wenn der Erzählende nach einer direkten Rede noch einmal zusammenfassend mitteilt, wer die eben mitgeteilten Worte gesprochen hat.

Aus Herodot: Ἀτράβανος μὲν ταῦτα ἔλεξε, Ξέρξης δὲ θυμωθεὶς ἀμείβεται τοισίδε VII 11. Ξέρξης μὲν ταῦτά οἱ ἔλεγε, Ἀρτάβανος δὲ ... VII 16. Ἴωνες μὲν τούτοισι ἀμείψαντο V 110. ταῦτα δ' αὖ οὗτοι λέγουσι V 45. Πέρσαι μὲν ταῦτα ἔλεγον, Κροῖσος δὲ ... III 34.

Weit häufiger so bei Thucydides: τοιαῦτα μὲν οἱ Κερκυραῖοι εἶπον· οἱ δὲ Κορίνθιοι μετ' αὐτοὺς τοιάδε I 36, 4. τοιαῦτα δὲ καὶ Κορίνθιοι εἶπον I 44, 1. οἱ μὲν δὴ τοιαῦτα εἶπον· τῶν δὲ Κερκυραίων ... I 53, 3. τοιαῦτα μὲν οἱ Κορίνθιοι εἶπον· τῶν δὲ Ἀθηναίων ... I 72, 1. τοιαῦτα δὲ οἱ Ἀθηναῖοι εἶπον I 79, 1. καὶ ὁ μὲν Ἀρχίδαμος τοιαῦτα εἶπεν· παρελθὼν δὲ Σθενελᾴδας ... ἔλεξε ὧδε I 85, 3. τοιαῦτα μὲν οἱ Κορίνθιοι εἶπον I 124, 3. ὁ μὲν Περικλῆς τοιαῦτα εἶπεν· οἱ δὲ Ἀθηναῖοι ... I 145, 1. τοιαῦτα μὲν οἱ Μυτιληναῖοι εἶπον, οἱ δὲ Λακεδαιμόνιοι ... III 15, 1. τοιαῦτα δὲ ὁ Διόδοτος εἶπεν III 49, 1. τοιαῦτα δὲ οἱ Θηβαῖοι εἶπον III 68, 1. ὁ μὲν Νικίας τοιαῦτα εἶπεν· τῶν δὲ Ἀθηναίων .. VI 15, 1. τοιαῦτα δὲ ὁ Ἀλκιβιάδης εἶπεν VI 19, 1. καὶ ὁ μὲν Ἑρμοκράτης τοσαῦτα εἶπεν VI 35, 1. τοιαῦτα δὲ Ἀθηναγόρας εἶπεν VI 41, 1. τοιαῦτα μὲν ὁ Ἑρμοκράτης εἶπεν· ὁ δὲ Εὔφημος ... μετ' αὐτὸν τοιάδε VI 81, 1. τοιαῦτα δὲ ὁ Εὔφημος εἶπεν VI 88, 1. ὁ μὲν Ἀλκιβιάδης τοσαῦτα εἶπεν· οἱ δὲ Λακεδαιμόνιοι ... VI 93, 1. Ferner τοιαῦτα μὲν τοῖς Πελοποννησίοις οἱ ἄρχοντες παρεκελεύσαντο· ὁ δὲ Φορμίων ... II 88, 1. τοιαῦτα δὲ καὶ ὁ Φορμίων παρεκελεύσατο II 96, 1.

Aus Xenophons exped. Cyri: οὗτος μὲν τοιαῦτα εἶπε μετὰ δὲ τοῦτον Κλέαρχος εἶπε τοσοῦτον I 3, 14. Κλέαρχος μὲν τοσαῦτα εἶπε· Τισσαφέρνης δὲ ὧδε ἀπημείφθη II 5, 15. ὁ μὲν ταῦτ' ἔλεξεν, οἱ δὲ λοχαγοὶ ... III 1, 26.

Aus Xenophons hist. graeca: ὁ μὲν τοιαῦτα ἔλεγεν· οἱ δὲ λοιποὶ ... II 4, 1. ὁ μὲν ταῦτ' ἔλεγεν· οἱ δὲ τριάκοντα ... IV 1, 34. Vgl. V 1, 18. VI 1, 17. VII 1, 12. Auch τοιαῦτα πολλὰ ἔλεγεν II 4, 7.

Aus einigen der vorher genannten Beispiele ersieht man zugleich, wie bei fortschreitender Erzählung das Verb des Sagens aus der Anfangsstellung verdrängt werden kann. In einem Satze wie Κλέαρχος μὲν τοσαῦτα εἶπε· Τισσαφέρνης δὲ ὧδε ἀπημείφθη werden die Personen bezüglich ihrer Worte einander gegenübergestellt, wie dies schon durch μὲν — δὲ bewiesen wird. Sie bilden das wichtigste Moment im Satze, deshalb treten sie auch an den Anfang und nicht etwa im zweiten Satze ἀπημείφθη. Aber auch ohne die Gegenüberstellung von Redner und Gegenredner kann die Person im Mittelpunkt des Interesses stehen, so, wenn es heißt καὶ ὁ μὲν Ἑρμοκράτης τοσαῦτα εἶπεν. Dagegen will der Schriftsteller noch einmal ausdrücklich auf den Inhalt der vorigen Rede hinweisen, wenn er sagt τοιαῦτα μὲν ὁ Ἑρμοκράτης εἶπεν· ὁ δὲ Εὔφημος ... μετ' αὐτόν τοιάδε und auch ohne Gegenüberstellung τοιαῦτα δὲ ὁ Ἀλκιβιάδης εἶπεν. Schließlich kann auch durch die Figur des Chiasmus in den in Rede stehenden Sätzen das Subjekt dem Verb folgen, so daß letzteres in Mittelstellung gelangt. Vgl. οὕτω μὲν λέγουσι Πέρσαι. Αἰγύπτιοι δὲ οἰκηιεῦνται Καμβύσεα ... Herodot III 1. Man darf diese Stellungsart wohl als jünger betrachten.

§ 37. Endstellung des Verbs in Sätzen, welche einen voraufgehenden ausführlichen Bericht noch mal kurz zusammenfassen. Auch sonst steht das Verbum am Ende des Satzes, wenn der Schriftsteller einen ausführlicheren Bericht nochmals kurz zusammenfaßt. Bei Herodot kommen auch hier wieder neben anderen die Verba des Sagens in Betracht, wenn eine vorher (in indirekter Rede) mitgeteilte Erzählung oder Sage oder sein eigener Bericht kurz recapituliert wird.

Belege aus Herodot: τὰ μὲν δὴ ἐκ Δελφῶν οὕτω τῷ Κροίσῳ ἐχρήσθη I 49. οὕτω δὴ οὗτοι μὲν συμφορὴν ποιησάμενοι μεγάλην ἐπέπαυντο I 83. Λυδοὶ μὲν δὴ ὑπὸ Πέρσῃσι ἐδελούλωντο I 94 Ende. καὶ Βαβυλὼν μὲν οὕτω τότε πρῶτον ἀραίρητο I 191 Ende. ταῦτα δὴ ἐνθαῦτα ἐγράφη IV 91. τούτοισι μέν νυν οὗτοι ταύτην τὴν ζημίην ἐπέθηκαν I 144. οὕτω μὲν Ἀθηναῖοι τυράννων ἀπάλλάχθησαν V 65. ταῦτα μέν νῦν ὁ Σικυώνιος Κλεισθένης ἐπεποιήκεε, ὁ δὲ δὴ Ἀθηναῖος Κλεισθένης ... V 69. ταῦτα δὲ Ἑλλήνων οἱ τὸν Πόντον οἰκέοντες λέγουσι IV 11. καὶ ταῦτα μὲν Ὑπερβορέων πέρι εἰρήσθω IV 36. Vgl. I 92 Ende. ταῦτα μέν νυν ἐπὶ τοσοῦτο εἰρήσθω IV 45. ταῦτα δὲ Θηραῖοι λέγουσι IV 154. ταῦτα μὲν ἐπὶ τοσοῦτο ἐλέγετο, μετὰ δὲ ... VII 12. ἐς μὲν τοσόνδε ὁ ναυτικὸς στρατὸς εἴρηται· Ξέρξης δὲ ... VII 100. τὰ μὲν δὴ χρηστήρια ταῦτα τοῖσι Ἀθηναίοισι ἐγεγόνεε· συλλεγομένων δὲ ... VII 145. τὰ μὲν περὶ Ἀργείων εἴρηται· ἐς δὲ τὴν Σικελίην ... VII 153. Ferner οὗτοι μὲν δή σφι γνώμας τοιάσδε ἀπεδέξαντο, Ἅρπαγος δὲ ... I 171. γνῶμαι μὲν αὗται συνέστασαν, Κῦρος δὲ ... I 208. οὗτος μέν νυν ταῦτα ἔπρησσε IV 145. ταῦτα μέν νυν ὁ Σικυώνιος Κλεισθένης ἐπεποιήκεε, ὁ δὲ δὴ Ἀθηναῖος Κλεισθένης . . . V 69. ταῦτα πρὸ τῆς Πεισιστράτου ἡλικίης ἐγένετο V 71. ἀλλὰ τὰ μὲν κατὰ Ῥηγίνους τε καὶ Ταραντίνους τοῦ λόγου μοι παρενθήκη γέγονε VII 171. ὁ μὲν δὴ τοιούτῳ τρόπῳ ἐπάϊστος ἐγεγόνεε VII 128. αἱ μὲν δὴ δύο τῶν νεῶν οὕτω ἐχειρώθησαν VII 182. ὁ μὲν δὴ τετάρτῃ ἡμέρῃ ἐπέπαυτο VII 192.

Aus Thucydides: τοσαῦτα μὲν δὴ ἡ γραφὴ ἐδήλου I 129, 1. οἱ μὲν δὴ ἐν τῇ Πλαταίᾳ οὕτως ἐπεπράγεσαν II 4, 8. οὕτω δὴ οὐκ εἰδότες οἱ Ἀθηναῖοι ἐπέστελλον II 6, 3. παρασκευῇ μὲν οὖν καὶ γνώμῃ τοιαύτῃ ὥρμηντο II 9, 1. ἡ μὲν ἐκεχειρία αὕτη ἐγένετο IV 119, 3. αἱ μὲν σπονδαὶ καὶ ἡ ξυμμαχία οὕτως ἐγένοντο V 48, 1. καὶ ἡ μὲν μάχη τοιαύτη καὶ ὅτι ἐγγύτατα τούτων ἐγένετο V 74, 1. αἱ μὲν σπονδαὶ καὶ ἡξυμμαχία αὕτη ἐγεγένητο V 80, 1. τοσαῦτα ἔθνη Ἑλλήνων καὶ βαρβάρων Σικελίαν ᾤκει VI 6, 1. καὶ τὰ μὲν ἐς τὰς ἐμὰς διαβολὰς τοιαῦτα ξυνέβη· περὶ δὲ . . . VI 90, 1 in einer direkten Rede. ἡ μὲν τοῦ Νικίου ἐπιστολὴ τοσαῦτα ἐδήλου VII 96 1. καὶ οἱ μὲν ἐν τῇ Σικελίᾳ ταῦτα ἔπρασσον VII 25, 9. τὰ μὲν κατὰ τὴν Μυκαλησσὸν πάθει χρησαμένην οὐδενὸς ὡς ἐπὶ μεγέθει τῶν κατὰ τὸν πόλεμον ἧσσον ὀλοφύρασθαι ἀξίῳ τοιαῦτα ξυνέβη VII 30, 4. τὰ μὲν οὖν κατὰ τὴν Σιτάλκου στρατείαν οὕτως ἐγένετο II 101, 6.

Aus Xenophons exped. Cyri: ταύτης μὲν τῆς ἡμέρας τοῦτο τὸ τέλος ἐγένετο I 10, 18. V 6, 1. ταύτην μὲν οὖν τὴν νύκτα οὕτω διεγένοντο I 10, 19. οὕτω μὲν δὴ διακείμενοι πάντες ἀνεπαύοντο III 1, 3. ταύτην μὲν οὖν τὴν ἡμέραν οὕτως ἔμειναν V 4, 22. ταύτῃ μὲν τῇ ἡμέρᾳ τοῦτο τὸ τέλος ἐγένετο V 6, 1. τῇ μὲν νυκτὶ ταύτῃ τοῦτο τὸ τέλος ἐγένετο VI 1, 13. τὰ μὲν δὴ τῶν Ἀρκάδων οὕτως εἶχε VI 3, 9. τὴν μὲν νύκτα οὕτω διήγαγον VI 5, 1.

Aus Xenophons hist. graeca: ὁ μὲν δὴ ταῦτα ἐπεποιήκει V 1, 22. Θηραμένης μὲν δὴ οὕτως ἀπέθανεν· οἱ δὲ τριάκοντα . . . II 4, 1. ἡ μὲν δὴ Ἀθήνησι στάσις οὕτως ἐτελεύτησεν IV 3, 9. Ἀγησίλαος μὲν δὴ ἐν τούτοις ἦν IV 2, 1. αὕτη μὲν δὴ ἑκατέρων ἡ δύναμις ἐγένετο IV 2, 18. καὶ αὕτη μὲν δὴ ἡ μάχη οὕτως ἐγένετο IV 2, 23. καὶ ταῦτα μὲν οὕτως ἐπέπρακτο IV 5, 18. καὶ ὁ μὲν δὴ κατὰ γῆν πόλεμος οὕτως ἐπολεμεῖτο IV 8, 1. καὶ ταῦτα μὲν δὴ οὕτως ἐγεγένητο IV 8, 19, καὶ τὰ μὲν δὴ περὶ Ἑλλήσποντον Ἀθηναίοις τε καὶ Λακεδαιμονίοις τοιαῦτα ἦν V 1, 1. καὶ Ἀγησίλαος μὲν δὴ περὶ ταῦτα ἦν V 3, 18. τοιούτῳ μὲν δὴ τρόπῳ Σφοδρίας ἀπέφυγε V 4, 33. κἀκεῖνος μὲν δὴ ταῦτ' ἔπραττεν VI 2, 39. αὕτη μὲν δὴ ἡ μετὰ Λακεδαιμονίων δύναμις ἦν IV 1, 16. καὶ ταῦτα μὲν οὕτως ἐπεραίνετο VI 1, 19.

Anmerkung 1. Auffallend und vereinzelt ist ἐγεγόνεε μὲν δὴ ὧδε Ἀλέξανδρος ὁ Ἀμύντεω Herodot VIII 140α. Ob Einfluß des in § 38 erörterten Typus vorliegt?

Anmerkung 2. Über Mittelstellung des Verbs in diesem Satztypus siehe § 39.

§ 38. Das Verb γίγνεσθαι in Anfangstellung. Den krassen Unterschied betreffs der Stellung des Verbs in Sätzen, die die Erzählung fortführen, und in Sätzen, die bereits Erzähltes noch mal kurz zusammenfassen und so gewissermaßen ein Hemnis für den Fortschritt der Erzählung bilden (dort Anfangsstellung — hier Endstellung), haben wir bereits vorher bei den Verben des Sagens deutlich feststellen können.

Ich möchte hier noch einen Spezialfall anreihen. In den Belegen des § 35 für Endstellung in kurz zusammenfassenden, die Erzählung retardierenden[1]) Sätzen, stand sehr oft das Verb γίγεσθαι am Satzschluß. Hier gebe ich nun einige Belege, wo gerade das Verb γίγεσθαι zur Fortführung der Erzählung dient und deshalb Anfangsstellung aufweist.

Aus Herodot: ἐγένετο δὲ καὶ ἕτερον αὐτῷ τέρας ἐόντι ἐν Σάρδισι VII 57. ἐγένετο γὰρ κατ' ἀρχὰς λόγος, ὡς VIII 3. Aus Thucydides: ἐγένετο δὴ μετὰ ταῦτα καὶ ἡ ἐπ' Εὐρυμέδοντι ποταμῷ πεζομαχία καὶ ναυμαχία Ἀθηναίων I 100, 1. ἐγένετο δὲ τοιόνδε I 128, 2. ἐγένοντο δὲ καὶ ἄλλαι ὕστερον ἐν τῷ πολέμῳ κατὰ ἔτος ἕκαστον ἐσβολαὶ Ἀθηναίων ἐς τὴν Μεγαρίδα II 31, 3. Aus Xenophons hist. graeca: ἐγένοντο δὲ αἱ πᾶσαι πλείους ἢ πεντήκοντα καὶ ἑκατόν. I 6, 25.

§ 39. Mittelstellung des Verbs in 'zusammenfassenden' Sätzen. Die in den §§ 36 und 37 erörterte Endstellung des Verbs kann dadurch wieder in Mittelstellung verwandelt werden, daß der Satz durch Zusätze, die dem Verb nachfolgen, erweitert wird. Es liegt also dasselbe Prinzip vor wie bereits in § 20ff.; deshalb gebe ich hier nur wenig Belege.

Eine adverbiale Bestimmung kann dem Verb folgen: τοιόσδε μὲν ὁ τάφος ἐγένετο ἐν τῷ χειμῶνι τούτῳ Thuc. II 47, 1. ταύτην μὲν οὖν τὴν ἡμέραν αὐτοῦ ηὐλίζοντο ἐπὶ τοῦ αἰγιαλοῦ πρὸς τῷ λιμένι Xen. exped. Cyri VI 4, 1. Im ersten Beispiel ist die adverbiale Bestimmung betont, es heißt bald darauf τοῦ δὲ θέρους ἀρχομένου ... Da τοιόσδε schon am Anfang steht, ist

[1]) Beachte auch, daß oft das die Vollendung in der Vergangenheit bezeichnende Plusquamperfekt in diesen Sätzen verwendet wird.

für den betonten Begriff die Endstellung nötig. Das Verb weist unbetonte Mittelstellung auf. Letzteres gilt auch vom zweiten Beleg. Die temporale Bestimmung am Anfang und die lokale am Ende sind betont. οὕτω τέταρτον τότε Δωριέες ἐσέβαλον ἐς Ἀθήνας Herodot V 76.

Ein Zusatz zum Subjekt kann nachträglich angereiht werden: καὶ οὗτοι μὲν τούτῳ τῷ μόρῳ διεφθάρησαν καὶ αὐτοὶ καὶ ἡ θεραπηίη αὐτῶν Herodot V 21.

Das Objekt kann folgen: οὗτοι μὲν οὕτω διεκρούσαντο τοὺς Ἕλληνας Herodot VII 168. Φαρνούχης μὲν οὕτω παρελύθη τῆς ἡγεμονίης VII 88.

Ein Infinitiv steht nach: οὗτοι μὲν δὴ οὕτω διενένωντο ποιήσειν Herodot VII 207. καὶ τὰ μὲν Πελοποννησίων ἔμοιγε τοιαῦτα καὶ παραπλήσια δοκεῖ εἶναι, τὰ δὲ ἡμέτερα ... Thuc. I 143, 3.

Ein Participium conjunctum kann sich anschließen: ὁ μὲν Νικίας τοσαῦτα εἶπε νομίζων τοὺς Ἀθηναίους ... ἀποτρέψειν Thuc. VI 24, 1. καὶ ὁ μὲν τοιαύτῃ ἢ ὅτι ἐγγύτατα τούτων αἰτίᾳ ἐτεθνήκει, ἥκιστα δὴ ἄξιος ὢν τῶν γε ἐπ' ἐμοῦ Ἑλλήνων ἐς τοῦτο δυστυχίας ἀφικέσθαι ... VII 86, 5. Vgl. VI 6, 1.

Auch ein Genitivus absolutus kann noch angefügt werden: τοιούτῳ μὲν πάθει οἱ Ἀθηναῖοι περιπεσόντες ἐπιέζοντο ἀνθρώπων τ' ἔνδον θνῃσκόντων καὶ γῆς ἔξω δῃουμένης Thuc. II 54, 1.

Erklärlich ist auch παρὰ τοσοῦτον μὲν Συρακόσιοι ἦλθον κινδύνου Thuc. VII 2, 5. τοσοῦτον und κινδύνου sind die beiden Wörter, welche betont sind; jenes steht am Anfange, dieses am Ende des Satzes.

Auffällig ist ταῦτα ἐπερώτα ὁ Ἀρισταγόρης Herod. V 124, ταῦτα ἔλεγον οἱ Θεσσαλοί VII 172 und ταῦτα ἔλεξαν οἱ ἄγγελοι VIII 142. Die Mittelstellung kann durch den bereits vorher erörterten Stellungstypus Demonstrativpronomen — Prädikat — Subjekt (τάδε συνέθεντο οἱ Λακεδαιμόνιοι) hervorgerufen sein.

§ 40. Anfangsstellung des Verbs durch Anapher. Ein besonderer Fall der Anfangsstellung des Verbs liegt vor, wenn bei fortschreitender Erzählung dasselbe Verb den Satz beginnt, das kurz vorher schon vorkam. Hieraus erwächst die rhetorische Figur der Anapher.

Belege aus Herodot: οὗτος δὲ ὁ Γύγης πρῶτος βαρβάρων τῶν ἡμεῖς ἴδμεν ἐς Δελφοὺς ἀνέθηκε ἀναθήματα μετὰ Μίδην τὸν Γορδίεω, Φρυγίης βασιλέα. ἀνέθηκε γὰρ δὴ καὶ Μίδης τὸν βασιλήιον θρόνον ... I 14. Ξέρξης δὲ ἐπείτε διέβη ἐς τὴν Εὐρώπην, ἐθηεῖτο τὸν στρατὸν ὑπὸ μαστίγων διαβαίνοντα. διέβη δὲ ὁ στρατός αὐτοῦ ἐν ἑπτὰ ἡμέρῃσι καὶ ἐν ἑπτὰ εὐφρόνῃσι VII 56. τωὐτὸ τοῦτο καὶ Εὐβοέας τοὺς ἐν Σικελίῃ ἐποίησε διακρίνας. ἐποίεε δὲ ταῦτα τούτους ἀμφοτέρους νομίσας ... VII 156. καὶ Λεωνίδης ἐν τούτῳ τῷ πόνῳ πίπτει ... καὶ ἕτεροι μετ' αὐτοῦ ὀνομαστοὶ Σπαρτιητέων, τῶν ἐγὼ ἐπυθόμην τὰ οὐνόματα· ἐπυθόμην δὲ καὶ ἁπάντων τῶν τριηκοσίων VII 224.

Aus Thucydides: προεῖπον δὲ αὐτοῖς μὴ ναυμαχεῖν Κορινθίοις ... προεῖπον δὲ ταῦτα τοῦ μὴ λύειν ἕνεκα τὰς σπονδάς I 45, 3. γεγενημένου δὲ τοῦ ἐν Πλαταιαῖς ἔργου καὶ λελυμένων λαμπρῶς τῶν σπονδῶν οἱ Ἀθηναῖοι παρεσκευάζοντο ὡς πολεμήσοντες· παρεσκευάζοντο δὲ καὶ Λακεδαιμόνιοι καὶ οἱ ξύμμαχοι II 7, 1. Vgl. auch ἔπειτα τοὺς ὁμήρους ἐκκλέψαντες ἐκ Λήμνου τοὺς αὐτῶν ἀπέστησαν ... ξυναπέστησαν δ' αὐτοῖς καὶ Βυζάντιοι I 115, 5.

§ 41. Endstellung des Verbs in Weih- und Künstlerinschriften in Sätzen, die nur aus Subjekt und Prädikat bestehen. Im folgenden kehren wir zur Sprache der Inschriften zurück. Wie wir in § 1 eine, soweit nicht besondere Gründe vorlagen, fast ausnahmslose Anfangsstellung der Verba des Beschließens in den Inschriften der verschiedensten Dialekte feststellen konnten, so gibt es nun auch eine Menge von Künstler- und Weihinschriften, in denen das Verb stets am Ende steht. Die Inschrift teilt uns eben nur den Verfertiger oder den Weihenden mit, sie besitzt nur einen kurzen, lediglich aus Subjekt und Prädikat bestehenden Satz. Die Wortfolge ist Subjekt — Prädikat: das Verb steht also am Ende.

Belege: Aus Kreta Καλλίκριτος ἐποίησε 5117 c. Aus Thessalien Κυναγία ὀνέθεικε 365. Τολεμαῖος ἀνέθηκε Hoffmann Griech. Dial. II S. 30 (weiter abgekürzt durch H und die römische Zahl des Bandes). Μναμοσύνα ἐνέθεικε H II, S. 30. Aus Böotien Γαμείδεις ἐποίεισε 794. Εὐβουλίδης ἐπόησε 950. Aus Elis Ἀλασνῆς καὶ Ἀκρώρειοι ἀνέθηκαν 1167. Aus Arkadien Στασίας ἀνέθηκε 1225. Δαμοσθένης ἀνέθηκε 1226. Ἐρεμένα ἀνέθηκε 1227. [Ἀ]ριστομαχίδας ἀνέθηκ[ε] 1228. Τεγεᾶται ἀνέθεν 1258. Aus Argolis [Ὀρ]έστας ἀνέθη(κ)ε 3284. Πολυστράτα ἀνέθηκε 3276. Ἀριστόδαμος ἀνέθηκε 3323. Ἀρκεσίλαος Λύσανδρος ἀνεθέταν 3326 (Epidauros)[1]).

---

[1]) Beachte auch die altertümliche asyndetische Anreihung.

Πολύκλειτος ἐποίησε 3348 (Epidauros). Aus Rhodos Λεωχάρης ἐποίησε 4190. Aus Gela Κράτης ἐποίει 4247. Aus Thera Ἐπάγατος ἐποίει 4810. Aus Melos Δαμοκρέων ἀνέθηκε 4973. Aus Euböa Εὔφημος ἀνέθηκεν 5262 (Chalkis). Φιλήσιος ἐποίει 5305 (Eretria). Δουρίης ἐποίησε 5348. Aus Delos Πολιάνθης ἐποίει 5391. Aus Keos Λεωγόρης ἀνέθηκεν 5348. Κρίτιος καὶ Νησιώτης ἐποιησάτην 5776. Νικόμαχος ἐποίησεν DS 713[1]). Aus Attika Εὐθυδίκης ἀνέθηκεν CIA 4², 373, 16. Νεοκλείδης ἀνέθηκεν 378, 80. Νίκυλος ἀνέθηκεν 379, 179. Εὔφοβος ἀνέθηκεν 1, 373 y. Πύῤῥανδρος ἀνέθηκεν 2³, 1467. Γαλήνη ἀνέθηκεν 2⁵, 1558. Σώστρατος ἀνέθηκεν 2³, 1570. Ἡγίας ἐποίησεν 4², 373, 259. Ὀνάτας ἐποίησεν 4², 373, 99. Εὔφορος ἐπόησεν 1, 418 a. Δίης ἐποίησεν 2³, 1161. Λεωχάρης ἐπόησε 1177. Βρύαξις ἐπόησεν 2⁵, 1305 b. Στράβαξ ἐποίησεν 2³, 1374. Νικόμαχος ἐπόησεν 2³, 1378. Καϊκοσθένης ἐπόησεν 1383. Ἐξήκεστος ἐπόησεν 1430. Μνασίας ἐπόησε 1439. Φοῖνιξ ἐποίει 2⁵, 1205 b. Δημήτριος ἐποίησεν 2³, 1425 b. Mit zwei Subjekten Περσαῖος καὶ Ἑόρτιος ἐπόησαν 2⁵, 1402 b. Asyndetisch Κηφισόδοτος Τίμαρχος ἐπόησαν 2³, 1370. Ξανθίας Ἀριστίων ἐποίησαν 2⁵, 1361 c.

Ich gab mit Fleiß ein reichliches Belegsmaterial, damit man deutlich sehen kann, wie fest die Endstellung des Verbs in solchen Sätzen ist; niemals findet sich 'Inversion'. Immer steht das Subjekt voran, und das ist erklärlich: der Inhalt des Verbs wird dem Beschauer durch die Situation klar, das Verb ist also unbetont, wie es denn auch in Inschriften dieser Art überhaupt fehlen kann. Den Namen des Künstlers oder des Weihenden soll man erfahren, deshalb steht das Subjekt als wichtigstes an erster Stelle.

§ 41. Endstellung des Verbs in denselben Inschriften, wobei der Satz aus Subjekt — dem pronominalen Objekt μὲ — und Verb besteht. Trat in solchen Weih- und Künstlerinschriften noch das Akkusativobjekt μ(ὲ) zum Subjekt und Prädikat hinzu, so pflegte dieses enklitisch hinter das Subjekt zu treten, so daß es in jenen kurzen Sätzen die zweite Stelle einnahm. Das Verb behielt so die Endstellung bei. Hierüber ist zu vergleichen J. Wackernagel IF. 1, 133 ff., besonders für unseren Fall 346 ff. Wackernagel, dem wir also den Beweis der obigen Stellungsregel und ihrer bereits in der indogerma-

---

[1]) DS = Dittenberger Sylloge inscriptionum graecarum, editio altera.

nischen Grundsprache vorhandenen Existenz verdanken, bringt a. a. O. eine reichliche Anzahl von Belegen. Ich beschränke mich darauf, folgende anzuführen. Aus Attika — ιτός μ' ἀνέθηκεν CIA 4[2], 373, 87. Σημωνίδης μ' ἀνέθηκεν Inscr. graec. antiq. 1 Ἰφιδίκη μ' ἀνέθηκεν CIA 1, 352 b. Aus Korinth Δόρκων μ' ἀνέθηκ[ε] Collitz 3119 d 42. Ἴγρων μ' ἀνέθηκε 3119 d 43. Ϙυλοίδας μ' ἀνέθηκε d 47. Εὐρυμήδης μ' ἀνέθηκε d 48. Vgl. auch noch die unter 3119 d bei Collitz-Bechtel aufgeführten Reste zertrümmerter Inschriften. Aus Hermione [Παν]τακλῆς μ' ἀνέθηκεν Kaibel epigr. gr. 926. Aus Kypros [Κεκρο]πίδης μ' ἀνέθηκε ibid. 794. Aus Naukratis [Π]ρώταρχός με ἀνέθηκ[ε] Naukratis I by Flinders Petrie 186. Κάικός μ' [ἀνέ]θηκεν II 717. Ἄσος με ἀνέθηκεν II 723. Ὠχίλος μ' ἀνέθηκεν II 799. Πύρ(ρ)ος με ἀνέθηκεν II 877. Ἁρπαλῆ με ἀνέθηκε Collitz 5756. Θότιμός με ἀνέθηκεν 5764. Aus Aegina Διότιμός με ἐπέθηκε 3414. Belege von Künstlerinschriften: Aus Thasos Παρμένων με ἐ[ποίησε] IGA 378. Aus Milet Εὔδημός με ἐποίειν Collitz 5506. Aus Sikyon Ἐχσηκίας μ' ἐποίησε 3164. Aus Elis Ϙοῖός μ' ἀπόησεν 1176. Aus Attika Ἀριστίων μ' ἐπόησεν CIA 1, 466 b. Auf einer attischen Inschrift aus Sigeum [Ἐ]υθυκλῆς μ' ἐποίησεν CIA 4[2], 373, 206. Aus Klein, Griechische Vasen mit Meistersignaturen, sei genannt: Θεόζοτός μ' ἐπόησε S. 31. Ἐργότιμός μ' ἐποίησεν S. 34 Ἀμασίς μ' ἐποίησεν S. 43, 48, 45 zweimal. Χόλχος μ' ἐποίησεν S. 48. Ἀνακλῆς με ἐποίησεν S. 75. Νικοσθένης με ἐποίησεν ibid. Ἀρχεκλῆς μ' ἐποίησεν S. 76. Γλαυκίτης μ' ἐποίησεν S. 77. Τληνπόλεμός μ' ἐποίησεν S. 84 zweimal. Γάγεός μ' ἐποίησεν S. 85. Πανφαῖός μ' ἐποίησεν S. 90. Ferner Τιμωνίδας μ' ἔγραφε S. 29. Χάρης μ' ἔγραψε S. 30.

Beachte auch noch aus Böotien Ποιμανορίδας μ' ἐπέδωκε Collitz 745. Aus Amorgos Ἐρασίς με ἐϙρότει 5355.

Also auch in diesen Belegen stets Endstellung des Verbs.

§ 42. Endstellung des Verbum εἶναι auf Grabinschriften, Büsten, Gefäßen etc. In einer anderen Gruppe von Inschriften steht als Prädikat das Verb εἶναι stets am Ende. Es handelt sich um Grabinschriften, die uns mit dem oder der Verschiedenen bekannt machen, oder um Aufschriften auf Büsten, Gefäßen etc., die uns deren Besitzer kund tun sollen. Dabei ist es für die Stellung des Verbs gleichgültig, durch welche grammatische Ausdrucksweise der Besitzer des Grabes, des Gefäßes etc. angezeigt wird. Auch für diese Kategorie führe ich Belege aus den verschiedenen griechischen Gebieten an. Zur Erklärung der Endstellung vgl. das Ende des Paragraphen 40. Über die Anfangs- und Mittelstellung von εἶναι siehe § 25 ff.

Aus Kypros Ὀναιός [oder Ὀναιῶς?] ἠμι H I 77. Ἀριστοκύπρας ἠμί H I 80. Φιλοκρέτεός ἠμι I 81. ἐγὼ Τιμαγόραυ (so zu lesen statt Ταμιγόραυ) ἠμί I 175. Δαϝατίσαο ἠμί Collitz 28. [Ἀ]ὐλάονός ἠμι 63. [τᾶ]ς Παφίας ἠμί 4. Ἀριστίϝαυ ἠμί 20. Κᾶρύξ ἠμι 65. Aus Böotien ἐπὶ Προκλεῖ εἰμι 408. ἐπὶ Ϝhεκαδάμοε εἰμί 876. Aus Thessalien Πολυξεναία ἔμμι 343. Aus Megaris Καλλιστέος εἰμί 3043. Aus Korinth auf einem Tongefäß Αἰνέτα εἰμί 3121. Aus Aegina Σωμήδεός ἠμι 3414. Aus Rhodos Ϙοσμία ἠμί 4130. Ἀστυοχίδα ἠμί 4132. Αἰδοίου ἠμί 4133. Ἰδαμενῆός ἠμι 4230. Aus Gela τῶν Γελώιων ἠμί 4249. Aus Euböa Χαρίλεώ εἰμι 5301. Aus Milet Ἀθηναίη εἰμί 5503. Aus Kamiros Πυθέω εἰμί 5787. Aus Böotien noch ἐπὶ Καλιθει[ρ]ίδι εἰμί 900. ἐπὶ Πολυκράτοε εἰμί 901.

§ 43. Endstellung des Verbs in Inschriften, die über die Ausstattung des Theaterchores berichten. Auch in den Inschriften, welche uns über die Chorausstattung bei einem Theaterstücke berichten, pflegt, wenn die Sätze unverbunden für sich hingestellt werden, das Subjekt voran und das Verbum am Ende zu stehen, vorausgesetzt, daß weitere Zusätze nicht vorhanden sind.

So aus Attika Εὐκλῆς ἐδίδασκε. Εὐδαμίσκος ηὔλει. Χίων ἦρχεν CIA 2³, 1236. Παιδέας ἐδίδασκε. Φιλόμηλος ἦρχε 1248. Εὐκλῆς ἐδίδασκε. Ἀλέξιππος ηὔλει[1]) 1251. Σοφοκλῆς ἐδίδασκεν 2⁵, 1280 b. Τιμοκράτης ἦρχεν 2³, 1237. Εὐαίνετος ἦρχε 1242. Εὐθύκριτος ἦρχε 1244. Κηφισόδοτος ἦρχεν 1245. Aus Dittenberger, Sylloge inscript. graec. ed. altera Θέων ηὔλει. Εὐαίνετος ἦρχε 707. Ἀλέξιππος ηὔλει. Εὐκλῆς ἐδίδασκε 705. Νέαιχμος ἦρχεν 715. Ὁ δῆμος ἐχορήγει. Σωσίστρατος ἦρχεν 710. Ἀριστοφάνης ἐ[δ]ίδασκεν 703. Κεδείδης ἐδίδασκε 702. Εὐκλῆς ἐδίδασκε. Τιμοκράτης ἦρχεν sylloge ed. prima 412. Vgl. auch Ξενοκλῆς ἐγυμνασιάρχει CIA 2³, 1129.

§ 44. Endstellung des Verbs in den Datierungssätzen attischer Volksbeschlüsse. Endstellung des Verbs in kurzen nur aus Subjekt und Prädikat bestehenden Sätzen ist auch in den Satztypen bezeugt, die zur Datierung dienen. Besonders Attika liefert Belege. Κεκροπὶς ἐπρυτάνευε, Μνησίθεος

---

[1]) Öfters steht in einem Satze noch das Patronymikon beim Subjekt. Diese Sätze werden nachher besonders behandelt.

ἐ[γ]ραμμάτευε, Εὐπείθης ἐπεστάτει, Καλλίας εἶπε. CIA 1, 32 A 1f.[1]) Ἐρεχθηὶς ἐπρ[υτάνευε], Σκόπας ἐγραμμάτευε, Τιμωνίδης ἐπεστάτει, [Διοπεί]θης εἶπε 40, 1f. Ἱππο[θ]ω[ντὶς ἐ]πρυτάνευε, Μεγακλείδης [ἐγραμμάτευ]ε, Νι[κ]ο[... ἐ]πεστάτει 33ff. Ἱπποθωντὶς ἐπρυτάνευε, Προκλῆς ἐγραμμάτευε, Τιμίας ἐπεστάτει, Ἀριστίων ἦρχε, Θρασυκλέης εἶπε 45, 3ff. Οἰνεὶς ἐπρυτάνευ(ε)ν, Νικ[ό]στρατος ἐγραμμάτευεν. Σάτυρος εἶπεν 2[1], 55, 4ff.

Aus Zeleia (Kleinasien) Κλέων ἐπεστά[τει, Τι]μοκλῆς εἶπεν Collitz 5532, 1f. Πεισίθεος ἐπεστάτει, Δωρόθεος εἶπεν 5533b. Μνησίστρατος ἐπεστάτει, Δρόμων εἶπεν 5533c. [Μ]νησίστρ[ατος ἐπεστά]τει, Δωρόθεος εἶπεν 5533d. Πεισίθεος ἐ[πεστάτει], Δρόμων εἶπεν 5533e.

§ 45. Endstellung des Verbs in den Päderasteninschriften von Thera. Wegen der Endstellung des Verbs müssen schließlich auch die Päderasteninschriften von Thera genannt werden. Π*h*ειδι(π)πίδας ὤιπ*h*ε Collitz 4787a. Τιμαγόρας καὶ Ἐνπ*h*έρης καὶ ἐγῶιπ*h*[ομες] 4787b.

§ 46. Mittelstellung des Verbs in Weih- und Künstlerinschriften bei der Wortfolge Subjekt — Verb — Zusatz zum Subjekt. In Satzarten genannter Art kann nun das Verbum dadurch, daß der Satz weitere Zusätze erhält, wieder aus der Endstellung verdrängt werden. Ich nenne zuerst den ausführlich von Wackernagel IF. 1, 429ff. erörterten Fall, daß das Subjekt in den Weih- und Künstlerinschriften einen appositionellen oder attributiven Zusatz erhält, der nicht hinter das Subjekt, sondern hinter das Prädikatsverbum tritt, so daß das Subjekt und seine Apposition oder sein Attribut durch das dazwischen stehende Verbum getrennt wird. Das Verb selbst gelangte auf diese Weise aus der Endstellung in die Mittelstellung.

Wackernagel gibt a. a. O. eine Menge von Belegen. Ich scheide die metrischen möglichst aus[2]) und nenne aus seiner Sammlung: Ἀλκίβιος ἀνέθηκεν κιθαρῳδὸς νησιώτης CIA 1, 357. Ἐπι[χ]αρῖνος [ἀνέ]θηκεν ὁ Ὀ.... 1, 376. Μηχανίω[ν] ἀνέθηκεν ὁ γραμμα[τεύς] 1, 399. [Πυ]θογέν[εια] ἀνέθηκε[ν Ἀγ]υρρίου ἐγ [Λ]ακιαδῶ[ν] 1, 400. Αἰσχύλος ἀνέθη[κε] Πυθέου Παιανιεύ[ς] 1, 415. Σίμων ἀ[νέθηκε] ὁ κναφεὺς [ἔργων] δεκάτην 4[1], 373f. Ὀνήσιμός μ' ἀνέθηκεν ἀπαρχὴν Ἀθηναίᾳ ὁ Σμικύθου υἱός 4[2], 373, 90. Ξενο-

[1]) Sätze mit Patronymikon des Subjektes bleiben fort.
[2]) Auch die, in denen das meiste ergänzt ist, lasse ich fort.

κλέης ἀνέθηκεν Σωσίνεω 4², 373, 212 (bei Wackernagel verdruckt 4², 373, 12). Χναϊάδης ἀνέθηκεν ὁ Παλ(λ)ηνεύς 4², 373, 223. [Σ]μῖκρος ἀνέθ[ηκε-] ὁ σκυλοδεψό[ς] 4², 373, 224. Aus augusteischer Zeit Μετρότιμος ἀνέθηκεν 'Οῆθεν. Aus Milet ['Ερ]μησιάναξ ἥμεας ἀνέθηκεν [ὁ Ἀπ]ολλωνίδεω Collitz 5508. Aus Achaia Ϙυνίσϙος με ἀνέθηκε ὥρταμος Ϝέργων δεκάταν Collitz 1653. Auf einer delphischen Inschrift in westgriechischem Alphabet τοὶ Χαροπίνου παῖδες ἀνέθεσαν τοῦ Παρίου Bull. de corr. hell. 6, 445. Auf einer naxischen Inschrift von Delos Εὐ[θ]υκράτης μ' ἀνέθηκε ὁ Νάξσιος ποιήσας Collitz 5419. (Bei Wackernagel verdruckt Εἰθυκράτης.) Aus Naukratis Φάνης με ἀνέθηκε τὠπόλλων[ι τῶι Μι]λησίῳ ὁ Γλαύϙου Collitz 5759. Μυσός μ' ἀνέθηκεν 'Ονομακρίτου Naukratis by Flinders Petrie II 722. Φίλις μ' ἀνέθηκε οὐπικά[ρτε]ος τῇ Ἀφροδί[τῃ] II 780. 'Ερμοφάνης ἀνέθ[ηκεν] ὁ Ναυσιτέ[λεως] II 784. [Λ]άκρι[τός] μ' ἀνέ[θη]κε οὐρμο[θ]έμ[ιος] τἠφροδί[τῃ] II 819. Aus Böotien Τιμασίφιλός μ' ἀνέθηκε τὠπόλλωνι τοῖ Πτωιεῖι ὁ Πραόλλειος Hermes XXVI 123 ed. Kretschmer.

Aus meiner Sammlung füge ich noch hinzu aus Attika Φαίδων ἀν[έ]θηκεν ὁ Κτησί[ου τῇ Ἀ]θηναίᾳ CIA 4², 373, 187 Seite 183. Διοκ[λείδης] ἀν[έθηκεν] ὁ Διοκλέους τἀθην[αίᾳ] 4², 373, 245. 'Ηδύλος ἀν[έ]θηκε Ε[ὐ]κόλου 2³, 1529. [Καλ]λιστὼ [ἀνέ]θηκεν δεκάτην Σιβυρτίου γυνή 2³ 1517. Πειθοῖ Καλλίμα[χος] τήνδ' ἀνέθηκε Σολεύς 2⁵, 1558 l.

Das Subjekt braucht kein Nomen proprium zu sein. Z. B. ἱεροποιοὶ ἀνέθεσαν τῷ Θησεῖ οἱ ἐπὶ Λυκίσκου ἄρχοντος CIA 2³, 1180. ἡ βουλὴ ἀνέθηκεν τῷ [. . .] ἡ ἐπὶ Νικήτου ἄρχ[ο]ν[τ]ος στεφανω[θεῖ]σ[α ὑπὸ τ]οῦ δήμου ἀρε[τῆς εἵνεκα καὶ δι]καιοσύνης 2², 1157.

Aus Hermione noch Ἀλεξίας Λύωνος ἀνέθηκε τᾶι Δάματρι τᾶι Χθονία[ι] Ηερμιονεύς 3382 (Collitz). Aus Epidauros Καλλίστρατος ἀνέθηκε τῶι Ἀσκλαπι[ῶ]ι *h*ο μάγιρος 3324. Schließlich Ἀντίων ἀνέθεικε Παναρμὼν τοῖς θεοῖς 721 (Böotien). Aus Teos ..... ἀνέθη]κεν τἀφρο[δίτηι ὁ . . .] ου ὁ Τήϊιος 5637.

In diesen Belegen war ἀνέθηκεν das Verbum finitum. Der lesbische Dialekt sagt dafür κάθθηκε. Auch für dieses Verb gibt Wackernagel a. a. O. Belege. Ich nenne ohne besondere Angabe des Zitats [ὁ δεῖνα κάθ]θηκε τᾷ Ἀφροδίτᾳ ὁ Μυτιληναῖος. [ὁ δεῖνά με] κάθθηκε ὁ Μυτ[ιληναῖος].

Auch ποιεῖν kann das Verbum finitum bilden. Aus Wackernagels umfassender Sammlung nenne ich nur Πύρρος ἐποίησε

Ἀθηναῖος. Κρησίλας ἐποίησε Κυδωνιάτ[ας] etc. Neu bringe ich bei aus Syrakus Κλεομένης ἐποίησε τὠπέλλωνι *h*ο [...] Collitz 3227. Aus Milet Σάτυρος Ἰσοτίμου ἐποίησε Πάριος 5510. Aus Melos Γρόφων ἐποίει Μάλιος .. 4872.

Mit γράφειν z. B. Εὐθυμίδης ἔγραψεν ὁ Πολ(λ)ίου s. Wackernagel a. a. O.

Mit sinnverwandten Verben aus Hermione [Δ]ωρόθεος ἐϝεργάσατο Ἀργεῖος 3383. Aus Opus (?) Πρίκων ἔ[π]α[ξα Κο]λώτα IGA 555 a. Aus Cypern Γιλίκα ἀμὲ κατέστασε ὁ Στασικράτεος Deecke Nr. 73.

Anmerkung. Da Wackernagel auch metrische Inschriften anführt, so trage ich folgende, von ihm nicht beigebrachte, nach: Εὐμάστας με ἄηρεν ἀπὸ χθονὸς *h*ο Κριτοβώλου Thera 4735 (Collitz).

§ 47. Mittelstellung des Verbs εἶναι auf Inschriften, indem εἶναι zwischen syntaktisch zusammengehörige Satzglieder tritt. Auch der in § 42 erörterte Typus kann durch eine Apposition oder ein Attribut erweitert werden, so daß das Verbum εἶναι in Mittelstellung gerät. Dies kann auch dadurch geschehen, daß εἶναι sich zwischen ein Substantiv und seinen abhängigen Genitiv schiebt.

Aus Wackernagels reicher Sammlung nenne ich nur, indem ich für die anderen Belege auf ihn verweise, Πρατοτίμω ἠμὶ τᾶς Παφίας τᾶς ἱερῆϝος (Kypros). [Π]όμπιός εἰμι τοῦ Δημοκράτους (Samos). τᾶς Ἥρας ἱαρός ἠμι τᾶς ἐν πεδίῳ (Unteritalien, achäische Kolonie).

Aus meiner Sammlung füge ich noch hinzu: Aus Korinth [Π]οτΕδᾶνός Ἐμ' ἄϙοιτις Collitz 3119 g. Aus Amorgos Δημαινέτης εἰμὶ μνῆμα τῆς Λαμπσαγόρεω 5352. Aus Naxos [τ]οῦ ἀϝτοῦ λίθου εἰμὶ ἀνδριὰς καὶ τὸ σφέλας 5421, archaisch. Aus Milet Χάρης εἰμὶ ὁ Κλείσιος Τειχιούσ(σ)ης ἀρχός 5507. Μητροδώρου εἰμ[ὶ] σῆμα τὠπολλωνίδεω Μιλησίου 5513. Aus Theodosia in Kleinasien Εὐθυμίης (εἰ)μὶ ἡ κύλιξ 5579. Aus Argolis [τοῦ] ἥρο[ό]ς ἠμ[ι τ]οῦ Λυκόφρονος 3304. Aus Kyme Ταταίης εἰμὶ λήϙυθος ('Ölflasche') 5267. Aus Lindos auf Rhodos Ἰμασ(σ)αὼλ(λ)ας ἠμὶ τᾶς Ἀπολ(λ)ωνίδα 4223. Aus Kamiros auf Rhodos Εὐθυ[τ]ίδα ἠμὶ λέσχα τοῦ Πραξσιόδου τοὐφύλου τοὐφυλίδα (= τοῦ Εὐφύλου τοῦ Εὐφυλίδα) 4127 a. Aus Akragas auf Rhodos ... — διός ἠμι τᾶς Ἀνχεμάχου 4253. Aus Sicilien in einem iambischen Trimeter τᾶς Ηαγία θυγατρός εἰμι Καπρογόνου 5241 (achäisch). Aus Attika Ἐλεφαντίδος εἰμὶ ἱερός 4[2] 492 b. στήλη εἰμὶ θανόντος Ἀριστομάχου CIA 2[4], 467 a A und B. S. 156. Aus Kebrene (kleinasiatische Küste) σ[τάλα ἐ]πὶ Σθενείαι ἔμμι τῶ ... 307. Vgl. Hoffmann II 132.

§ 48. Andere Verba in derselben Mittelstellung auf Inschriften. Zum Beweise dafür, daß gelegentlich auch andere Verba in den Inschriften auf gleiche Art Mittelstellung aufweisen, nennt Wackernagel S. 433 a. a. O. aus Attika Κλεισθένης ἐχορήγει Αὐτοκράτους CIA 4², 337 a. Ἀκαμαντὶς ἐνίκα φυλή. CIG. 7806. Und etwas anderer Art ἐν τήπιάροι κ' ἐνέχοιτο τοῖ 'νταῦτ' ἐργαμμένοι in Elis IGA 110, 9.

Ich nenne noch ergänzend: Τηλεφάνης ηὔλει Μεγαρεύς CIA 2³, 1248. [Σ]ωτίων ἐγραμμάτευεν Ἐ[λευσί]νιος 2¹, 22. φυλὴ ἐνίκα Ἀτταλίς 2¹, 445. φ[υ]λὴ ἐνίκα Αἰγ[ε]ὶς ... ibid. τάγμα ἐνίκα τὸ Ὁμίλου ibid. [Κ]ρωπίδης κατέλαβε [ἀ]νασάξιμον μέταλλον Ἀφιδμαῖος 2⁵, 1078 b. Diese Belege sämtlich aus Attika. Aus Magnesia φυλὴ προήδρευε Ἱστιάς Collitz $5735_{4/5}$.

Schließlich darf man auch hierher stellen die Grabinschrift aus Attika: ἐνθάδε Ἀρίστυλλα κεῖται παῖς Ἀρίσστωνός τε καὶ Ῥοδίλλης σώφρων γ' ὦ θύγατερ. CIA 2⁴, 491, 30 "ungelenke, noch durch keine feste Regel gebundene Schrift", also alt.

§ 49. Endstellung des Verbs in Weih- und Künstlerinschriften bei der Wortfolge Subjekt — Zusatz zum Subjekt — Verb. Jene Mittelstellung des Verbs ist in Sätzen der genannten Art aber nicht allein herrschend. Es findet sich darin auch Endstellung des Verbs, und zwar auch schon in alter Zeit. Wackernagel selbst bemerkt IF 1 S. 434, daß es auf den attischen Weihinschriften zahlreiche Gegenbeispiele (mit Endstellung des Verbs) gibt. O. Hoffmann, Griech. Dialekte I S. 324 hat dasselbe für die kyprischen Weih- und Grabinschriften festgestellt. Wir müssen hier, da es keine Sammlungen für die Endstellung gibt, möglichst viele Belege anführen, um zu beweisen, daß auch die Endstellung des Verbs in jenen Sätzen sehr häufig ist. Aus Attika: Φαῖδρο[ς Π]ροθυ ... Κεφαλῆθεν ἀνέθ[ηκ]εν CIA 2⁴, 373, 270. [Κα]λλίας Καλλίου Πλωθ[εεὺς] ἀνέθηκεν 2⁵, 1561 c. Ἀρτ[έμ]ων Πλωθεεὺς ἀνέθηκεν 2⁵, 1561 d. [Π]ολύ[στ]ρα[τος . .] υἱό[υ Πτ]ε[λεά]σιο[ς ἀ]ν[έ]θηκε 2⁵, 1620 k. Εὐθύδικος ὁ [Θ]αλιάρχου ἀνέθηκεν 2⁴, 373, 118. Πυθαϊστὴς Πεισικράτης Ἀκροτίμου ἀνέθηκεν 2⁵, 1190 b. Ἀντίφιλον Θεοδώρου Λεωνίκη ἡ μήτηρ ἀνέθηκεν 2⁵, 1401 b. Καλλίας Ἱππονίκου ἀνέθηκ[ε]ν 1, 392 cf. Die Dittenberger, sylloge² 1, 12. Καρνεάδην Ἀζηνιέα Ἄτταλος καὶ Ἀριαράθης Συπαλήττι[οι] ἀνέθηκαν ibid. 1, 298. Aus Megara Καλλίστιον ἁ μάτηρ ἀνέθηκεν Collitz 3032. Aus Epidauros Διόδωρος, Νικομένης, Λάκριτος, Ἀρίσταρχος ἱερομνάμονες ἀνέθηκαν 3328. Aus Kyrene [Φι]λῖνος Φιλίνου ἱαριτεύων ἀνέθηκε 4841. Ἀρίσταρχος Θ[ε]υχρήστω ἱαριτεύων ἀνέθηκε 4843. Aus Achaia [Πραξίας] Εὐδόκ[ου Δε]λφὸς ἀνέθηκε 2961. Aus Dodona Τερψικλῆς τῶι Δὶ Ναίωι ῥαψωιδὸς ἀνέθηκε 5786. Aus Thessalien Τολεμαῖος Λεόντιος ὀνέθεικε Hoffmann II 23 b. ... (ε)ιλ(ε ...) Προμαχίε[ιος] ὀνέθεικε II 25. Πε[τ]θάλα (Σ)κορδεία ἀνέθηκεν II 31. Λεωνίδας Κεφαλίνειος ἀνέθηκε Collitz 329. Πετραιονίκα Δερδαία ἀνέθηκεν 336. Aus Keos Ἀρέτη Καλλίππου θυγάτηρ Ἀθηναίηι ἀνέθηκεν 5410. Κλειογένης Κυδιγένεος Ἱστίηι ἀνέθηκεν 5402. Aus Samos Ἡραγόρης ὁ Ἡραγόρεω ἀνέθηκε 5709. Aus Milet οἱ Ἀναξιμάνδρου παῖδες τοῦ Μανδρομάχ[ου ἀνέ]θεσαν 5505.

Auch 'ποιεῖν' steht am Ende. Aus Attika Καϊκοσθέτης Δίης Θριάσιοι ἐπόησαν CIA 2[5], 1406 b 5 [Εὔ]χειρ [κ]αὶ [Εὔ]χειρ [κ]αὶ Εὐβουλίδης Κρωπίδαι ἐποίησ[α]ν 2[5] 1642 b. Εὔχειρ καὶ Εὐβουλίδης Κρωπίδαι ἐποίησαν 2[3], 1642. Εὔχειρ καὶ Εὐβουλίδης Ἀθηναῖοι ἐποίησαν 2[3], 1643. Εὐβουλίδης Εὔχειρος Κρωπίδης ἐπόησεν 2[3], 1644, 1645, 1646. [Φίλ]ων ούνπορίωνος [ἐποίη]σεν 2[4], 373, 103 S. 182. Aus Kreta Δαμοκράτης Ἀριστομ[ή]δ[εο]ς Ἰτάνιος ἔποικος ἐ[ποίησε] Collitz 5048. Aus Rhodos Πλούταρχος Ἡλιοδώρου Ῥόδιος ἐποίησε 3822. Vgl. 3793. Πυθόκριτος Τιμοχάριος Ῥόδιος ἐποίησε 3824 b. 4174. Δημήτριος Ἡλιοδώρο[υ] Ῥόδιος ἐποίησε 4162. Τιμόχαρις Ἐλευθερναῖος ἐποίησε 4173. Μνασίτιμος Τελέσωνος Ῥόδιος ἐποίησε 4175. Μνασίτιμος καὶ Τελέσων Ῥόδιοι ἐποίησαν 4176 a. Φύλης Ἁλικαρνασσεὺς ἐποίησε 3812 und 4177. Σῖμος Θεμιστοκράτεος Σαλαμίνιος ἐποίησε 3805. Σῖμος Ὀλύνθιος ἐποίησε 3810. Ἀρχέστρατος Ἀθηναῖος ἐποίησε 3797. Ὀνασιφῶν Κλειωναίου Σαλαμίνιος ἐποίησεν 3798. [Φύλ]λης Πολυγνώτου Ἁλικαρνασσεὺς εὐεργέτας ἐποίησε 3827. Aus Astypalaia Ἀνδραγόρας Ἀριστείδα Ῥόδιος ἐποίει 3465. Τιμόχαρις Ἐλευθερναῖος ἐποίησε 3477 (= Rhodos 4173). Aus Knidos Ζηνόδοτος Μενίππου Κνίδιος ἐποίησε 3511, 3512. Ἐπικράτης Ἀπολλων(ί)ου ἐποίησε 3513. Aus Thera 4759 vgl. 3805 in Rhodos. Ηερμότιμος Λυκείου ἐ[πο]ίει 4729. Aus Melos Πολιάνδης Σωκράτευς ἐποίησε 4883. Σιμίας Πυθοκρίτου Ῥόδιος ἐποίησε 4270. Aus Samos Θεμιστοκλῆς Ξενοκράτου ἐποίει 5712. Aus Sparta Ἀπελλέας Καλλικλέους ἐπόησε 4418. Aus Megara Εὔχειρ Ἀθηναῖος ἐποίησεν 3017. ... κλῆς Καλλικράτεος Μεγαλοπολίτας ἐποίησε 3017 a. Aus Leuktra (Böotien) Πραξιτέλης Ἀθηναῖος ἐπόησε 855. Aus Elis [Γλαυκί]αι με Κάλων γενε[ᾶι F]αλεῖ[ο]ρ ἐποίη 1169. Aus Anaphe Ἄλκιππος Πάριος ἐ[π]οίησεν 3447. Aus Aigina Γλαυκίας Αἰγινάτας ἐ[π]οίησε 3410. Aus Hermione Θεόδωρος Πόρου Ἀθηναῖος ἐποίησε 3392. Aus Argolis Διόδωρος Ἑρματτίου Ἀθηναῖο[ς ἐποίησεν] 3300. Καλλικράτης Ἀριστέος Ἀργεῖος ἐπ[όησε]ν 3285. Aus Delos Δαμόστρατος Δαμοστράτου Ἀθηναῖος ἐποίει Dittenberger sylloge[1] 239. Φιλότεχνος Ἡρώδου Σάμιος ἐποίει syll.[1] 244 (fehlen in 2. Aufl.). Aus Pergamon Μηνόφιλος Μηνογένους ἐποίει syll.[1] 263. Aus Olympien Ἀνδρέας καὶ Ἀριστόμαχος Ἀργεῖοι ἐποίησαν syll.[2] 301.

Aus Ephesos noch mit ungewöhnlicher Voranstellung des Namens des Vaters Πατροκλέος Δαίδαλος ἐργάσατο 5603. Aus Rhodos noch Βότρυς Λευκανὰς ἐχαλκούργησε 3826.

§ 50. εἰμί in ähnlichen Sätzen am Ende. Aus Kypros τᾶς θεῶ τᾶς Παφίας ἠμί Hoffmann I 57, vgl. auch 60, 61. Ὀναίων Νασιώταυ ἠμί 71. Φιλοκύπρας ἁ Τιμορώμω γυνά ἠμι 72. Τιμαγόραυ τῶ Τιμοκρέτεός ἠμι 82. Νίκα ΠρώτιFός ἠμι 87. Τίμος Τιμαγόραυ παῖς ἠμι 90. Γιλ(λ)ίκαFος τῶ Μαράκαυ ἠμί 90. Θεοδώρων τῶ Θεοτίμων ἠμί 117. Aus Elis Ἰαρὸς τῶ Διός ἠμι Collitz 1148. Aus Achaia τᾶς θεῶ τ(ᾶ)ς Παιδός ἠμι 1648. Ἀπόλλωνος Λυκαίου ἠμί 1644. Aus Attika wieder mit ungewöhnlicher Voranstellung des Namens des Vaters τοῦ Εὐθυμάχου, Ναυσιστράτου εἰμί = 'filii Euthymachi, Nausistrati sum' CIA 2[4], 4771. Hier ist aber die Mittelstellung häufiger.

§ 51. Endstellung des Verbs in Inschriften, die über die Chorausstattung berichten, und in den Datierungssätzen der Volksbeschlüsse bei der Wortfolge Subjekt — Zusatz zum Subjekt — Verb. Die Kategorie φυλὴ ἐνίκα Ἀτταλίς, Σωτίων ἐγραμμάτευεν Ἐλευσίνιος bot nur wenige Belege für die Mittelstellung des Verbs. Die Endstellung ist in diesen Satzarten weit häufiger.

Belege aus Attika: Μόσχος Θεστίου Κ[υ]δ[αθηναεὺς ἐγραμμάτ]ευε CIA 2[1], 50. Χαρικλῆς Λευκονοεὺς ἐπεστά[τ]ει 2[1], 55. [Ν]ικόξενος Νικοκλέους Χολλήδης ἐγραμμάτευε 2[1], 82. Ὀνήσιππο[ς] Ἀραφήνιος ἐγραμμάτευεν 116. Λυσιάδης Ἀθηναῖος ἐδίδασκε, Λυσικράτης Λυσιθείδου Κικωνεὺς ἐχορήγει 2[3], 1242. Μενετέλης Μένητος Ἀναγυράσιος ἐχορήγει 2[3], 1249. Νικοκλῆς Ἀμβρακιώτης ηὔλει, Λύσιππος Ἀρκὰς ἐδίδασκε 2[3], 1292. Θέων Θηβαῖος ἦρχεν, Πρόνομος Θηβαῖος ἐδίδασκε 2[3], 1292. Κηφισοφῶν Παιανιεὺς ἐγραμμάτευε 2[5], 1b. Πολύμνις Εὐωνυμεὺς ἐγραμμάτευε, Νικοφῶν Ἀθηναῖος ἐπεστάτει 2[5], 1b. [Χ]είλων Κηφισι[εὺς ἐπ]ε[στάτ]ει, [Ν]έω[ν

Ἀ]λ[α]ιεὺς ἐγραμμάτ[ευε] 2^5, 14 c. Παράμυθος Ὀτρυν[εὺς ἐπεστά]τει, Μόσχος Θεστίου Κυδαθηνα[ιεὺ]ς ἐγ[ραμμάτευεν] 2^5, 49 d. Θουδαίτης Διομειεὺς ἐγραμ[μάτευε]. Νικόστρατος Παλληνεὺς ἐγραμμάτευε, Φιλίττιος Βουτάδης ἐπεστάτει 2^5, 54 b. Χαιρ[ί]ων Χαριναύ[τ]ου Φαληρεὺ[ς] ἐγραμμάτευεν, Ἄρχιππος Ἀμφ[ι]τροπῆθε[ν] ἐπεστάτει 2^5, 59 b. Ἀντίδοτος Ἀπολλοδώρου Συφαλήττιος εἶπεν 2^1, 168. Λυκο(ῦ)ργος Λυκόφρονος Βουτάδης εἶπεν ibid. [Φιλο]κτήμων Χρέμητο[ς] εἶπεν 2^1, 579. Πολυκλείδης ἐκ Κεραμέων εἶπεν 2^1, 603. Ἀμυνόμαχος Φιλοκράτου Βατῆθεν εἶπεν 2^1, 602. Λυσίστρατος Φιλαρχίδου Οἰναῖος εἶπεν und Διονύσιος Θεοφίλου Ἐλαιούσιος εἶπεν 2^5, 385 c. Δημοκράτης Σουνιεύς Κολωνῆθεν εἶπεν 2^5, 385 d. Καλλίμαχος Φαίδρου Ξυπεταιὼν εἶπεν 2^5, 458 b. Ξενοκράτης Ξενοκράτου Ἐλευσίνιος εἶπεν 477 c 30. Καλλικράτης Αἰξωνεὺς εἶπεν 563 b. Τιμοκήδης Γνάθιδος εἶπεν 574 g. Χαιρέδημος Ἐπιχαρίνου Κολωνῆθεν εἶπεν 591 b. Θρασυφῶν Ἱεροκλείδου Ξυπεταιὼν εἶπεν 597 c. Ἀριστόδημος Διονυσίου εἶπεν 616 b. Ὀνησίκριτος Διοκλέους Πειραιεὺς εἶπεν 624 b. Belege dieser Art können leicht vermehrt werden. Aus Böotien Φαεινὸς Πούθωνος ἔλεξε Collitz 380, wobei ἔλεξε statt εἶπε bekanntlich spezivisch böotisch ist. Καφισόδωρος Διωνυσίω ἔλεξε 488 E 110 f. Ἀθανόδωρος Ἵππωνος ἔλεξε 488 F 143. Ἀντίμαχος Ἀθανοδώρω ἔλ[ε]ξε 495. Ἐπιχαρίδας Φύλλιος ἔλεξε 936. Ἀπολλόδωρος Καφισίαο ἔλεξε 937. Μειλίων Ἀφροδίτω ἔλεξε 938. (Σ)μίκρων Πλουτίνω ἔλεξε 941. Ἀθάνιχος Δωροθίω ἔλεξε 447. Εὔνοστος Μελίτωνος ἔλεξε 951. Θιόπομπος Εὐνόμω ἔλεξε 952. Πούρρος Ἑρματένιος ἔλεξε 953. Vgl. noch 956, 747 d (S. 399), 747 e, 956 a, b, c. Aus Euboia [Μ]ικίων Χοιρῆθεν Κίκου εἶπ[εν] Collitz 5309. Ἐξήκεστος Διοδώρου εἶπεν 5315. Aus Kos Διαγόρας Κλευχίου εἶπε 3613. Πολύαρχος Στασίλα εἶπε 3614. Aus Kalymna Στρατόνικος Δι[ο]τίμου εἶπε 3557. Ἀριστόφιλος Ἀριστοδώρου εἶπε 3569. Ἀπολλωνίδας Σύρωνος εἶπεν 3570. Θεύπομπος Θηβάδα εἶπεν 3577 a. Βλόσων Σωσαγγέλου εἶπεν 3577 b. Aus Rhodos Ἐπίνικος Εὐκλε[ῦ]ς Κυρασσεὺς εἶπε 3751. Aus Amorgos [Σωτ]ηρίδης Φείδιος Κοσσυλίτης [ἐπ]εστάτει, Φιλόξενος Φιλοθέμιος [Ἀ]λσίτης εἶπεν 5364. Ἐπίγονος Ἐπιγόνου εἶπεν, Νικίων Φιλοκράτου ἐπεστάτει 5366. Ἀντήνωρ Εὐήνορος Ἀλσίτης εἶπεν, Φανόδημος Φιλοκλέος Φημιοικίτης ἐπεστάτει 5368. Aus Magnesia (Kleinasien) Κλεάναξ Λεόντιος εἶπεν 5739. Aus Ephesos Ἀρτέμων Μητρᾶδος εἶπεν 5590. Βρόταχος Πλάτωνος εἶπεν 5592.

Daß in diesen Fällen das Subjekt Anfangsstellung hat und das Verb Endstellung, ist erklärlich. Die gewöhnliche Stellung der Verba des Sagens war die Anfangsstellung; das Subjekt stand nach. Sollte nun aber das Subjekt hervorgehoben werden, so mußte es die außergewöhnliche Stellung einnehmen, d. h. es mußte an den Satzanfang treten. Daß es bei jenen Datierungen auf das Subjekt, das ja den Namen enthielt, ankam, ist klar. Das Verb war unbetont.

Anmerkung. Tritt in den in diesem Paragraphen erörterten Sätzen eine Zeitbestimmung voran, so bleibt natürlich die Wortfolge Subjekt — Prädikat unverändert. Häufig sind die Belege nicht. Z. B. aus Böotien Ἀριστοδάμω Μνασιγενείω ἄρχοντος Ἔνδικος Θίωνος ἔλεξε 493. [ἐπὶ Φ]αείνω ἄρχοντος τῶ πέμπτω μεινὸς Πανάμω Ἀντίσων Ἀριστον[ίκ]ω [ἔλ]εξε 807. ἐπὶ Μαχάνω ἄρχοντος μεινὸς Πανάμω Τορτέας Φαείν[ω] ἔλεξε 808.

§ 52. πρυτανεύειν in attischen Inschriften in Endstellung. Hier soll kurz ein besonderer Fall erwähnt werden. War in attischen Inschriften ἐπρυτάνευε Prädikatsverbum und eine Phyle Subjekt, so stand das Verb regelmäßig am Ende und das die Phyle bezeichnende Adjektivum als Subjekt am Anfang. φυλή selbst aber ließ man fort, so daß also eine Ellipse vorlag. Das Wichtigste im Satze war natürlich der Name der Phyle, d. h. das Subjekt, weshalb dieses an den Anfang trat. Über die Fälle, in denen ein anderes Verb als ἐπρυτάνευε das Prädikat bildete und φυλή doch Subjekt war, vgl. § 48. Belege: Ἀκαμαντὶς ἐπρυ[τάνευε . . .] CIA 1, 56 a. Ἱπποθωντὶς ἐπρυτάνευε 2[5], 85 b. Ἱπποθωντὶ[ς ἐπρυτάνε]υε 1, 59. Ἐρεχθηὶς ἐπρ[υτάνευε] 1, 40. Πανδονὶς ἐπρυτάνευε 2[5], 1 d, 5 d. Ἀκαμαντὶς ἐπρυτάνευε 2[5], 11 e, 50 b. Κεκροπὶς ἐπρυτάνευε 2[5], 1 b. Αἰαντὶς ἐπρυτάνευεν 2[5], 54 b. Λ[ε]ωντὶς ἐπρυτάνευεν 2[5], 59 b. Λεωντὶ[ς ἐπρυτ]άνευεν 2[1], 17 b, S. 398. Αἰγ[ηὶς ἐπρυ]τάνευεν 2[1], 109. — ὶς ἐπρυτάνευε 2[4], 22 c.

§ 53. Das Verhältnis der Stellungstypen Subjekt — Verb — Subjektszusatz und Subjekt — Subjektszusatz — Verb zu einander. Fragen wir nun einmal darnach, welche Stellung in den § 46 ff. behandelten Satzarten die ältere ist. Hat die Mittelstellung des Verbs in Sätzen wie Πύρρος ἐποίησεν Ἀθηναῖος oder die Endstellung in Ἀρχέστρατος Ἀθηναῖος ἐποίησε als solche zu gelten?

W. Schulze hat bereits in der Rezension von Meisters griech. Dialekten, Berliner philolog. Wochenschrift 1890, S. 1472 bemerkt, daß er die Mittelstellung des Verbs in Sätzen wie Πύρρος ἐποίησεν Ἀθηναῖος für urindogermanisch in Anspruch nimmt, da sie Parallelen im Lateinischen, Indischen und spurweise im altgermanischen Epos hat. Wackernagel stimmt Schulze IF. 1, 434 bei. Delbrück, Grundriß 5, S. 65 f. dagegen hält die Mittelstellung des Verbs in jenen griechischen Sätzen nicht für altererbt, erstens einmal, weil ja, wie auch wir durch die Belege gezeigt haben, die Endstellung daneben vorkommt, und zweitens, weil er die Gleichheit der griechischen Sätze Πύρρος ἐποίησεν Ἀθηναῖος, τᾶς θεῶ ἠμι τᾶς Παφίας mit altindischen Sätzen wie *sá hōvāca yajñavalkyaḥ* nicht anerkennen kann. Auch muß nach seiner Ansicht berücksichtigt werden, daß "ein Sondertypus nicht als allgemeine Norm gelten darf".

Ich stimme Schulze und Wackernagel bei und möchte Delbrücks Einwendungen folgendes entgegen halten. Zunächst dürfen wir uns nicht darüber wundern, daß die altindischen und griechischen Sätze, in denen die Mittelstellung des Verbs in der Art bezeugt ist, daß es zwei nach unserer Auffassung eng zusammengehörige Satzteile trennt, inhaltlich so verschieden sind. Es wäre doch wohl denkbar, daß sich jene uralte Stellungsgewohnheit in die beiden Einzelsprachen hinein in je einer festen, der betr. Einzelsprache sehr geläufigen und so stereotyp gewordenen Satzwendung erhalten hat: das gilt für das Griechische betreffs der Weih- und Künstlerinschriften, für das Altindische in Sätzen, in welchen ein Verbum des Sagens das Prädikat bildet. Den griechischen Weihinschriften ähnliche existieren in der altindischen Überlieferung nicht. Zweitens muß bemerkt werden, daß die Mittelstellung des Verbs im Griechischen sich doch auf inhaltlich verschiedene Satztypen erstreckt. Wir haben aus der Sprache der Inschriften zu den von Wackernagel beigebrachten Belegen noch einige verschiedenen Inhaltes hinzugefügt; wir haben aber auch gelegentlich bereits aus der Literatur (Herodot, Thucydides) für die gleichartige Mittelstellung des Verbs Belege angeführt. Und wenn auch schon in älterer Zeit auf den griechischen Inschriften die Endstellung daneben vorkommt, so gilt dies besonders bei den mit εἰμί gebildeten Sätzen in reichlicherem Maße nur für den kyprischen Dialekt. Wie unsere Belege (die von Wackernagel natürlich miteingerechnet) und Gegenbelege zeigen, stimmen besonders bei dem εἰμί-Typus für die anderen Gegenden Wackernagels Worte a. a. O. S. 434 "aber sehr mächtig und zu gewissen Zeiten und in gewissen Gegenden entschieden vorherrschend war diese Gewohnheit (der Mittelstellung) doch". Schließlich läßt es sich in der einfachen, von rhetorischem Schmuck noch gänzlich freien Sprache dieser kurzen Inschriften eher verstehen, wie etwa aus einem Πύρρος ἐποίησεν Ἀθηναῖος ein Πύρρος Ἀθηναῖος ἐποίησεν wurde als umgekehrt. Der Trieb, grammatisch und logisch Zusammengehöriges auch zusammenzustellen, der ja auch in der

Entwickelung anderer Sprachen eine Rolle spielt, vielleicht in zweiter Linie auch der Einfluß des Satztypus Πύρρος ἐποίησεν mit Endstellung des Verbs wird bewirkt haben, daß man auch Πύρρος Ἀθηναῖος ἐποίησεν sagen konnte. Die Mittelstellung des Verbs in Πύρρος ἐποίησεν Ἀθηναῖος darf so jedenfalls als die ältere gelten. Denn es dürfte unverständlich sein, wie Πύρρος Ἀθηναῖος ἐποίησεν nachträglich durch Auseinanderreißen des Zusammengehörigen und auch Zusammengestellten zu Πύρρος ἐποίησεν Ἀθηναῖος werden sollte. Diese Mittelstellung des Verbs darf aber auch als urindogermanisch gelten. Über die gleichartige Mittelstellung in lateinischen Inschriften siehe § 60, in altnordischen § 62, S. 99.

§ 54. Das Verbum in Weihinschriften in Mittelstellung bei der Wortfolge Subjekt — Verb — Dativobjekt. Das Verbum kann nun ferner in Sätzen wie Σώστρατος ἀνέθηκεν dadurch in Mittelstellung gelangen, daß der Dativ dessen, dem man weiht, angefügt wird. Indessen sei ausdrücklich bemerkt, daß das Dativobjekt auch vor dem Verb stehen kann, und zwar am Satzanfang, wenn man den, welchen man weiht, hervorheben will, nach dem Subjekt, wenn der Weihende stärker betont ist. Dafür sind Belege schon § 49 angeführt, weil das Verb ja auf diese Weise in Endstellung blieb. Das Akkusativobjekt weist verschiedene Stellung auf. Da es uns hier auf die Stellung des Verbs ankommt, lassen wir diese letztere Frage unberührt. Die Wortfolge der uns hier angehenden Satzteile ist also: Subjekt — Prädikat — Dativobjekt.

Belege aus Attika: Λυσίας ἀνέθηκεν Ἀθηναίᾳ ἀπαρχήν CIA 2^4, 373, 77a. Εὐαρχὶς ἀνέθηκεν δεκάτην Ἀθηναίᾳ 77b. [ὁ δεῖνα ἀνέ]θηκεν Ἀθηναίᾳ πολιούχω[ι] 373, 95. Κιρίας ἀνέθηκεν [. . . τῇ Ἀθηναί]αι 373, 11. . . . μ' ἀνέθηκεν δεκάτην Ἀθηναίᾳ 373, 120. . . . ν ἀνέθ[η]κεν τἀθ[ηναίᾳ . . .] 373, 123. Αἰσχίνης Χαρίας ἀνέθηκεν τἀθηναίᾳ ἀπαρχήν 373, 180. Κάλ(λ)ις δεκάτην ἀνέθηκεν Ἀθηναίᾳ 373, 197. Ἀριστίων καὶ Πασίας ἀνεθέ[τη]ν τῇ Ἀθηναίᾳ ἀπαρχήν 373, 3. S. 179. Cf. 2^4 S. 194. Σμῖκρος ἀνέθηκεν τῇ Ἀθηνάᾳ 373, 12c. . . . ἀνέθηκ]εν ἀπαρχὴ(ν) ἔργων Ἀθηναία(ι) 373, 12b. . . . φ]ῶν μ' ἀνέθηκεν ἄ(γ)αλμα τἀθηναία[ι] 373, 12h. [Ε]ὐάγγελός με ἀνέ[θ]ηκεν τῇ Ἀθηναίᾳ 373, 246. Τεισικλέης δεκάτην [ἀνέθ]η[κ]εν Ἀθηναία[ι] 373, 248. Vgl. 373, 251. Ἐμπεδία δεκάτην ἀνέθηκεν [τῇ]ι Ἀθ[η]να[ί]ᾳ 373, 257. Τηλεφάνης ἀνέθηκε Πανὶ καὶ Νύ[μ]φαις 2^3, 1562. [Στράτων Στ]ρατοκλέους Λακιά[δης ἀνέθη]κεν Ἡρακλεῖ

1563. Κτησίας Εὐκτήμονος ἀνέθηκεν τῷ Ἀπόλλωνι [δ]ε[κ]άτην 1596. ἡ βουλὴ ἡ ἐπὶ Διονυσίου ἄρχοντος ἀνέθηκεν Ἀφροδίτει ἡγεμόνει τοῦ δήμου καὶ Χάρισιν 2[5], 1161 b. Πυθαισταὶ ἀνέθεσαν τῷ Ἀπόλλωνι 2[5], 1190 c. ἐπιμεληταὶ τῆς ἐ[πισκευῆ]ς τοῦ ἀγάλματο[ς ἀνέ]θεσαν τῷ Διον[ύσῳ] 2[4], 1211. ... Π]αιαν[ιεὺς ἀνέθ]ηκεν Διὶ Πολιε[ῖ] 2[4], 1550 b. Aus Kypros Τιμόκυπρος ὁ Τιμοκρέτεος ἐπέστασε Γιλ(λ)ίκαϝι τῶι κασιγνήτωι Hoffmann I 76. Ähnlich Τάρβας ὁ ... [ἐπίβα]σιν τῶ σπῆος τῶ[δε ἔκερσε] κὰς κατεσκεύϝασε Ἀ[πόλλω]νι Ὑλάται I 98. Τάρβας ὁ ... ὁ ... ἐπίβασιν τῶ σπῆος τῶδε [ἔ]κερσε Ἀπόλ(λ)ωνι Ὑλάται I 99. Ὁ Πάφωβα [σιλεὺς Νι]κοκλέϝης, ὁ ἰερεὺ[ς] τᾶς ϝανάσ(σ)ας ὁ βασι[λῆος Τιμά]ρχω ἶνις, τὰς ... ας κατέσ[τασε τᾶ]ι θεῶι τᾶ ... I 102. Ὁ Πάφω βασιλεὺς Νικοκλέϝης, ὁ ἱερεὺς τᾶς ϝανάσ(σ)ας, ὁ βασιλῆος Τιμάρχω ἶνις, κατέστασε τᾶι θεῶι I 105. ... ὀνέθη]κε τόδε Ἀπόλ(λ)ωνι ... I 114. Vgl. auch 115. Ἄγης κατέθηκε τᾶι θεῶι τᾶι Γολγίαι I 136. Ἔκοτος κατέστασε τῶι θιῶι τ' Ἀ(μ)φιδεξίωι I 137. Ὀνασίωρο Ἀ ... ὀνέθηκε τῶι θι[ῶι] τῶ Ἀπόλ(λ)ωνι I 150. [Τί]μαλκος ... ἀνέθηκε Ἀπόλ(λ)ωνι I 152. ... μ' ἀ[νέ]θηκαν τῶ Ἀπόλλωνι I 163. Ἥρως ἔθηκε Ἀπόλ(λ)ωνι I 165. Aus Thessalien Χόριλλος Μενεκράτειος ἀνέθηκε Ἀσκληπιῶι Collitz 329. Πιθαιοὺ μάτηρ μνᾶμα ἀνέθηκε Ἀγησίαι πολλ' ἐποδυρομένη 355. ... Αὐτόνειος ὀνέθεικε το[ῦ] Ποτειδ[ᾶ]νι πὲρ τοῖ πα[ι]δ[ὸ]ς Αὐτονόο[ι] 346. ... ς Ὀρεστάδα ὀνέθηκε τᾶι Θεμίσσα[ι] 370. Ähnlich Κάμουν ἔθυσε τᾶι Κόρϝαι 373. Aus Naukratis Νέαρχός μ' ἐκά[θθηκε το]ῖς Δ[ιοσκόρροισι] Hoffmann II 164 d. Aus Boötien Ἀντιγενὶς ἀνέθεικε Διονύσωι Collitz 415. Νέων ϝασκώ[νδαο] ἀγωνοθετεί[σας] τὰ Βασίλεια τὸ ἐληοχριο[τείριον] ἀνέθεικε τοῖ [Διὶ] τοῖ βασιλε[ῖι] κ[ὴ τῆ] πόλι 422. Κορφινάδα[ς] ἀνέθεικε τοῖ Ἑρμᾶ[ι] 770. ... ἀνέθειαν τᾶε Δάματρι 861. Χάρεις ἔδωκε Εὐπλοίωνί με 1131. Ähnlich Ἀριστοτέλεις ὀπ[τ]ατείρ, Πουθογίτ[ων] μάγει[ρος, ἐ]θοίν[α]ξαν τοῖς θεοῖς 722. Aus Epirus Πολυξένα τά γεν ἀντίθητι τοῖ Διὶ καὶ χρήματα 1369. Σώταιρος ἀνέθηκε Διὶ Ναίωι 1373. Ferner Εὔφαμος καὶ τοὶ συνδαμιοργοὶ ἀνέθηκαν τῶι Ἥρωι 1480. Οἰνιάδας καὶ Εὐκέλαδος καὶ Χείμαρος ἀνέθηκαν τῶι θεῶι 1485. Aus Megara [τ]οίδε ἀπὸ λα[ία]ς τὰν δεκάτα[ν] ἀνέθηκαν Ἀθ[ά]ναι 3001. Aus Korinth Σιμών μ' ἀνέθηκε ΠοτΕδάϝων[ι ἄνακτι] 3119 a, vgl. auch b, im ganzen achtmal, indem aber der Name sonst nicht erhalten ist (einmal -ων μ' ἀνέθηκε ΠοτΕδᾶνι ϝάν[ακτι]). Φλέβων μ' ἀνέθηκε ΠοτΕδᾶν[ι] 3119 d 9. Aus Sikyon Ἐπαίνετός μ' ἔδωκεν Χαρόπωι 3164. Aus Argos τάργ[εῖ]οι ἀνέθεν τῶι Διϝὶ τῶι Ϙορινθόθεν 3263. Vgl. 3281. Aus Hermione 3382 und 3383 die schon § 46 genannt sind. Aus Astypalaia Ἀγαθοκλῆς Θευγέ[νεος] ἀνέθηκε τὸν ναό[ν] καὶ τὰ ἀγάλμα[τα] Σαράπιδι Ἴσιδ[ι] 3479. Aus Lakonien Μαχανίδας ἀνέθηκε τᾶι Ἐλευσίαι 4431. . . . [φ]άνης γεροντεύων [ἀνέ]θηκε τῶι Δελφιδίωι 4465. Καρίλος ἀνέθηκε τῶι Μαλεάται 4525. Μεν[οί]τι[ος] ἀνέθηκε τῶι Πυθαι[εῖ] 4535. Πειλιπ(π)ὶς ἀνέθηκε Ἀρτάμει 4559. Π . . [α]νθὶς ἀνέθηκε τᾶι Λιμνάτι 4600. Ηοπωρὶς ἀνέθηκε Λιμνάτι 4601. Aus Tarent σκῦλα ἀπὸ Θουρίων Ταραντῖνοι ἀνέθηκαν Διὶ Ὀλυμπίωι δεκάταν 4615. Aus Messenien Μεσσάνιοι καὶ Ναυπάκτιοι ἀνέθεν Διὶ Ὀλυμπίωι δεκάταν ἀπὸ τῶν πολεμίων 4637. Aus Sicilien Θέυλλος Πυρρία ἀνέθηκε τᾶι Μαλοφόρωι εὐ(χ)άν 5213. Μνασιθάλης ἀνέθηκε Ἀντιφάμωνι 5215. Aus Amorgos Σταφυλὶς μνῆμα ἔστησεν ἀδελφῆι Ἀλξσοῖ 5358. Aus Naxos 5508 siehe § 46. Ἱστια[ῖος ἀνέθ]ηκε τὠπόλλωνι 5509. Μιλήσιοι ἀνέθεν Ἀπόλλωνι Πυθίωι 5510. Aus Kleinasien (Σ)ατυρίων Παταίκου ἱερησάμενος [ἀ]νέθηκεν Ἀπόλλωνι Ἰητρῶι 5559. Vgl. 5560 Ἀριστονίκη Δήμητρος ἱερή, Ξενοκρίτου (θ)υγάτηρ, ὑπὲρ τῆς θυγατρὸς τῆς ἑαυτῆς Δημητρίης ἀνέθηκε Δήμητρι 5562. Wieder der Akkusativ vor dem Dativ: βασιλεὺς Ἀλέξανδρος ἀνέθηκε τὸν ναὸν Ἀθηναίηι Πολλιάδι 5583. Aus Teos 5637, 5638, 5639, die schon § 46 genannt sind. Aus Kleinasien noch Δήμαρχος Σκύθεω ἀνέθηκεν Ἀφροδίτηι Οὐρανίηι Ἀπατούρου μεδεούσηι . . . 5645. Vgl. 5646. Ἄπιος Φαναγόρεω [ἀ]νέθηκεν Ἀφροδίτηι Οὐρανίηι Ἀπατούρου μεδεούσηι . . . 5647. Μήστωρ Ἱπποσθένεος ὑπὲρ τοῦ πατρὸς ἀνέθηκε Ἀπόλλωνι ἀγωνοθετήσας . . . 5648. Κομοσαρύη, Γοργίππου θυγάτηρ, Παιρισιάδους γ[υ]νή, εὐξαμένη ἀνέθηκε ἰσχυρῶι θειῶι Σανέργει καὶ Ἀστάραι . . . 5649. Κασσαλία Πόσιος ἀνέθηκε Ἀφροδίτηι Οὐρανίηι 5650. Aus Chios [Ἴ]ων ἀνέθηκεν ἄγ[αλ]μ[α τ]ῆι Ἀθηναίηι 5665. Aus Samos Λεύκιος ἀνέθηκεν τῶι Ἀπόλ(λ)ωνι 5705. Χηραμύης μ' ἀνέθηκεν τῆρηι ἄγαλμα 5710. Adespota Κλεαίνετος Ἀριστοθέμιος Μαιάνδριος Στρατωνίδεω τὴν παλαίστρην ἀνέθηκαν Ἀπόλλωνι 5757. Ἀρχαῖος ἀν(έ)θηκεν τῇ Ἀφροδίτη[ι] 5760. Ἑρμησιφάνης μ' ἀνέθηκεν τῆφροδίτηι 5761. Vgl. auch 5758, 5759, 5765. [Χά]ρμης με ἀνέθηκε τῆφροδίτηι εὐχωλήν 5766. Vgl. 5767. Εὔαρχός με ἀνέθηκε τοῖσι Διοσκούροισιν 5788.

§ 55. Der Stellungstypus — Dativobjekt — Verb — Subjekt auf Weihinschriften. Selten ist die Stellung Dativobjekt — Verb — Subjekt also mit 'Inversion' von Subjekt und Prädikat. Das Verb bleibt in Mittelstellung. Betont ist vor allem das am Anfang stehende Dativobjekt, dann auch das Subjekt.

So aus Lakonien τῶι Ἀπέλ(λ)ωνι ἀνέθηκε Εὐώνυμος 4540. Τῶ Ὑλάται κατέστασε ἰ(ν) τύχαι Ἀριστόφα(ν)το ὁ Ἀρισταγόραυ Hoffmann I 95 in Cypros. [Π]ηριφόναι [ἀνέθη]κέ με Ξενάγατ[ος] 1486 lokrisch. Aus Samos τῶι Ἀπόλλωνι τῶι Πριηνῆί μ' ἀνέθηκεν Ἡφαιστίων 5706. τῶι Ἀπόλλωνι τὸν ναὸν ἐπεσκεύωσαν Τ[έρ]ψίων Ματροδώρου, Τιμόξενος Ματροδώρου, Μέλανθος Ἀθανοδώρου 3029.

§ 56. Der Stellungstypus Subjekt — Dativobjekt — Verb — auf Weihinschriften. Indessen kommt es, wie § 54 bereits angedeutet, auch vor, daß der Dativ vor dem Verb steht und dieses die Endstellung behält. Soviel ich sehe, ist aber diese Art nicht so gebräuchlich wie die mit Mittelstellung des Verbs und nachfolgendem Dativobjekt. Einige Belege waren schon § 46 vorweg genommen worden. Hier gebe ich eine reichlichere Zusammenstellung.

Aus Attika ... Ἀθηναίᾳ ἀνέθ[ηκεν oder -εσαν]. CIA 2[4], 418 i. [ἡ δεῖνα τοῦ δεῖνος Ἀ]χαρνέως θυγάτη[ρ] Ἀθηναίᾳ Ἐργάνῃ ἀνέθηκεν 2[4], 373, 211. Ε[ὐ]αμέρα ἱέ[ρεια] γενομένη διὰ β[ίου] ἐπὶ Μηδείου ἄρχοντος Ἀρτέμιδι ἀνέθηκεν 2[5], 1205 b. So auch in einer längeren Inschrift, deren Anfang zerstört ist ... σ[τρ]α[τηγ]ὸς [χειροτ]ο[ν]ηθεὶς ... Διὶ Σωτῆρι καὶ Ἀθ[η]νᾷ Σωτήρᾳ καὶ Θέμιδι καὶ Νεμέσει ἀνέθηκεν 2[5], 1206 b. Das Verb steht hier trotz des mehrgliedrigen, langen Dativobjekts am Ende. Ferner Φαλακρίων Ἀφροδίτει ἀνέθηκεν 2[5], 1558 e. [Ἀ]γασίων Ἀφρ[οδίτῃ] ἀνέθηκεν 2[5], 1558 f. Ἀριστόνικος Ἀριστονίκου Οἰναῖος ἱερεὺς Ἡφαίστου Δήμητρι καὶ Κόρη[ι] ἀνέθηκεν 2[3], 1203. Τετραπολέ[ε]ς τῷ Δ[ιο]νύσῳ ἀνέθεσαν 2[3], 1324. [Αἰσ]χη[τάδη]ς [Ἀ]σκληπιῷ [ἀ]νέθηκε 2[3], 1493. Χαριάδης Χαρεδήμου Παιανιεὺς Ἀσκληπιῷ ἀνέθηκεν 2[3], 1498. [ἱερ]εὺς Φορμ[ίω]ν Ἡδύλου [Ἐλ]ευσίνιος Ἀσκληπιῷ [καὶ] Ὑγιείᾳ ἀνέθηκε 1504. [Τλαι]κέτης [Γλ]αυ[κ]ίου Λα[μπρ]εὺς ἥρω[ι] Εὐρυμέδον[τ]ι ἀνέθηκεν 1516. Δημονίκη Αἰσχραίου Πιθέως θυγάτηρ Διονύσῳ ἀνέθηκεν 1567. Δωριὰς Ἀφροδίτει ἀνέ[θηκεν] 1569. [Ἱ]ππόνικος Ἱππονίκου Ἀλωπεκῆθεν Ἰάκχῳ ἀνέθηκεν 1592. Λυσικλῆς Ναυκλέους [Ἑ]ρμεῖ Φαλανθεῖ ἀνέθηκεν 1606. Μνησ[ι]κλῆς Ἐπικράτου Οἰναῖος ... Ἀμφιτ[ροπῆ]θεν Δήμητρι καὶ Κόρῃ ἀνέθηκα[ν] 1608. Aus Kypros [ὁ Σόλων βασιλ]ε[ὺς] Στασικράτ[ης ὁ βασιλ]έως [Στασίου τ]ῆι Ἀθηνᾶι ἀν[έ]θηκ[ε]. Hoffmann I 68 attischer Text. Der kyprische Text lautet: Ὁ Σόλω[ν] βασιλεὺς Στασικράτης ὁ βασιλῆος Στασίϳαυ τᾶ Ἀ[θά]ναι ἀνέθηκε. Γιλ(λ)ίκα Ὀνασιμάω τῶ Ἀπόλ(λ)ωνι τῶ Μαγιρίω ὀνέθηκε I 128. Διϳαίθεμι τῶι θεῶ τῶ Ἀπόλ(λ)ωνι Μαγιρίω ὀνέθηκε I 149. Aus Böotien Δαμοτὶς Πανὶ ἀνέθηκε Collitz 416. Πτωΐων, Μάστος τοὶ Ηισμεινίοι ἀνέθεαν 1132. Aus Elis Ὠφελίων Ἀφροδίται ἀνέθηκε 1372. Aus Lakonien [τ]οὶ Σπαρτιᾶτα[ι τῶι Δὶ Ὀλυ]νπίωι ἀν[έθεν] 4411. Μενεστικλῆς τῶ(ι) Ἀπέλ(λ)ωνι ἀ(νέθηκε) 4537. Δαμ[ασι]λὶς Ἐλευ[θ]ί[α]ι [ἀ]ν[έθ]ηκ[ε] 4584. Aus Kyrene Πολιάνθης Ἀνάξιος τὸμ πατέρα Ἄναξιν Ζευξιμάχω τῶι Ἀπόλλωνι δεκάταν ἀνέθηκε 4811. Aus Keos Κλεινογένης Κυδιγένεος Ἱστίηι ἀνέθηκεν 5402. Ἀρέτη Καλλίππου θυγάτηρ Ἀθηναίηι ἀνέθηκεν 5410. Aus Ephesos . . . Σαρδιηνὴ Ἀρτ[έμι]δι τ[ὸν] οὐδό[ν ἀνέθηκεν] 5001. Adespota: siehe 5769.

Für dieses Kapitel ist es gleichgültig, ob eine temperale Adverbialbestimmung an den Anfang tritt, wie in Attika ἐπὶ Ἀριστάρχου Κοθωκίδου ἱερέως Πολύδωρος Κορώνου Κηφισιέως Ἀσκληπιῷ ἀνέθηκε CIA 2³, 1493. Oder in Kreta [ἐπὶ] τῶν Ἐχανορέων κοσμ[ιόντων Ἡρα]κλ[ήτω] τῶ Θιοφείδιος, Πολυτίμω τῶ [Τ]ίμωνος [es folgen noch mehrere Namen] .. ἁ πόλις τὸ ἄγαλ[μα] Ἀφροδίται ἀνέθηκε Collitz 5076.

§ 57. Mittelstellung des Verbs auf Weihinschriften bei der Wortfolge Dativobjekt — Subjekt (oder Subjekt — Dativobjekt) — Verb — adverbiale Bestimmung (oder Genit. absol.) Selbst wenn der Dativ vor dem Verb steht, kann dieses doch wieder in Mittelstellung kommen, indem noch ein Zusatz irgendwelcher grammatischer Funktion hinter das Verb tritt. Das Akkusativobjekt kann sich anschließen: Ἀπόλλωνι Προστάτῃ οἱ περὶ Μᾶρκον Οὔλπιον Πύρρον Ἀρσησυάχου στρατηγοὶ Δημήτριος Ξησσαγάρου, Ζωΐλος Ἀρσάκου, Βαδάκης Ῥαδανψῶντος . . . Ἀριστίων Οὐαργαδάκου ἀνέθηκαν Νείκην χρύσεν σὺν βάσει ἀργυρέω . . . 5549, jung (Kleinasien).

Eine Adverbialbestimmung kann antreten. 1) Θουδόσιος Π[. . . εὺς] Ἀσκληπιῷ ἀ[νέθηκε] ὑπὲρ τῆς θυγα[τρὸς] Θεαν[οῦς] Attika CIA 2³, 1494. 2) Aus Kypros τῶι θεῶι τῶι Ὑλάται Ὀνασίϝοικος ὁ Στασιϝοίκων κατέστασε εὐχωλᾶ Hoffmann I 94. 3) Aus Attika Ἐρανισταὶ Διὶ Φιλίῳ ἀνέθεσαν ἐφ᾽ Ἡγησίου ἄρχοντος CIA 2³, 1330. Ἀλεξιμ[. . . Χολαργ[εὺς Ἀσκληπιῷ] ἀνέθηκ[εν ἐπὶ . . . ἱ]ερέω[ς] 2³, 1483. Vgl. auch 1492. . . οσθένης . . . . Κικυννεὺς Ἀσκ[ληπιῷ ἀνέθηκε] ἐπὶ ἱερέως Νι[κ]οστράτου Ἀφιδναίο[υ] 1511. Νεοκλῆς Θορίκιος ἀνέθηκεν Δωρίδος ἱερεωμένης 1561. Ἰλειθύᾳ Φιλουμένη Ἀμφιμάχου γυνὴ ἀνέθηκε ἐπ᾽ Ἀρχεβίας ἱερείας 1590. 4) Durch 'Spaltung' des mehrteiligen Subjekts aus Megara Ἀπόλλωνι Προστατηρίωι θεαροὶ ἀνέθηκαν Μελίδωρος Ἡροδώρου, Αἰσχύλος Εὐκλείδ[α] usw. . . ., wo θεαροὶ zu der folgenden Namenliste gehört.

Stünde es unmittelbar vor den Namen, so hätten wir die Wortfolge Dativobjekt — Prädikat — Subjekt. Die verschiedenen Zusätze sind hier nur kurz angedeutet, da ihr Prinzip bereits § 39 behandelt worden ist.

Anmerkung. Der Zusatz mit ὑπέρ tritt öfters vors Verb, so daß dieses in Endstellung bleibt. So aus Attika Ἐχέστρατος Λακιστένου Ἀχαρνεὺς ὑπὲρ τῶν παιδίων ἀν[έθηκ]εν CIA 2^3, 1499 (hier ohne Dativobjekt). ...Ἀλωπ]εκῆθε[ν . . .] Ἀσκλη[πιῷ ὑπὲρ τῶν παιδί]ων ἀνέθ[ηκε] 1510. Λυσιστράτη ὑπὲρ τῶν παιδ[ίων] Ἡρακλεῖ ἀνέθηκε 1565. [Τιμ]οθέα Ἁγνίου Ἐρχιέως γυνὴ [ὑπὲρ τῶν] παιδίων Ἀρτέμιδι Δικτύννει ἀνέθηκεν 1609.

§ 58. **Endstellung des Verbs in lateinischen Weih- und Künstlerinschriften ohne Dativobjekt.** In den lateinischen Weih- und Künstlerinschriften ohne Dativobjekt ist die normale Stellung des Verbs durchaus die Endstellung.

Belege: *imp. Titus Caesar Vespasianus Aug. pontifex maximus, tribunic. potestate VIIII, imp. XIIII, p(ater) p(atriae) cos. VII, designatus VIII, censor fecit.* Dessau 262. *imp. Caesar divi f. Augustus cos. XI, trib. potestate dedit* 86. *imp. Caesar divi f. Augustus, pontifex maximus, cos. XIII, tribunicia potest[ate] XXXII, imp. XXVI, pater patriae murum dedit* 104. Vgl. 113. *M. Agrippa L. f. cos. tertium fecit* 129. *P. Cissonius Q. f. Ser. frater fecit* 2238. *P. Caelius T. f. Lem(onia tribu) frater fecit* 2244. *C. Titius C. l. Pelops a Jove ex visu iussus posit* 3006. *C. Memmius Rufus heres fecit* 5493 a. Vgl. 5493. *C. Ju[li]u[s] Andronicus archon et Julia Euporia ex voto donum dederunt* 6453. *L. Redonius Q. f. Plauta flamen vovit* 6707 a. *P. Valerius P. f. Montanus flam. mannisnavius*[1]) *dedit* 6707 a. Aus alter Zeit *A. Cervio A. f. cosol dedicavit* 6129. *L. Paconios Ti. f. pr(aitor) dedicavit* 6130. *L. Terentio L. f., C. Aprufenio C. f., L. Turpilio C. f., . . . P. Munatio T. f. quaistores aire moltaticod dederont* 6132. *Novios Plautios med Romae fecid.* 8562, 1. Wieder aus späterer Zeit *[R]etus Gabinius C. s(ervus) Calebus fecit* 8566 a. *C. Rufius s(ervus) finxit* 8569.

§ 59. **Der Stellungstypus Dativobjekt — Subjekt — Verb in lateinischen Weihinschriften.** In den lateinischen und italischen Grab-, Weih- und Künstlerinschriften mit Dativobjekt ist die Endstellung des Verbs durchaus das Üblichste.

Belege: *Hercolei sacrom M. Minuci C. f. dictator vovit.* Dessau 11. *Martei M. Claudius M. f. consol dedit* 13. *Cereri*

[1]) Unbekanntes Wort, das ein Priesteramt bezeichnet.

Juliae Augustae divi Augusti, matri Ti. Caesaris Augusti, Lutatia C. f. sacerdos Augustae . . . uxor M. Livi M. f. Qui. Optati, flaminis G[a]ul. Juliae Augusti cum V libereis s. p. (= *sua pecunia*) *consecravit* 121. Vgl. 161. *Pietati Augustae ex s. p. . . . . Ti. Claudius Caesar Aug. Germanicus pontif. max. trib. pot. III, cos. III, imp. III, p. p.* (= *pater patriae*) *dedicavit* 202. *divo Vespasiano Augusto s. p. q. R. impp. Caess. Severus et Antonius pii felic. Augg. restituer(unt). divo Caesari Aug. Vespasiano, censori, municipium M[u]niguense d(onum) d(edit).* 256. *imp. Nervae Caesari Aug. pontifici maximo, tr. [p]otest., p(atri) p(atriae), cos. III, [desi]g. IIII, Pudens Aug. lib. [p]rocurator [de su]o posuit* 276. Vgl. 378. *D(eo) S(oli) i(nvicto) M(ithrae), fautori imperii sui, Iovii et Herculii religiosissimi Augusti et Caesares sacrarium restituerunt* 659. *Genio sancto castrorum peregrinorum Aur. Alexander [c]analiclarius, quod peregre [c]onstitutus vovit, aedil. castrorum [vo]tum libens solvit* 2215. *Genio kastrorum peregrinor. Optatianus et Pudens frum(entarii) fratres IIII vota solverunt* 2217. *Genio sancto legionis et commanipulorum bonorum Q. Caecilius Kalendinus optio posuit* 2290. Vgl. 2291. 2292. *Aur. Justino militi leg. II. Ital. o(bito) in exp. Dacisca an. XXIII Aur. Verinus vet(eranus) et Mess. Quartina parentes fecerunt* 2309. *Coronicei T. Terentius L. G. l. donom mereto dedet* 2987. Vgl. 2989. *Iovi imp. Caesar Vespasianus Aug. per collegium pontificum fecit* 2995. Vgl. 2996, 2997, 2999. *(I)ovi op(t)imo maximo pientissimo exauditori resstitutori T. Varius Agrippinus v(otum) s(olvit)* 3002. *Iovi Statori sac. L. Septimius Carchedonius v(otum) s(olvit)* 3011. *Iovei, Iunonei, Minervai Falesce, quei in Sardinia sunt, donum dederunt* 3083. *Iovi O(ptimo) m., Iunoni reg. Minervae ob restitutionem Capitoli ordo spl(endidissimus) Flor(entinorum) d(onum) d(edit)* 3084. *Iunoni Augustae Appuleia M. filia Quinta suo et L. Turpilii Brochii Liciniani filii test(amento) pon(i) iuss(it)* 3089. Vgl. 3011. *Iovi optimo maximo, Iunoni reginae, Minervae sanctae, Soli Mithrae, Herculi, Marti, Mercurio, Genio loci, dis deabusque omnibus Marcus Aurelius Decimus v(ir) p(erfectissimus) p(raeses) p(rovinciae) N(umidiae) ex principe peregrinorum votum solvit* 3091. *Marti Gradiv(o) T. Arius Celadus sacrum restituit* 3153. *Diana* (Dativ!) *M. Livio M. f. praitor dedit* 3233. *Herculi invicto M. Cassius Hortensius Paulinus pr. urb. XV vir sacris faciundis donum dedi* 3407. Vgl. 3436. *Herculi iussu Silvani dei Cn. Sestius Carpus fec(it)* 3463. *Matri [Ma]tutae Magia Prisca signum Iovis d(onum) d(edit)* 3487. Vgl. 3489.

Bonae deae sacrum M. Vettius Bolanus restitui iussit 3500. *deis Penatibus familiaribus M. Fulvius M. f. Gillo cos. fecit* 3576. *Marti et Bellonae Sestius Nigrinus ex ius[s]u reposuit* 3808. *Aiscolapio dono[m] L. Albanius K. f. dedit* 3833. *Hercoli Iovio sacrum C. Voltilius Alexander fec(it)* 3432. Vgl. 3433. *Flaviae C. f. Tarentinae municipi et sodali Cornelia D. f. Secunda mater posuit* 6211. Vgl. auch 6625. *T. Valerio T. f. Vel. Victori decurioni Sutri II vir. i. d. iterum, quinquennali, curatori pecuniae publicae, pontifici Patulcia Exoche coniunx fecit* 6592. *salvis Plotino et Rufae Logus ser(vus) act(or) port(us) Lilybit(a)ni hoc sacrarium ex voto exornavit* 6769. Vgl. auch noch 6813. 7281.

Die bisher angeführten Belege entstammen den verschiedensten Zeiten. Sie lassen sich leicht noch vermehren. Das Dativobjekt stand am Anfang, das Subjekt folgte, das Verb schloß den Satz. War ein Accusativobjekt vorhanden, so reihte sich dies unmittelbar dem Dativ an (wie *sacrom* im ersten Beispiel), oder es stand unmittelbar vor dem Verb (in den Phrasen *donum dare*, *vota solvere*).

Anmerkung. Vor den Dativ kann auch noch *pro* c. abl. (= griech. ὑπέρ c. gen.) treten. Z. B. *pro salute Caesarum et p. R. Minervae et divae Drusillae sacrum in perpetuum C. Aigileius Primus IIIII vir Aug. c(urator) c(ivium) R(omanorum d(e) s(ua) p(equnia) d(edit)* 197. *pro salute imp. M. Aureli Antonini Aug. Pii Felicis Libero patri Commodiana sacrum Iunia Marciane ex voto fecit* 392.

Auch möglich, aber, wie mir scheint, nicht so oft vorkommend ist die Wortfolge Subjekt — Dativobjekt — Verbum. Das Verb zeigt auch in diesem Falle Endstellung.

Belege: *C. Vettius C. f. Ser. centur. leg. XXX, II vir iterum c(olonis) c(oloniae) G(enetivae) I(uliae) sacrum dat* 2233. *Iulia Aug. mater Augg. et castrorum matronis restituit* 324. *C. Jul. Valens vet. natione S(urrus), prob(atus) in III Gal(lia), missus de leg. III. Aug. con(iugi) merenti cum Basila et Valentino fil. communibus fecit* 2316. *Cornelia Quinta marito incomparabili fecit* 2932. *imp. Caesar Augustus fines Dianae restituit* 3239. *Maxima Nasia Cn. f. Apoline dat* 3213. *C. Hinoleio C. l. Apolone dono ded[it]* 3214. *Q. K. Cestio Q. f. Hercole donu [d]edero* 3420. *Cervaria Sp. f. Fortunata magistra Matri Matutae d(onum) d(edit)* 3488. *Aninus vecus Valetudne donum dant* 3829 (alt!) *Postumia Procula uxor marito karissimo et Octavia b. f. Vera filia patri optumo fecerunt* 6457. *Ti. Julius Vibi f. Quadratus vikanis Segusinis porterisq. eorum testament(o) legavit* 6757. *M. Fulvius Icarus Pontuficiensis, medicus ocularius sibi et suis fec[it]* 7808. *Q. Canusius*

Praenestinus maceriam et ollaria libertis libertabusque suis fecit 7940. *Dindia Macolina fileai dedit* 8562, 2. Mit *pro* c. abl. vor dem Dativ *Poublilia Turpilia Cn. uxor hoce seignum pro Cn. filiod Dianai donum dedit* 3234.

§ 60. Mittelstellung des Verbs auf lateinischen (und italischen) Weih- und Künstlerinschriften. Viel seltener als Endstellung des Verbs findet sich Mittelstellung. Diese konnte auf verschiedene Weise erzielt werden.

Zunächst findet sich der Typus, der dem griechischen Πύρρος ἐποίησεν Ἀθηναῖος entspricht, aber nur vereinzelt. So *L. Canoleios L. f. fecit Calenos* 8565 M. [*L. Ca*]*noleiu* [*L. f. f*]*ecit Calenu* ibid. Anmerkung. *M. Domitius fece Polygnos* 8620. *L. Seius C. f. Hercolo donum dat Burus* 3421, worin man *Burus* als cognomen des *Seius* interpretiert. Die Belege sind teilweise alt.

Zweitens kann der Dativ auch dem Verb folgen, so daß wir die Wortfolge Subjekt — Prädikatsverb — Dativobjekt vorfinden. Diese Stellung ist wieder viel seltener als die Voranstellung des Dativobjekts vors Verbum. So auf der alten Spange von Praeneste *Manios med vhevhaked Numasioi*. Ferner *M. C. Pomplio No. f. dedron Hercole* 3422. In den folgenden Belegen kann die Länge des Dativobjekts die Nachstellung bewirkt haben. *Annia Festa fecit sibi et coniugi carissimo et quos in testamento heredes nominavero* 8260. *Curtia P. l. Regilla fecit sibi et lib. lib. q. suis, posteris posterisque eorum* 8345. *P. Flavius Aug. lib. Alcon et Antonia Lyde monumentu fecerunt sibi et suis libertis libertabusq.* ... 8353. *C. Julius Vepo donatus civitate Romana viritim et immunitate ab divo Aug. vivos fecit sibi et Boniatae Antoni fil(iae) coniugi et suis* 1977. Vgl. 1984. Vgl. aber auch bei kurzem Dativobjekt noch .... *populusque statuam donavit Censorino* 5348. Es kommt auch vor, daß die zusammengehörigen Dative durch Zwischenschiebung des Verbs zerrissen werden. *Caeliae d(uorum) D(ecimorum) Caelior. Trophimi et Logi lib. Helpidi D. Caecilius Vindex aviae pientiss(imae) fecit et libert. libertabusq. posterisq. eius* 8352.

Auch die Stellung Dativobjekt — Prädikatsverb — Subjekt ist möglich. Sie ist aber auch nicht eben häufig. *Herculi scyphos votum posuit C. Clodius C. lic. Laetus Augustalis* 3429. *Bonae deae conpoti sacrum fecit Antonia Hygia* 3505. *diis parentibus Augustis porticum dedit L. Iunius M. f. Pauper* 5541. *Augusto sacrum restituerunt Laurinienses pequnia sua* 6347. [*Di*]*ane Auguste silvestri* [*e*]*x iuso posuit Septimus pro filio suo* 3263.

Schließlich kann auch ein Adverb den Satz beschließen.... *onius Q. f. Numisio Martio donom dedit meretod* 3148. *L. Opio C. l. Apolene deno ded[it] merito* 3215. *C. Bruttius Aescolapio dono dedit meritod* 3835. *Sa(lvius) Burtio V. f. Iue dono ded(it) mereto* 2991. Vgl. 545, wo hinter *merito* noch die Zeitangabe *Paterno et Archesilao cos.* steht. Vgl. auch *Communis C. Petroni saltuarius votum Silvano solvit libes merito* 3522. *[N]umisio Mar[tio] M. Terebonio C. l. dat liben[s] meritod.* 3147. Ferner *[P. Quinctilius S]ex. f. Varus* ... *cos.* *[ludos votivos pr]o reditu [imp. Caesaris div]i f. Augusti [Iovi optimo m]aximo fecit [cum Ti. Claudio Ner]one conlega* ... 88.

§ 61. Endstellung des Verbs in den nordischen Runeninschriften. In den urnordischen, inhaltlich verwandten Inschriften findet sich Endstellung des Verbs.[1]) *m[i]k m[a]r[i]la w[u]rtaạ* 'mich machte Mǽrle'. *ek hleonaʒ̣astiʀ holtiꝛaʀ horna tawido* 'ich, Hlegester Holtes Sohn, verfertigte das Horn'. *(wi)t iah ek erilaʀ runoʀ waritu* 'wir zwei, Hrafn und ich, Iarl, ritzten die Runen' (Der Name Hrafn ist nach dem Vorhergehenden hinzuzudenken, *erilaʀ* = Iarl). Das Accusativobjekt steht also hier vor dem Verb.

§ 62. Mittelstellung des Verbs in den nordischen Runeninschriften. Öfters steht das Accusativobjekt nach dem Verb, so daß dieses in Mittelstellung kommt. So *ik wakraʀ unnam wraita* 'ich, Wacker, unternahm die Ritzung'. *helðaʀ kunimu[n] ðiu wurte runoʀ an walhakurne* 'Hialdr machte dem Kunimund die Runen auf der wälschen Krone'. *ek wiwaʀ after woðuride wita[n]ðahalaiban worahto r(unoʀ)* 'Ich, Vír, machte nach Óþriþr, dem Brotherrn die Runen'. *ᴀfatʀ hᴀriwulafa hᴀþuwulafʀ hᴀeruwulafiʀ warᴀit runᴀʀ þᴀiᴀʀ* 'Nach Heriulfr ritzte Hǫ́lfr, Hiorulfs Sohn, diese Runen'. Aus dem Altschwedischen noch *likraibr risti runaʀ* 'Likraifr ritzte die Runen'. *hialmʀ auk hiali hiaku runaʀ* 'Hialmr und Hialli hieben die Runen ein'. *þurkil rist runaʀ* 'Thorkel ritzte die Runen'. *ubiʀ risti ṛụ(naʀ)* 'Öþir ritzte die Runen'. *utar ak kaiʀuatr ak aiuatr þar setu stain ebtir liknat, faþur sen* 'Ottarr und Gairvatr und Aivatr, sie setzten (den) Stein nach Liknatr, ihrem Vater'. *ti[n]kiaʀ risþu stin þi[n]si*

[1]) Siehe auch Braune, a. a. O. S. 46 ff. Da Braune nur ein Beispiel gibt, trage ich hier mehrere nach. Die Beispiele stammen aus dem Anhang von Noreens altnordischen Grammatiken.

aft krim bunta sin . . . iuta sunu 'Burschen errichteten diesen Stein nach Grim, ihrem Hausvater, dem Sohne Joddes'. *rhulf auk ąsskihl riþu stin þąnsi etiʀ lifstin fuþur sin* . . . 'Rudolf und Askel veranstalteten diesen Stein nach Lifsten, ihrem Vater'. *tula lit raisa stain þensa* [*a*]*t sun sin haualt*, *bruþur inkwars* 'Tola ließ diesen Stein errichten nach ihrem Sohne Hawaldr, dem Bruder Ingwars'. *harþruþr raisti stain þinsa aiftiʀ sun sin smiþ*, *tra*[*n*]*k kuþan* 'Härthrudhr errichtete diesen Stein nach ihrem Sohne Smidh, einem guten Burschen' und so öfters.

Vereinzelt ist auch die Mittelstellung bezeugt, indem ein Stellungstypus vorliegt, der dem griechischen in Πύρρος ἐποίησεν Ἀθηναῖος entspricht. So *afataʀ ut smiþs* [*s*]*un uʀ hakuþa skaki faþi uifriþaʀ sun* 'Nach Uddr, dem Sohne Smidhs aus Hakudha schrieb Skäggi, der Sohn Wefredhs'. *þrijoʀ ðohtriʀ ðaliðun arbija sijosteʀ arbijano* 'Drei Töchter teilten das Erbe, die am nächsten Verwandten der Erben'.

§ 63. Rückblick. Fassen wir kurz das Ergebnis unserer bisherigen Darlegung zusammen, so sehen wir, daß im Griechischen Anfangs-, Mittel- und End-Stellung des Verbs bezeugt ist. Wenn auch die Wortstellung freier ist als in unseren modernen Sprachen, so konnte doch zugleich auch festgestellt werden, daß in gewissen Satzarten immer nur eine Stellungsart des Verbs die üblichste, ja oft die ausschließlich mögliche war, falls nicht besondere Einflüsse wirkten.

Für das Indogermanische aber dürfte sich aus unserer Darstellung ergeben, daß auch schon in der Grundsprache die drei Stellungsmöglichkeiten des Verbs, die wir im Griechischen nachgewiesen haben, vorhanden gewesen sind, was als Vermutung bereits von Braune a. a. O. S. 50 Anmerkung 2 ausgesprochen worden ist, daß also außer der Anfangs- und Endstellung des Verbs auch schon die Mittelstellung anzutreffen war, welch letztere in den modernen europäischen Sprachen die üblichste geworden ist.[1]) Im Griechischen haben sich die drei Stellungsmöglichkeiten des Verbs, die schon das Indogermanische aufwies, erhalten, während z. B. im Sanskrit die Endstellung des Verbs (von einigen alten Resten abgesehen) allein übrig blieb.

[1]) Vgl. auch Henri Weil, De l'ordre des mots dans les langues anciennes comparées aux langues modernes, 3ième édition, page 48.

Die Stellung des Verbs im Nachsatze.

§ 64. Die Anfangsstellung des Imperativi futuri mit Ausnahme vom Verb εἶναι im Nachsatze auf den griechischen Inschriften.

Eine feste habituelle Stellung des Verbs läßt sich in der Sprache der Inschriften auch im Nachsatze feststellen. Ich greife absichtlich einen speziellen Fall heraus. Wenn ein Wenn-Satz vorangeht und im Nachsatze das Verbum finitum ein Imperativus futuri (auf -τω(ν), σθω(ν) ist, so steht dieser durchweg am Anfange des Nachsatzes. Das Subjekt, falls es besonders ausgedrückt wird, folgt ihm durch 'Inversion'.

Belege, die nicht durch εἶναι gebildet sind und nicht negiert sind, aus dem Rechte von Gortyn: αἰ [δέ] κα μὴ λαγάσει καταδικαδδέτω τῶ μὲν ἐλευθέρω στατῆρα, τῶ δώλω [δα]ρχνὰν τὰς ἀμέρας Fεκάστας 4991 $I_{6\,ff.}$ αἰ δέ κα μὴ λαγάσει ἢ μὴ ἀποδῶι, δικακσάτω νικὲν τῶ μὲν ἐλευθέρω πεντήκοντα στατήρανς . . . τῶ δὲ δώλω δέκα στατήρανς . . . $I_{26\,ff.}$ αἰ δέ κα μὴ καλῆι ἢ μὴ δείξει, κατισ[τάτ]ω τὰ ἐ[γρα]μένα $I_{43\,ff.}$ κὦτι κα φέρηι αὐτὸν[1]) κὦτι κα παρέληι, ἀποδότω αὐτόν $III_{3\,ff.}$ αἰ δέ κα λῆι ὁ πατὴρ δωὸς ἰὼν δόμεν τᾶι ὀπυιομέναι, δότω κατὰ τὰ ἐγραμμένα, πλίονα δὲ μή $IV_{48\,ff.}$ αἴ κα λῆι, ὀπυιέθω τᾶς φυλᾶς ὦιτιμί κα νύναται, ἀνάνκαι δὲ μή $VIII_{32\,ff.}$ ἢ δέ κ' ἀποFείποντι, δικαδδέτω ὀμόσαντα αὐτὸν καὶ τοὺς μαρτύρανς νικὲν τὸ ἁπλόον $IX_{37\,ff.}$ αἰ μέν κ' ἀποφωνίωντι μαίτυρες ἠβίοντες τῶ ἑκατονστατήρω καὶ πλίονος τρέες, τῶ μείονος ἔνς, δικαδδέτω πορ[τ]ὶ τὰ ἀποφω[ν]ιόμενα $IX_{45\,ff.}$ αἰ δ[έ κα λῆι] ὁ ἀνφανόμενος, ἀποFειπάθθω κατ' ἀγορὰν ἀπὸ τῶ λά[ω] . . . $XI_{10\,ff.}$ αἴ κ' ἀποθάνηι ἄργυρον ὀφήλων ἢ νενικαμένος, αἰ μέν κα λεΐωντι οἷς κ' ἐπιβάλληι ἀναιλῆθαι τὰ χρήματα, τὰν ἄταν ὑπερκατιστάμεν καὶ τὸ ἀρ(γ)ύριον οἷς κ' ὀφήληι, ἐχόντων τὰ χρή-

[1]) Kretisches Neutrum von αὐτός.

ματα XI $_{31\,ff.}$ Sonst noch aus Gortyn καἴ τίς κα πολεμῆ τοῖς Γορτυνίοις ἢ φρώριον ἢ λιμένας καταλαμβάνη ἢ χώρας ἀποτάμνηται, βοαθιόντων οἱ Λαππαῖοι τοῖς Γορτυνίοις καὶ κατὰ γᾶν καὶ κατὰ θάλαθθαν παντὶ σθένει εἰς τὸ δυνατόν. κατὰ τὰ αὐτὰ δὲ καἴ τίς κα τοῖς Λαππαίοις πολεμῆ ἢ ἀποτάμνηται χιύρας . . . ἢ φρώρια ἢ λιμένας καταλαμβάνηται, βοαθιόντων οἱ Γορτύνιοι τοῖς Λαππαίοις καὶ κατὰ γᾶν καὶ κατὰ θάλαθθαν ἀπροφασίστως παντὶ σθένει ἐς τὸ δανατόν 5018 a $_{7-15}$ (I. Jh.). Aus Vaxos αἰ μή τις αὐτὸς δοίη μὴ ὑπ' ἀνάνκας, τιτουϜέσθω στατῆρα κατὰν θυσίαν Ϝεκάσταν καὶ τῶ κρίως τὰν διπλείαν 5128 $_{4\,ff.}$ einheimische Bustroph.-Schr. Der Vordersatz ist schlecht erhalten . . . ἢ μὴ παργένωνται ἐκα[τερ- . .] . . νωι, ἀποτεισάντων ἕκαστος ὁ κόσμ[ος . . .] τοῖς Ἱεραπυτνίος . . 5073 $_{18\,ff.}$ Aus Dreros αἰ δὲ λισσὸς εἴη, ἀγγραψάντων ἐς Δελφίνων ὅσσα κα μὴ πράξωντι χρήματα 4952, C $_{29\,ff.}$ Aus Malla αἰ δέ τίς κα συ[λάσηι], ἀποτεινύτω τό τε χρέος ὅ κα συλάσ[ηι καὶ στατῆρ]ας ἑκατόν 5100 $_{10\,ff.}$ II. Jh. αἰ δὲ μὴ πράξαιεν ὁ κ[όσμος], ἀποτεισάντων ἕκαστος τ[ῶ] κόσμω στα[τῆρας] πε[ν]τακοτίος τᾶι πόλι . . . 5100 $_{14\,ff.}$ [. . αἰ] δὲ ναώσαιεν τὰ[ν] ἀγέλαν, ἀποτε[ι]σ[άντων] ὁ κόσμος ἑκατὸν στατῆρας 5100 $_{23\,ff.}$ Aus Hierapytna ὧν δέ κα ἀποδῶται κατὰ θάλασσαν ἐώσας ἐξαγωγᾶς τῶν ὑπεχθεσίμων, ἀποδότω τὰ τέλεα κατὰ τὸς νόμος τὸς ἑκατέρη κειμένος 5040 $_{24\,ff.}$ αἰ δέ κα σίνηται, ἀποτεισάτω τὰ ἐπιτίμια [ὁ] σι[νό]μενος κατὰ τὸς νόμος τὸς ἑκατέρη κειμένος $_{27\,ff.}$ πρειγήια δὲ ὧ κ[α] χρείαν ἔχη πορήιω, παρεχόντων οἱ μὲν Ἱεραπύτνιοι κόσμοι τοῖς Πριανσιεῦσι, οἱ δὲ Πριανσιέες κόσμοι τοῖς Ἱεραπυτνίοις $_{29\,ff.}$ Beachte bei diesem Belege, daß trotz der Hervorhebung des Subjektes durch μὲν — δὲ παρεχόντων am Anfang steht und nicht etwa οἱ μὲν Ἱεραπύτνιοι. αἰ δέ κα μὴ παρίσχαιεν, ἀποτεισάντων οἱ ἐπίδαμοι τῶν κόσμων τᾶι πρειγείαι στρατῆρας δέκα $_{31\,f.}$ ὁποῖοι δέ κα μὴ ἀναγνῶντι ἢ μὴ παραγγήλωντι, ἀποτεισάντων οἱ αἴτιοι τούτων στατῆρας ἑκατόν . . . $_{43\,ff.}$ εἰ δὲ τις ἀδικοίη τὰ συγκείμενα κοινᾶι διαλύων ἢ κόσμος ἢ ἰδιώτας, ἐξέστω [1]) τῶι βωλομένωι δικάξασθαι ἐπὶ τῶ κοινῶ δικαστηρίω . . . $_{46\,ff.}$ καὶ εἴ κα νικάσηι, λαβέτω τὸ τρίτον μέρος τᾶς δίκας ὁ δικαξάμενος . . . $_{50\,ff.}$ ὁπότεροι δέ κα μὴ στάσωντι καθὼς γέγραπται, ἀποτεισάντων τὰ αὐτὰ πρόστιμα . . . $_{80\,f.}$ εἰ δέ τί κα θεῶν ἱλέων ὄντων λάβωμεν ἀπὸ τῶν πολεμίων, λαγχανόντων κατὰ τὸ τέλος ἑκάτεροι 5041 $_{7\,f.}$ αἰ δέ κα μὴ ποιήσωντι οἱ κόσμοι καθὼς γέγραπται,

---

[1]) Ist ἐξέστω das Verbum finitum im Nachsatze, so handelt es sich um die Wortfolge Prädikatsverb — logisches Subjekt (— grammatisches Subjekt).

ἀποτεισάτω ἕκαστος αὐτῶν στατῆρας πεντήκοντα $5040_{70ff.}$ Aus Latos εἰ δέ κα [μὴ ἐξορκίξωντι οἱ Λάτιοι] ἢ μ[ὴ] παραγγήλωντι ἐπὶ τὰ[ν] ἀνάγνωσιν τᾶς συνθήκας ἢ μὴ ἀναγνῶντι [τὰν συνθήκαν], ἀποτεισάντων ὁ κόσμος ἕκα[στο]ς ἀργυρίω στατῆρας ἑκατὸν τοῖς Ὀλοντίοις 5075 $(\text{Deiters})_{25ff.}$ ὡσαύτως δὲ καὶ οἱ Ὀλόντιοι εἰ μὴ ἐξορκίξαιεν τὰς ἀγέλας ἢ μὴ παρανγήλαιεν ἢ μὴ ἀναγνοῖεν τὰν συνθήκαν καθ[ὼς προγέγρα]πται, ἀποτεισάντων οἱ κόσμοι ἀρ[γυρίω στατῆρας ἑκατὸν] ἕκαστος [αὐτῶν τ]οῖς $\text{Λατίοις}_{27ff.}$ Aus den Teos-Inschriften εἰ δέ τινές κα τῶν ὁρμιομένων ἐξυβρί<σ>τας ἀδικήσωσίν τινα Τηΐων ἢ τῶν παροίκων ἢ κοινᾶι ἢ ἰδίαι παρὰ τὸ γραφὲν δόγμα περὶ τᾶς ἀσυλίας ὑπὸ τῶν Συβριτίων, ἐξέστω[1]) τῶι παραγενομένωι Τηίων ἢ τῶν παροίκων τῶν ἐν Τέωι ἐπιλαβέσθαι καὶ τῶν σωμάτων καὶ τῶν χρημάτων ... Sybritia $5170_{19ff.}$ Derselbe Nachsatz mit ἐξέστω am Anfang nach ähnlichem Vordersatz ist in den Teos-Inschriften noch für Bienna $5174_{6f.}$, für Latos $5171_{26f.}$, für Istron $5176_{38f.}$ und für Arkadia $5178_{37ff.}$ bezeugt. An den Nachsatz kann sich auch noch ein Satz καί anschließen, der selbst auch eine Imperativform als Verbum finitum hat. So aus Gortyn αἰ δὲ κ' ἄγηι, καταδικακσάτω τῶ ἐλευθέρω δέκα στατήρανς, τῶ δώλω πέντε ὅτι ἄγει, καὶ δικακσάτω λαγάσαι ἐν ταῖς τρισὶ ἀμέραις $4991_{13f.}$ Aus Allaria ἐὰν δὲ συνδοκεῖ ταῦτα τῶι δάμωι τῶν Παρίων, ἀναγραψάντων αἱ πόλεις ἀμφότεραι ἐς στάλαν λιθίναν καὶ ἀνθέντων Πάριοι μὲν .... $4940_{28ff.}$ II. Jh.

Belege aus Attika: εἰὰν δὲ [μὴ ἐπιψηφ]ίσωσιν οἱ [πρ]όεδροι καὶ [ὁ ἐπιστάτ]ης τῶν νομοθετῶν, ὀφειλ[έτω ἕκαστ]ος αὐτῶν X δραχμὰς ἱερὰς [τῇ Ἀθην]ᾷ CIA $1115\,\text{b}_{47ff.}$, ἐὰν δὲ μὴ ἀναγορεύσωσι, ἀποτινέτωσαν τῷ κοινῷ πεντήκοντα δραχμάς 2^1 611. ἐὰν δὲ ἀποψηφίσωνται οἱ θιασῶται, ὁ δὲ εἰσάγων ἐφῇ εἰς τοὺς ἅπαντας, τοῖς δὲ ἅπασι δόξει εἶναι φράτηρ, ἐνγραφέσθω εἰς τὰ κοινὰ γραμματεῖα 2^5, $841\,\text{b}_{94f.}$ ... ἐπει[δὰ]ν [δ]ὲ [ἥκ]ωσιν παρὰ τοῦ θεοῦ, καθελόντωσαν τὰ[ς] ὑ[δρί]ας καὶ ἀ[ν]α[γνωσθ[ήτ]ω τῷ δήμῳ ἥ τε μαντεία καὶ τὰ ... γράμματα 2^5, $104\,\text{a}_{47ff.}$ Hier folgt wieder ein durch καὶ angeknüpfter Satz mit einem Imperativ. ἐπει[δὰν] δὲ κατασημανθῶσιν, ἀνεγκ[όντ]ω[ν] οἱ [ταμ]ίαι τὰς ὑ[δρ[ίας εἰς ἀκρόπολιν 2^5, $104\,\text{a}_{41f.}$ ὃς δ' ἂν (= ἐὰν δέ τις) ἐπιδημῶν Ἀθήνη[σι] καὶ ὑγιαίνων μὴ συνβάλληται, ὀφειλέτω [Ͱ ...] ἱερὰς τῇ θεῷ 2^4, $610_{19f.}$ [ἐὰ]ν δ[έ τι]ς [ε]ἴπ[ῃ] ἢ ἐπιψηφίσῃ παρὰ τόνδε τὸν νόμον, ὀφειλέτω [πεντακοσίας] δραχμὰς τῇ [θεῷ] ὅ τ[ε εἰπὼν καὶ] ὁ ἐπιψηφίσας καὶ... 2^4, $610_{13ff.}$ [ἐὰ]ν δὲ βούληται ἐν τοῖς δέκα ἔτεσιν Διόδω[ρ]ος ἢ οἱ

[1]) Siehe Note Seite 101.

κληρονόμοι αὐτοῦ, καταβαλόντ[ων] Δυαλεῦσιν πεντακισχιλίας δραχμάς, καὶ ἐάν [τινα?] μίσθωσιν προσοφείλωσιν, ἀποδ[ό]σθ[ω]σ[α]ν α[ὐ]τοῖς οἱ φρατρίαρχοι καὶ Δυαλεῖς χρ[ωρί]ον κομισάμενοι τὸ ἀργύριον 2^4, $600_{41\,ff.}$ ἐὰν δὲ μὴ πο[ι]ήσ[ει ἐ]ν τῷ χρόνῳ δόκιμα κ]ατὰ τὰς συγ[γρ]α[φάς, ἀ]ποτινέτω Δ δραχ[μ]ὰς τῆς ἡμέρας ἑκά[σ]της... 2^5, $1054\,g\,A_{18\,f.}$ ἐὰν δὲ ψηφισαμένων τῶν θιασωτῶν ... οἱ ἄλλοι φρατέρες ἀποψηφίσωνται, ὀφειλόντων ἑκατὸν δραχμὰς ἱερὰς τῷ Διὶ τῷ Φρατρίῳ οἱ θιασῶται, πλὴν ὅσοι ἂν ... 2^5, $841\,b_{88\,ff.}$ ἐὰν δὲ ἀποψηφίσωνται οἱ ἅπαντες, ὀφειλέτων ἑκατὸν δραχμὰς ἱερὰς Διὶ τῷ Φρατρίῳ ibid. $_{98\,ff.}$ ἐὰν δὲ μὴ ἀποδιδῶσιν ἐν τῷ χρόνῳ τῷ εἰρημένῳ, ε[ἰ]σπραξάντων αὐτοὺς οἱ ᾑρημένοι ὑπὸ τοῦ δήμου εἰσπράτ[τ]ειν ... 2^5, $55_{11\,ff.}$ ἐὰν δέ τις παραβαίνῃ τούτων τι, ἀποτινέτω πεντακοσίας δραχμάς 2^4, 27 b S. 62. ἐπειδὰν δὲ ἐγλεχθῇ ἀποπεμψάντων Ἀθήναζε ibid. $_{17}$.

Aus arkadischem Sprachgebiet εἰ δ' ἄ[ν] τις ἐπισυνίστατοι ταῖς ἐσδόσεσι τῶν ἔργων ἢ λυμαίνητοι κὰτ εἰ δέ τινα τρόπον φθήρων, ζαμιόντω οἱ ἐσδοτῆρες ... $1222_{15\,ff.}$ εἰ δὲ μή, ὀφλέτω ἕκαστος πεντήκοντα δραχμάς ib.$_{22\,ff.}$ εἴ κ' ἄν τις πλέον ἢ δύο ἔργα ἔχῃ τῶν ἱερῶν ..., ζαμιό[σ]θω καθ' ἕκαστον τῶν πλεόνων ἔργων κατὺ μῆνα πεντήκοντα δραχμαῖς ... ibid.$_{25\,ff.}$ εἰ δ' ἂν ἰνδικάζητοι, ἀπυτεισάτω τὸ χρέος διπλάσιον$_{34\,ff.}$ εἰ δ' ἄν τις ἐργωνήσας ἔργον τι προσκατυβλάψῃ τι ἄλλυ τῶν ὑπαρχόντων ..., ἀπυκαθιστάτω τὸ κατυβλαφθὲν τοῖς ἰδίοις ἀναλώμασιν ... ib.$_{37\,ff.}$

Aus äolischem Sprachgebiet αἰ δέ κε ἀπυφ[ύ]γηι [μ]ὴ θέλων ἀμβρ[ό]την, τιμάτω τ[ὸ] δικαστήριον ὄττι χρὴ αὐτὸν παθῆν ἢ κατθέ[μ]εναι Collitz $213_{15\,ff.}$

Aus Böotien εἰ δέ κά τις ἀντιποιεῖτη Ἑρμαῖας εἴ ἄλλο τι ἀδικῖ καθ' ὃν δεῖ τινα ὧν τρόπον, ὀπερδικιόνθω κὴ προιστάνθω τύ τε ἱαρεῖες κὴ τὺ ἱαράρχη τυὶ ἧι ἔναρχει ἰόντες κὴ τῶν ἄλλων ὁ βε[ι]λόμενος $429_{4\,ff.}$ ἠ δέ κά τις ἀντιποεῖτη Ἀθάνωνος εἴ ἄλλο τι ἀδικῖ [κ]αθ' ὅντινα ὧν τρόπον, ούπερδικιόνθω κὴ προϊστάνθω τύ τε ἱαρεῖες κὴ τε[ὶ ἱαρ]άρχη τὺ ἧι ἀντιτιουνχάνοντες κὴ τῶν ἄλλων ὁ βειλόμενος $430_{4\,ff.}$ ἐπὶ δέ κα κομίττειτη Νικαρέτα τὸ ἀργύριον πὰρ τᾶς πόλιος, ἐσλιανάτω Νικαρέτα τὰς ούπεραμερ[ί]ας 488 $B_{71\,ff.}$ Auch μεὶ ἐθέλει κομίδδ[ε]σθη Νικαρέτα τὸ ἀργούρων, ὀποδότω Ϝιφιάδας τὰν σούγγραφον τοῖς πολεμάρχοις κὴ τοῖ ταμίη κὴ τοῖς ἐγγόνοις 488 $B_{82\,ff.}$ ἠ δέ κά τις [πράτ]τ[ει] τὸ ἐννόμιον Εὔβωλον, ὀφειλέ[τω ἁ πόλ]ις τῶν Ἐρχομενίων ἀργουρίου [μνᾶς] πετταράκοντα Εὐβώλυ καθ' ἕκαστον ἐνιαυτόν. 489 $C_{48\,ff.}$ ἠ δέ κα μεὶ ἀποδώει ἁ πόλις Νικαρέτη τὸ ἀργούριον ἐν τῦ γεγραμένυ χρόνυ τὰς μουρίας κὴ ὀκτ[α]κισχειλίας ὀκτακατίας τριάκοντα τρῖς, ἀποδότω τὰν σούγγραφον κὴ τὰς οὐπεραμερίας τὰς κὰτ τᾶς πόλιος, ἅπαν τὸ ἀργύριον . . . 488 $B_{77\,ff.}$

Aus Elis αἰ δὲ λίποι, λυσάστω τῶ διφυίω $1168_{7/8}$.

Aus Phokis εἰ δὲ μή, ἀπο]τεισάτω ὁ καταδουλιζόμενος αὐτὸ[ν ἀργυρίου τάλανταν ποθίερον] (τ)ῶι Ἀσκλαπιῶι $1532\,a_{6\,ff.}$ Ähnlich, aber auch mit Ergänzungen $b_{7/8}$. [1]) εἰ] δέ κα τελευτάσωντι ὑπαρχόν[τω τὰ κτήματα αὐτῶν Παρθένα καὶ Ὁ]μει(λ)ία θαψάσαι(ς) αὐτούς $1548\,b_{9/10}$. εἰ δέ τις ἐφάπ[τοιτο ἢ ἐπιλαμβάνοιτο Ὁμ]ειλίας ἢ Παρθένας, ἐξέστω [προστᾶμεν ὑπὲρ αὐτᾶς τὸν ἱερέα] τοῦ Ἀσκλαπιοῦ καὶ ἄλλον τὸ θέ[λοντα . . .] ibid.$_{12\,ff.}$ (εἰ δέ τις) καταδουλίζοιτο ἢ αὐτοὺς ἢ τὰ ἐκ τούτων . . ., ἀποτεισάτω τᾶ[ι] Ἀθανᾶι καὶ τῶι προστάντι ὑπὲρ τοὺς ἀνατεθεμένους καθ' ἕκαστον ἀργυρίου μνᾶς δέκα $1523_{13\,ff.}$ ὁπότεροι [δ]έ κα μὴ ἐμμείνωντι ἐν τοῖ[ς] γεγραμμένοις, ἀποτεισάντων τοῖς ἐμμεινά[ν]τοις ἀργυρίου τάλαντα δέκα $1539_{58\,ff.}$ εἰ δέ τίς κα καταδουλίζηται, ἀποτεισάτω ἀργυρίου [ἑκάσ]του σώ[μα]τος μνᾶς δεκαπέντε τῶι προστάντι $1547_{5\,ff.}$ εἰ δέ τις καταδουλίζοιτο, ἀποτεισάτω ἀργυρίου τάλαντον ποθίερον τοῦ Σαράπι[ος] $1555\,a_{10\,ff.}$ εἰ δέ τις καταδουλίζοιτο Σώτιμον, ἀποτεισάτω ἀργυρίου μνᾶς ἑξήκοντα ποθιέρου[ς] τῶι θεῶι τῶι Σαράπει ibid. $b_{11/12}$. εἰ δὲ μὴ παραμένη Λάμπρωνι, ἀποτεισάτω ἀργυρίου πλάτη ἑβδομήκοντα $b_{15/16}$. εἰ δέ μή, ἀποτεισάτω μνᾶς τριάκοντα $d_{20/21}$. εἰ δὲ μή, ἀποτισάτω τῶ θεῶ τῶ Σεράπει ἀργυρίου δεινάρια τετρακισχίλια $e_{12/13}$. Siehe auch $f_{11\,ff.}$

Aus Achaia εἰ δέ τις [ἔχοι ὑὸν ὄντα ἐντὸς] ἑπτακαίδεκα ϝετέων ἢ θυγατέρα [ἀνέκδοτον, ὀμοσά](σ)θω ἐμ βουλᾶ ὁ πατὴρ τὸν νόμιμον ὅρ[κον] $1614\,a_{8\,ff.}$

In den Inschriften des achäischen Bundes ὅ[στις] δικάζοιτο, ὀφλέτω χιλίας δραχμάς 1634_{16}.

Aus Delphi εἰ δέ τις ἐφάπτοιτο ἐπὶ καταδουλισμῶι Σωρίδος, συλήτω ὁ παρατυχὼν ὡς ἐλευθέραν οὖσαν $1705_{8\,ff.}$ εἰ δέ τί κα πάθων[τ]ι Καλλίστρατος καὶ Θαύμιον, ἀποδότω Ἀφροδ[ι]σία Εὐκλεῖ ἀργυρίου μνᾶν $1714_{4/5}$. εἰ δέ τί κα μὴ ποιήση Νικὼ τῶν ποτιτασσομένων ὑπὸ Μνασιξένου, ἐξέστω Μνασιξένω κολάζειν καθώς κα αὐτὸς θέλη . . . 1719_{10}. Vgl. $1745_{5\,ff.}$ $1754_{4\,ff.}$ $1757_{8\,ff.}$ $1767_{12\,ff.}$ $1775_{13\,ff.}$ $1979_{6\,ff.}$ $2014_{6\,ff.}$ und sonst. εἰ δὲ πρότερον θέλοι Ἀφροδισία ἀπολύεσθαι ἀπὸ Καλλιστράτου καὶ Θα[υμί]ου ζώντων, ἀντι-

[1]) Betreffs der Stellung ist deshalb falsch ergänzt $1532\,c_{4/5}$, wo ὁ καταδολιζόμενος ἀποτεισάτω substituiert ist; es muß ἀποτεισάτω vor ὁ καταδολιζόμενος gestellt werden. Auch d_3 ist kaum richtig ergänzt.

πρ[άσ]θω Ἀφροδισία Καλλιστράτω[ι κ]αὶ Θαυμίωι σῶμα γυν[α]ικεῖον τὰν αὐτὰν ἡλικίαν ἔχον $1717_{6/7}$. ἐπεί κα ἀποθάνη, θαψάτω Κίντυς $1731_{9/10}$. εἰ δέ τί κα πάθη Εὐφρόνιος, παραμεινάτω Ἀγαθὰ πα(ρὰ) Θεύδωρον ἀπὸ τ[ᾶ]ς Λαιάδα ἀρχᾶς ἔτη ἕξ $1742_{5/6}$. Vgl. $1747_{12\,ff.}$ $1832_{15\,ff.}$ εἰ δέ κα παραμ[ε]ίνη Ῥο[δία πα]ρὰ Δαμοκράτειαν τὰ πέντε ἔτη, ἀποτρεχ[έ[τω Ῥοδία παρὰ Δαμοκρατείας οἷς κα θέλη, ἐλευθέρα οὖσα $1743_{6\,ff.}$ Vgl. $1832_{17\,ff.}$, $2038_{8\,ff.}$ εἰ δέ [τί] κα πάθη Λάρισα, ποιησάτω τὰ νομιζόμενα πάντα Μιθραδάτης ἐκ τῶν Λαρίσας $1799_{5\,ff.}$ εἰ δέ τί κα πάθη Δαμοκράτεια, φερέτω Σωσίχα τὸ ἡμιμναῖον Καλλείδα Γοργίππου ἢ ὧι κα Δαμοκράτεια παρατάξη $1867_{3/4}$. εἰ δὲ μή, ἐνβαλλέτω Θραικίδας Δορκάδι τροφὰν τοῦ μηνὸς ἑκάστου πυρῶν τέσσαρα ἡμίεκτα, οἴνου πρόχον $1884_{11\,ff.}$ εἰ δέ κά τι πάθη Ἀλέξω[ν τρεφ]έτω Θραικίδας Δορκάδα $1887_{10/15}$. εἰ δὲ χρείαν ἔχοι Διονύσιος, συνιατρευέτω Δάμων μετ' αὐτοῦ ἔτη πέντε ... $1899_{12/13}$. ἐπεὶ δέ κα μάθη Σωσᾶς τὰν τέχναν τὰν γναφικὰν καὶ ἀπέλθη παρὰ Ἀρτεμιδώρου, ἐργαζέσθω τὰ ἔργα τᾶι γναφικᾶι τέχναι τὰ ἐν τὰν Δρομοκλείδα οἰκίαν πάντα $1904_{8,9}$. εἰ δέ τι γένοιτο περὶ Γρῖπον ἢ Φιλὼ ἀνθρώπινον, ποιησάτω τὰ ποτὶ γᾶν πάντα Φίλων $2150_{7\,ff.}$ Vgl. $2237\,A_{8\,ff.}$ ἐπεὶ δέ κά τι πάθηι ἀνθρώπινον Ἀντίφιλος, ποταποδότω Σωτηρὶς Βάττωι ἀργυρίου μνᾶν $2186_{22/23}$. εἰ δὲ θέλοι προαπελθεῖν, δότω Πρέπουσα Ἰράναι ἀργυρίου μνᾶς πέντε $2192_{8/9}$. Vgl. $2324_{13\,ff.}$, $2199_{10\,ff.}$ εἰ δέ κα μὴ θέλη παραμένειν, καταφερέτω Π[ρ]άξωνι τοῦ ἐνιαυτοῦ [ἑ]κάστου ... ἀργυρίου [σ]τατῆρας τριάκοντα $1811_{4/5}$. καὶ ὅσα κ' ἀπολίπωντι λαβέτω πάντα Φίλων $2150_{9/10}$. αἴ τις τὰν γᾶν ἐπιερ]γάζ[ο]ιτ[ο] ..., ἀπο[τεισάτω] στατῆρας .... Αἰγιναῖος κὰτ τ[ὸ] πέλεθρον ἕκαστον $2501\,IV_{15\,ff.}$ Aus der Labyadeninschrift αἱ δέ κα [δέ]ξ[ω]ν[τ]αι ἄλλαι ἀμέραι ἢ Ἀπέλλαις, ἀποτεισάτω Ϝέκαστος δέκα δραχμάς $2561\,A_{35\,ff.}$ Ähnlich $B_{25\,ff.\,35\,ff.}$ αἰ δέ τι τούτων παρβάλλοιτο τῶν γεγραμμένων, θωεόντων τοί τε δαμιοργοὶ καὶ τοὶ ἄλλοι πάντες Λαβυάδαι $D_{17\,ff.}$ εἰ δέ τί κα μὴ ποιῆ Ἀφροδισία τῶν ποτιτασσομένων ὑπ' Εχεμήλου ..., κριθέντων ἐν ἄνδραις τρίοις, οὕς κα συνέλωνται $1858_{6/7}$. Vgl. z. B. $1689_{8/9}$. $1696_{9\,ff.}$ $2072_{23\,ff.}$ εἰ δέ τι πάθοι Εἰσιάς, λαβέτω τὰ Εἰσιάδος πάντα $2178_{14\,ff.}$

Aus Korkyra αἰ δέ τις προστατήσαι ἢ καταχρήσαιτο εἰς ἄλλο τι, ἀποτεισάτω ὁ προστατήσας καὶ ὁ καταχρησάμενος Ἀριστομέν(ε)ι καὶ Ψύλλαι ἢ τοῖς ἐπινόμοις τοῖς Ἀριστομένεος καὶ Ψύλλας ἀργυρίου Κορινθίου μνᾶς ἑξήκοντα .. $3206_{109\,ff.}$ (ε)ἰ δὲ μὴ ποιήσαιέν τι τῶν γεγραμμένων οἵ τε χειρίζοντες τὸ ἀργύρων ἢ οἱ ἄρχοντες, ἀποτεισάτω ὁ αἴτιος ἀργυρίου Κορινθίου μνᾶς τριάκοντα καὶ ὅ (κα) καταβλάψη διπλῆ 100ff. εἰ δέ τι ἀδύνατον διὰ πόλεμον γένοιτο ..., ἐκδανειζέσθω καὶ αἱ πεντήκοντα μναῖ καὶ τὰ σιτηρέσια 132ff. ὡςσαύτως δὲ καὶ εἴ'τις λίποι τὸν ἀγῶνα τῶν τεχνιτῶν, ἐγδανειζέσθω καὶ τὸ λειφθὲν ἀργύριον 135f. Vgl. ibid. 25ff. εἰ δέ κα διόρθωσις τῶν νόμων γίνηται, ταξάντων οἱ διορθωτῆρες εἰς τοὺς νόμους καθώς κα δῆ τὸ ἀργύριον χειρίζεσθαι 137ff. Siehe auch noch 3206 72ff. und ibid. 66ff.

Aus Kos αἰ δέ τις παρα ..., ἐξέστω [τ]ῶι κυρίωι τᾶς ἱερεί[ας ἢ καὶ τῶν ἄλλω]ν τῶι [χ]ρήζ[ον]τι ἐσαγγέλλειν ἐς τὰν [...] 3627 27ff. Vgl. auch 3629 7ff. ἐπεὶ δέ κα τι[μαθῆ]ι, ἀναγορευέτω ὁ κάρυξ, ὁπόσ[ου κα τιμαθ]ῆι 3336 27/28. ἐπεὶ δέ] κα σπονδὰς ποιήσ[ο]νται, αἱρε(ί)σθω ὁ ἱαρεὺ[ς] ... ibid. 41. εἰ δέ κα δέηι τῶν οἰκημάτων ἢ τοῦ [τ]εμένευς θεραπείας, ἐπισκ[ε]υαζόντων ἐκ τᾶς ποθόδο[υ] ἕκαστα 3634 9ff.

Aus Rhodos mit Nennung des Subjektes: εἰ δέ κα ὁ δᾶμος ὁ Ῥοδίων μεταπέμπηται συμμαχίαν παρὰ Ἱεραπυτνίων, ἀποστελλόντων τὰν συμμαχίαν Ἱεραπύτνιοι ἐν ἁμέραις τριάκοντα 3749 15ff. Ähnlich 35ff. Ferner εἰ δέ κα ξενολογίου χρείαν ἔχωντι Ῥόδιοι ἐκ Κρήτας, παρεχόντων Ἱεραπύτνιοι ἀσφάλειαν τῶι ξενολογίωι ἐν τᾶι πόλει 39ff. εἴ κα συνιστᾶται λαστήρια ἐν Κρήται καὶ ἀγωνίζωνται Ῥόδιοι ...., συναγωνιζέσθων καὶ Ἱεραπύτνιοι κατὰ γᾶν καὶ κατὰ θάλασσαν παντὶ σθένει .... 51ff. εἰ δέ τίς κα τὰς ... ποθόδους ἐκ θαλάσσας προαιρῆται Ἱεραπυτνίων ......, ἀποστελλόντων Ῥόδιοι Ἱεραπυτνίοις τριήρεις δύο 66ff. εἰ δέ τινές κα .... πόλεμον ἐξενέγκ[ων]τι Ἱεραπυτνίοις διὰ ταύταν τὰν στρατείαν, βοαθούντων Ῥόδιοι Ἱεραπυτνίοις παντὶ σθένει κατὰ τὸ δυ[να]τόν 79ff. εἰ δέ κα .... μηδεμίαν ἐπιστροφὰν Ὀλύμπιχος ποιῆται, ἀλλὰ περιορῆ τὰ γινόμενα ἀδικήματα, δηλούντων αὐτῶι τοὶ πρεσβευταί, ὅτι 3750 c 89ff. ὅ, τι δέ κα μὴ ποιήσωντι κατὰ τόδε τὸ ψάφισμα ..., ὀφειλέτω τῶι κοινῶι ὁ μὴ πράξας τι τῶν γεγραμμένων δραχμὰς ἑκατόν 3836 90ff. εἰ δέ κα πρόβατα ἐσβάλῃι, ἀποτεισάτω ὑπὲρ ἑκάστου προβάτου ὀβολὸν ὁ ἐσβαλών 4110 30ff. Ohne besonderen Subjektsausdruck: εἰ δέ κα πόλεμος περιέχηι Ἱεραπυτνίους, ἀποστελλόντων ὅσους κα<τα>δυνατὸν ἦι αὐτοῖς 3749 20ff. καὶ εἴ τίς κα βασιλεὺς ἢ δυνάστας ἄλλος ὅστισουν ἐπὶ πόλιν στρατεύ(ηται) τὰν Ἱεραπυτνίων, βοαθούντων Ἱεραπυτνίοις εἰς τὰν πόλιν παντὶ σθένει κατὰ το δυνατόν 3749 64ff.

Aus Herakleia am Siris ohne besonderes Subjekt: αἰ δέ μή, προκαδδεδικάσθω δύο μνᾶς ἀργυρίω πὰρ τὰν σχοῖνον *h*εκάσταν 4629 171f.

Aus Messenien mit besonderem Subjekt: ἐὰν δὲ μὴ ἐμ]μένωντι οἱ Φιαλέες ἐν τᾶι φιλ[ίαι ποτὶ τὼς Μεσ]σανίως καὶ Αἰτωλώς, ἄκυρος ἔ[στω ἁ ὁμολο]γία $4645_{19ff.}$ Vgl. 4650_{13}. ἂν δὲ μὴ παριστᾶι ἐπὶ τὰν δοκιμασίαν, πρασσόντω οἱ ἱεροὶ τοὺς ἐγγύους αὐτὸ καὶ τὸ ἥμισυ $4689_{71/72}$. ἂν δὲ μὴ ἐκτίνει παραχρῆμα, παραδότω ὁ κύριος τὸν οἰκέταν εἰς ἀπεργασίαν $_{77/78}$. ἂν δὲ μὴ παραδιδῶι, ἐξ[έσ]τω τῶι κυρίωι ἀποτρέχειν $_{83/84}$. ἅ[ν δέ χρεία εἶ πε]ρί τινος διαβούλιον [γί]νεσθαι, συναγόντω οἱ δέκα παντες τοὺς ἱερούς $_{172ff.}$ εἰ δέ τινα ἄγραφά ἐστι ἐν τῶι διαγράμματι ποτὶ τὰν τῶν μυστηρίων καὶ τᾶν θυσιᾶν συντέλειαν, βουλευέσθων οἱ σύνεδροι . . . $_{180ff.}$ Ohne besonderes Subjekt: εἰ] δέ τίς κα κατα[δουλίζηται Π]έτραιαν, ἀποτει[σάτ̣ω δέ]κα μνᾶς ἀργυρίου [ἱαρὰ]ς τᾶι Λιμνάτι $4642_{2ff.}$ ἂν δέ τις μὴ θέλει ὀμνύειν, ζαμιόυτω δραχμαῖς χιλίαις 4689_{6}. ὅταν δὲ ἐπιτελεσθεῖ τὰ μυστήρια, ἀπολογισάσθωσαν ἐμ πάντοις ἐν τᾶι πρώται συννόμωι συναγωγᾶι τῶν συνέδρων $_{48/49}$. ἄν τινος ἔτι χρεία εἶ . . ., φερόντω γράφοντες ῥη[τῶς εἰς] ὃ ἂν χρεία εἶ $_{56}$. ἄν δέ τις . . . ἁλῶι εἴτε κεκλεβὼς εἴτε ἄλλο τι ἀδίκημα πεποιηκώς, ἀγέσθω ἐπὶ τοὺς ἱερούς $_{75ff.}$

Aus Thera mit besonderem Subjektsausdruck: εἰ δέ κα ἡ ἐπιμηνιεία δωρεάν, πω[λ]είτω ὁ ἐπίσσοφος . . . $4706_{199ff.}$ Ohne besonderes Subjekt: εἰ δὲ μή, κωλυέσθω ὑπὸ τοῦ κοινοῦ $4706_{52 \text{ und } 56}$. εἰ δέ κά τις μὴ ἐπιμηνιεύσηι κατὰ τὰ γεγραμμένα, ἀποτεισάτω τῶι κοινῶι δραχμὰς ἑκατόν $_{142/143}$. εἰ δέ κα μὴ δέξηται λαβών, ἀποτεισάτω δραχμὰς ἑκατὸν πεντήκοντα $_{162f.}$ εἰ δέ κα μὴ ποεῖ τὰ ποτιτεταγμένα, ὀφειλ[έτ]ω τῶι κοινῶι δραχμὰς τριακοσίας $_{215ff.}$ Das Verb mit μή: ἐς ὅ δέ κα ἐκτείσῃ, μὴ μετ[ε]χέτω τοῦ κοινοῦ $_{164f.}$

Aus ionischem Sprachgebiet mit besonderem Subjekt: ἂν δέ τις ἀδικεῖ ἐν τοῖ ἱεροῖ ἢ ξένος ἢ δημιότης, ζημιούτω ὁ ἱερεὺς μέχρι πέντε δραχμέων κυρίως $5339_{9ff.}$ (Euboia). ἐὰν δέ τις μὴ ἀποδῶι τὰ γέρεα τῆι ἱερῆι τῆς Ἀρτέμιδος τὰ γεγραμμένα, ἐκγραφέτω αὐτὸν πρὸς τοὺς πράκτορας ὁ κύριος τῆς ἱερῆς, ἐπαγγείλας ὀφείλοντα τὴν ζημίην τὴν γεγραμμένην $5496_{8ff.}$ (Milet). In diesem Beleg steht zugleich das Partizipium, wiewohl es eine der Haupthandlung zeitlich voraufgehende Handlung ausdrückt, nach, wie z. B. auch S. 103 oben ἐὰν δ[ὲ ὁ] ἱερὸς μὴ παρῆι, προιερη[τευ]έτω τις ὧν αἱ λόγχαι εἰσ[ίν $5663_{10ff.}$ (Chios, Kleinasien). Ohne besonderes Subjekt: ἐὰν δέ τι π[α]ρὰ ταῦτα τὰ ὑπεράνω γεγραμμένα ὁ φρήταρχος ἢ οἱ χαλκολ[ό]γοι . . . ἢ ἄλλος τις ποιήσῃ, ἀποτεισάτω ἱερὰ τῶν θεῶν τῶν φρητρίων ἀργυ[ρίου δεινάρια δι]ακόσια $5272_{23ff.}$ (Euböa). ἐὰν δὲ βόσκων ἢ εἰρελῶν (scil. ἁλοῖ), στερέσθω τοῦ βοσκήματος 5314 11/12 (Euböa). ἐὰν δὲ ἐσάγηι παρὰ τὰ γεγραμμένα ἢ ποιήσηι, ὀφειλέτω τρισχιλίας δραχμὰς τῆι Ἥρηι 5361 40 ff. (Amorgos). ὃς δ' ἂν ἐκγραφῆι, εἰὰμ μὴ ἐξομόσει ἐν τῆι βουλῆι μὴ θῦσαι ἢ ἀποδοῦναι τα γέρεα τὰ γινόμενα, ὀφειλέτω τὴν ζημίην ... 5496 15 ff. (Milet). ἢν δέ τις [τὴν στήλην] ἀφαν[ίζηι ἢ τὰ γράμματα], πασχέτω ὡς ἱερόσυλος 5517 7/8 (Iasos). ἢν δ[έ τι]ς θέληι δικάζ[ε]σθαι περὶ γῆ[ς ἢ] οἰκίων, ἐπικαλ[εί]τω ἐν ὀκτὼ κα[ὶ δ]έκα μησὶν ἀπ' ὅτ[εο] ὁ ἄδος ἐγένε[το] 5726 16 ff. (Halikarnass).

§ 65. Die Stellung der Imperativi futuri des Verbs εἶναι mit einem prädikativen Adjektiv im Nachsatze.

Bildet das Verbum εἶναι (oder auch γίγνεσθαι) mit einem prädikativen Adjektiv das Prädikatsverbum im Nachsatze, so steht das prädikative Adjektiv voran; an dieses lehnt sich die Form von εἶναι (oder γίγνεσθαι); ist das Subjekt besonders ausgedrückt, so steht es nach.

So aus Kreta αἱ δὲ μή, κύριος ἔστω ὁ παρατυχὼν ἀρελόμενος κατὸ ἀρχαῖον 5027. εἰ δέ τί κα ὁ Ἱεραπύτνιος ὑπέχθηται ἐς Πρίανσον ἢ ὁ Πριανσιεὺς ἐς Ἱεραπύτναν ὁτιοῦν, ἀτελέα ἔστω καὶ ἐσαγομένωι καὶ ἐξαγομένωι αὐτὰ καὶ τούτων τὸς καρπὸς καὶ κατὰ γᾶν καὶ κατὰ θάλασσαν 5040 20 ff. αἰ δέ τί κα δόξης ἀμφοτέραις ταῖς πόλεσι βωλουομέναις ἐπὶ τῶι κοινᾶι συμφέροντι διορθώσασθαι, κύριον ἔστω τὸ διορθωθὲν 23 ff. αἴ κα δὲ προαιρῆται καρυχθῆμεν ἔν τινι τῶν ἀγώνων τῶν στεφανιτῶν, ἐπιμ[ε]λὲς γενέσθω τοῖς κόσμοις, ὅπως καρυχθῆ 4942 b 8 ff. Aus Attika ἐὰν δὲ ἀποψηφισαμένων τῶν θιασωτῶν μὴ ἐφῇ εἰς τοὺς ἅπαντας, κυρία ἔστω ἡ ἀποψήφισις ἡ τῶν θιασωτῶν CIA 2[5], 841 b 100 ff. Aus arkadischem Sprachgebiet: εἴ δ' ἄν τις τῶν ἐργωνᾶν ἢ τῶν ἐργαζομένων ἐπηρειάζειν δέατοι ἰν τὰ ἔργα ...., κύριοι ἐόντω οἱ ἐσδοτῆρες τὸμ μὲν ἐργάταν ἐς δέλλοντες ἐς τοῖ ἔργοι, τὸν δὲ ἐργώναν ζαμιόντες .... 1222 45 ff. Die erklärenden Partizipien stehen also nach. Aus Böotien ἡ δέ κά τις ἐφάπτειτη, [κ]ούριος ἔστω ὁ ἱαρεύς κὴ τὺ ἱαράρχη κὴ τὺ σούνεδρυ σουλῶντες καὶ δαμιώοντες 497 11 ff. Vgl. auch 498 14 ff., 499 10 ff., 501 4 ff. Ferner ἡ δέ κά τις καταδουλίδδε[τ]η εἴ ἐφάπτειτη, κούριος ἔστ[ω ὁ ἱαρεὺς κὴ τὺ] πολέμαρχυ σουλῶντες κὴ δαμιώοντες κὴ τῶν ἄλλων ὁ β[ειλόμενος] 500 5 ff. Aus Phokis εἰ δὲ μὴ θάψωντι καὶ ποιήσωντι τὰ ὥρια αὐτῶν ..., ἀτελ[ὴ]ς ἔστω ἁ ἀνάθεσις 1545 8 ff. Beachte auch mit dem Partizipium perf. pass.: εἰ δέ κα διοικήσῃ ἁ πό[λις] τῶν Δρυμίων τὰ ἐνήκοντα μνᾶς, κα[θ]ὼς ... γέγραπται ..., ἀπολελυμένα ἔστω [το]ῦ δανείου παντός $1529_{9ff.}$ Aus Delphi εἰ δέ τις καταδουλίζοιτο Σωκράτειαν ἢ Σοφίαν, κύριος ἔστω ὁ παρατυχὼν συλέων, ἀνυπόδικος ὢν πάσας δίκας καὶ ζαμίας $1716_{4/5}$. Ähnlich $1692_{7ff.}$, $1730_{6ff.}$, $1695_{7/8}$, $1696_{5/6}$, $1701_{8/9}$, $1707_{5ff.}$, $1751_{3/4}$, $1760_{10ff.}$, $1777_{5ff.}$, $1778_{5ff.}$, $1918_{11/12}$ und öfters. ἐπεὶ δέ κα [μ]ε[ταλλ]άξηι τὸ[ν βίο]ν Βόηθος, ἐλευθέρα ἔστω Θρᾶισσα $1694_{6/7}$. ἐπεὶ δέ κα μεταλλάξηι Μικκύλος ὁ Λαδίκου τὸμ βίον, ἐλευθέρα ἔστω Σωκράτεια 1716_{6}. Vgl. 1749_{4}. $1719_{12ff.}$, $1748_{7ff.}$, $1754_{6/7}$, $1755_{11ff.}$, $1757_{11ff.}$, $1767_{17ff.}$, $1775_{19ff.}$, $1796_{4/5}$ und sonst. εἰ δὲ μὴ παρέχοισαν, πράκτιμοι ἔστων Μήδαι καὶ Σωσιβίωι καὶ Σωσοῖ ἀργυρίου μνᾶν τεσσάρων κατὰ τὸν νόμον ἅ τε ἀποδομένα καὶ ὁ βεβαιω[τ]ήρ $1708_{25ff.}$ εἰ δὲ ἢ αὐτὸς ἀδικέοι ἢ ἄλλωι ἐπιτρέψαι, ἔνοχος ἔστω Μέναρχος τῶι ἐφιορκεῖν καὶ παραβαίνειν τὰ συνκείμενα $2072_{18/19}$. εἰ δὲ μή, ἀγώγιμος ἔστω Φαινέας πανταχόθεν ἐκ πάσας πόλιος καὶ ἱεροῦ Ἀπόλλωνος $1723_{11/12}$. Vgl. $1878_{12/13}$. ἐπεὶ δέ κα δι[α]λίπηι Σωτίων, ἱερὰ ἔστω Ἡδεία τοῦ Ἀπόλλωνος καὶ ἀνέφαπτος $2082_{5/6}$. καὶ ἀνέφαπτος ist nachträglich angefügt, so daß eine Art Schleppe entsteht. καὶ εἴ κα παραμείνη . . ., βέβαιος ἔσ[τ]ω ἁ ὠνὰ τῶι θεῶι 1702_{6}. εἰ δὲ μὴ παραμείναι Φυλάκρα . . ., ἄκυρος ἔστω ἁ ὠνά $1747_{14/15}$. Vgl. $1791_{10/11}$, $1811_{7/8}$, $1884_{9/10}$. Ohne besonderen Subjektsausdruck sei aus der Labyadeninschrift angeführt αἰ δέ κα μὴ ἀποτείσηι, ἄτιμος ἔστω ἐγ Λαβυαδᾶν $2561\,B_{40ff.}$ Die Beispiele mit besonderem Subjektsausdruck waren in Delphi so zahlreich, daß ich mich darauf beschränken kann, für weitere Fälle ohne besondere Subjektsbezeichnung einige Stellen namhaft zu machen. Vgl. also z. B. $1697_{8ff.}$, $1698_{9/10}$, $1703_{10/11}$, 1707_{8}, $1710_{10/11}$, $1712_{15ff.}$, 1716_{6}, $1718_{8/9}$, alle mit πράκτιμοι ἔστων. Mit ὑπόδικοι ἔστωσαν $1720_{8/9}$, $1848_{16/17}$.

Anmerkung 1. Statt des Prädikatsadjektivs kann auch ein Genitivus possessivus vor dem Imperativ des Verbum substantivum stehen. Also z. B. εἴ τί κα κατ[αλείπη ὑπά]ρχον Μάνης, Λυρίου ἔστω $1696_{12/13}$. ὅσα δ[έ]κα κτήσηται Δαμαρχὶς μένουσα παρὰ Θευδώραν, Δαμαρχίδος ἔστω $1798_{13ff.}$ Besonders häufig ist die Bestimmung τοῦ θεοῦ: ἐπεὶ δέ κά τι πάθη Μέναρχος, τοῦ θεοῦ ἔστων Ξένων καὶ Πειθόλαος κυριεύοντες αὐτοσαυτῶν. $2072_{5/6}$. Vgl. $1918_{7/8}$. $1979_{8ff.}$ $2006_{4/5}$. $2041_{6/7}$.

Anmerkung 2. Statt des Adjektivs kann auch eine adverbiale Bestimmung vor dem Hilfsverb stehen, wenn sie zu ihm gehört. So in Chios ἢν δὲ μὴ πρήξοισιν, ἐν ἐπαρῆι ἔστων $5653\,a_{20/21}$, wo ἐν ἐπαρῆι soviel wie ἐπάρητος ist.

Anmerkung 3. Die Wortfolge Imperat. fut. von εἶναι — Prädikatsadjektiv ist sehr selten. Ich notierte nur aus Phokis εἰ δέ τις καταδουλίζοι[το] οὓς ἀνατεθέκαντι Κάλλιον καὶ Δαμὼ ἢ . . . τὰ γενόμενα [τ]έκ(ν)α ἐκ τούτων, ἔσστωσαν ἐλεύθεροι $1523_{11ff.}$

§ 66. Das Demonstrativpronomen οὗτος tritt vor den mit einem prädikativen Adjektiv versehenen Imperativus fut. des Verbs εἶναι.

Wie schon § 5 und 7 ff. bemerkt, drängen die Demonstrativpronomina sich gern an den Anfang des Satzes. In diesem Falle kommt hinzu, daß οὗτος auf ein Satzglied des Vordersatzes oder auf den ganzen Vordersatz zurückweist und so auch die Verbindung zwischen Vordersatz und Nachsatz herstellt.

Aus Olus-Latos auf Kreta εἰ δέ τί κα δόξη ὕστερον ταῖς πόλεσι Κνωσίοις καὶ Λατίοις καὶ Ὀλοντίοις ἢ ποτιγράψαι ἢ ἀφελέν, ταῦτα ἔστω κύρια 5149 a$_{40\text{ff.}}$ Aus Delphi ὅτι δέ κα οὗτοι κρίνωντι ὀμόσαντε[ς], τοῦτο κύριον ἔστω 1832$_{9/10}$. Aus Rhodos ἃ δέ κα κοινᾶι δόξηι, ταῦτα κύρια ἔστω 3749$_{86}$.

Anmerkung 1. Beachte, daß nach dem Demonstrativpronomen einmal die Wortfolge Kopula — Adjektiv herrscht, das andere Mal die umgekehrte.

Anmerkung 2. Das Demonstrativpronomen ὅδε ist nicht an den Anfang sondern hinter das Prädikatsadjektiv getreten in folgendem Falle. αἰ δ[έ] κέ τις ἢ ῥήτω[ρ] εἴπη ἢ ἄρχων [ἐσ]αγάγη [ἢ καὶ ἐπ]ιμήν[ι]ος ἐσ[ενίκ]η, ἄκυρα τ[άδ'] ἔστω 305 B$_{39\text{ff.}}$ (äolisch). Vgl. auch εἰ δὲ (μὴ) θρέψει, ἀτ(ελ)ὴς καὶ ἀρμένα ἄδ[ε] (ἀ) ὠνὰ [ἔ]σστω. 1425$_{5}$.

§ 67. Mittelstellung und Endstellung des Imperativus futuri im Nachsatz durch Vorantritt von αὐτός.

Wenn αὐτός betont ist, so tritt es an den Anfang des Nachsatzes und verdrängt mithin das Verb aus seiner Anfangsstellung. So aus Kreta εἰ δέ κα μὴ εἴηι καλίον[τι ἀι ἦγρ]αται, αὐτὸς μετρήθω 4986$_{7\text{ff.}}$ αἰ δέ κ' ὁ καταθέμενος μὴ λῆι μωλῆν, ἢ κ' ἀποδῶι τὸ ὀφήλωμα, αὐτὸς μωλήτω 4998$_{12\text{ff.}}$ αἰ δέ τινές κα ἰδίαι εξενέγκωνται, αὐτοὶ καὶ διαπολεμόντων καὶ ... 5041$_{9\text{f.}}$ Auch vor das mit εἶναι verbundene Prädikatsadjektiv tritt betontes αὐτός. So αἰ δέ μή, αὐτοὶ ὑπόδικοι ἔ[στων τῶ] διπλόω 5100$_{3\text{f.}}$ Vgl. 5087 a$_{6}$. Aus Delphi εἴ τι κα ἦται περισσὸν τῶν Λαρίσας, αὐτὸς ἐχέτω 1799$_{6}$. Aus Korkyra ὅσα δὲ Ἀριστομένει ἢ Ψύλλαι ἢ τοῖς ἐπινόμοις ἐπιτίμια ἐπιβάλλει, αὐτοὶ εἰσπρασσόντω 3206$_{123\text{ff.}}$ Aus Lakonien εἰ μέν κα ζώη, αὐτὸς ἀνελέσθω 4598 b. Aus Chios ἢ δὲ μὴ πράξοισιν, αὐτοὶ ὀφειλόντων 5653$_{15/16}$.

Ist αὐτός nicht betont, so drängt es sich nicht an den Anfang, so daß das Verb in Anfangsstellung bleibt, dabei ist aber für αὐτός folgendes zu merken. Es zeigt vielfach das Bestreben, die zweite Stelle im Satze einzunehmen; besteht das Prädikat aus einem Imperat. futuri von εἶναι und einem

Prädikatsadjektiv, so trennt es beide, indem es dazwischen tritt. Vgl. auch Wackernagel IF. 1, 406 ff. So ist in Delphi bezeugt εἰ δὲ οἰκῆσαι ἢ πολιτεύσαιτο, ἄκ[υρ]ος αὐτᾶς ἔστω ἁ ὠνὰ καὶ ἀτελής $1718_{11/12}$, wo καὶ ἀτελής nachträglich angefügt ist und als eine Art Schleppe erscheint. Siehe auch S. 109. Mir scheint dieser Stellungstypus alt zu sein. Erst aus diesem hat sich einmal die Stellungsart entwickelt, die $1718_{13/14}$ anzutreffen ist: εἰ δὲ ἀπαλλοτριωοίη καθ' ὁποῖον τρόπον, ἄκυρος αὐτᾶς ἁ ὠνὰ ἔστω. Der Genitiv αὐτᾶς hat den Nominativ, zu dem αὐτᾶς logisch und syntaktisch gehört, an sich gezogen, so daß ἔστω in Endstellung geriet. Derselbe Trieb, logisch und syntaktisch Zusammengehöriges auch zusammenzustellen, konnte aber auch noch zu einem anderen Ergebnis führen, das $1819_{8\,ff.}$ vorliegt. Es heißt dort εἰ δέ τι νοσφίξαιντο Κωμικὸς ἢ 'Ιωνὶς τῶμ Μαρα[ί]ου καὶ ἐξελεγχθείη<ι>σαν, ἄκυρος ἔστω αὐτῶν ἁ ὠνὰ καὶ ἀτελής. Hier hat ἁ ὠνά den von ihm abhängigen Genitiv αὐτῶν an sich gezogen, so daß Prädikatsadjektiv und Hülfsverb unzerrissen am Anfang stehen bleiben. Dem Typus ἄκυρος αὐτᾶς ἁ ὠνὰ ἔστω ist es meines Erachtens zu verdanken, wenn es schließlich εἰ δέ τινι ζώουσα δόσιν ποιέοιτο τῶν ἰδίων Εὐπορία, ἀτελὴς ἁ ὠνὰ ἔστω $1759_{10/11}$ heißt. Stand einmal das Subjekt ἁ ὠνά in Sätzen mit genitivischem, zum Subjekt gehörigem αὐτός vor dem Imperativ, so konnte es endlich analog auch in Sätzen ohne jenes genitivische αὐτός vor ἔστω treten. Vgl. auch $1878_{14/15}$. αὐτός kann auch im Dativ stehen, wie εἰ δέ κα ... μὴ ποιέωντι τὸ ποτιτασσόμενον, ἀρμένα καὶ ἀτελὴς αὐτοῖς ἁ ὠνὰ ἔστω $1854_{10\,ff.}$ Auch in diesem Falle trat das Subjekt ἁ ὠνά vors Verb, so daß dieses am Ende erscheint und vom Prädikatsadjektiv getrennt steht. Der Genitivus αὐτῶν attrahierte das zugehörige Subjekt, so daß dieses vor das Verb kam, auch noch in folgenden Belegen. Aus Amphipolis auf Euböa ἢν δέ τις τὸ ψήφισμα ἀναψηφίζει ἢ καταδέχηται τούτους τέχνηι ἢ μηχανῆι ὁτεωιοῦν, τὰ χρήματα αὐτοῦ δημόσια ἔστω $5282_{18\,ff.}$ Ferner noch aus Phokis εἰ δέ τις ἐπιλανβάνοιτο αὐτῶν ἢ καταδουλίζοιτο, ἅ (τε) γενηθεῖσα δουλαγωγία αὐτῶν ἄκυρος καὶ ἀρμένα ἔστω $1545_{11\,ff.}$ Aus Delphi εἰ δέ κα μὴ ἀποδιδῶντι καθὼς γέγραπται, τὰ ἐνέχυρα αὐτῶν τᾶς πόλιος ἔστω $2642_{69\,ff.}$ Hier trat das Subjekt ganz an den Anfang, so daß der possessive Genitiv mit dem Verbum substantivum zusammen bleiben konnte und letzteres ans Satzende kam. Es kann aber der Genitiv auch nach dem Verbum substantivum stehen, so daß dieses selbst wieder in Mittelstellung erscheint; so: εἰ δέ κα τελευτάσῃ Ἀσία, τὰ ὑπάρχοντα αὐτᾶς πάντα ἔστων Ἐπιχαρίδα ἢ τῶν ἐπινόμων αὐτοῦ 1718 $_{14/15}$. Schließlich auch wieder Voranstellung des Subjekts, ohne daß es einen Genitiv von αὐτός bei sich hat: εἰ δέ τί κα πάθωντι Καλλικράτης καὶ Τυμαγόρα, τὰ ὑπάρχοντα ἔστων Ἀριστοῦς, Πλειστοῦς, Τιμαγόρου, Τίμωνος 2069 $_{19ff.}$ Das Verb steht hier in Mittelstellung, da die Genitive folgen. Dies scheint üblich zu sein, wenn der Genitiv oder die Genitive größeren Umfangs sind. Ist er kurz, so steht er vor dem Verbum substantivum, so daß dieses dann in Endstellung erscheint, vgl. § 65 Anm. 1 und noch εἰ δέ κα τελευτάσῃ Σῶσος ἄτεκνος, τὰ καταλειφθέντα ὑπάρχοντα Σώσου πάντα Καλλιξένου ἔστων 1878 $_{13/14}$. Vgl. auch 1759 $_{8ff.}$ Siehe ferner Abschnitt 2 des folgenden Paragraphen.

§ 68. Mittelstellung des Imperativus futuri im Nachsatze durch Vorantreten betonter Satzglieder (mit Ausnahme von αὐτός).

Der Imperativus futuri kann überhaupt vom Anfange des Nachsatzes dadurch verdrängt werden, daß betonte Satzteile an den Anfang treten. So kann besonders in Inschriften, die über Strafmaße für irgendwelche Vergehen berichten, die im Akkusativ stehende Strafe nachdrücklich hervorgehoben werden, indem ihre Bezeichnung an den Anfang des Satzes gestellt wird[1]). Hierher gehört aus Kreta αἰ δὲ μὴ πρά[ξαι]εν ἁ βωλά, αὐ[τοὶ] τὰ διπλόα ἀ[ποτει]σάντων 4952 D $_{1ff.}$ αὐτοί und τὰ διπλόα sollen besonders hervorgehoben werden. Aus Elis αἰ ζὲ μὴ [. . . . .], ζίφυιον ἀποτινέτω ἐν μαστράαι 1152 $_{6/7}$. Aus Phokis εἰ δέ τ[ις ἐπι]λάβοιτο Σωτηρίχας εἰς δουλήας χάριν ἢ ἀπ' ἐλευθερώσεως, τὸ αὐτὸ πρόστιμον ἀποτισάτω 1555 c $_{15ff.}$ Aus Lokris αἰ δέ πλέον δέκ' ἁμαρᾶν ἔχοι τὸ σῦλον, ℎημιόλιον ὀφλέτω Ϝότι συλάσαι 1479 A $_{5/6}$. Ähnlich αἰ μεταϜοικέοι πλέον μηνὸς ἢ ὁ Χαλκεὺς ἐν Οἰανθέαι ἢ Ὠιανθεὺς ἐν Χαλείωι, τᾶι ἐπιδαμίαι δίκαι („nicht ein fremdes Gericht") χρήστω ib. $_{6-8}$. Aus Delphi ℎόσ]τις δέ κα πὰρ νόμον [τι] ποιέοντα τᾶι δίκαι ℎέλῃι, τὸ ℎήμισσον ἐχέτω 2561 C $_{10ff.}$ (Hier zwar nicht als Strafe, sondern als Belohnung, was aber für unseren Zweck nichts ausmacht). αἰ δὲ μή, τὸ διπλὸν Ϝέκαστος ἀποτεισάτω ibid. $_{15/16}$. Im letzten Falle ist außer τὸ διπλοῦν auch Ϝέκαστος betont; überdies aber gehören die

---

[1]) Sie muß natürlich nicht hervorgehoben werden, wie Belege auf S. 100 ff. zeigen.

beiden Begriffe auch zusammen, so daß auch τὸ διπλοῦν das Subjekt Fέκαστος an sich gezogen und so vor den Imperativ gebracht haben könnte. εἰ δὲ μή, διπλῆ ἀποτ(ε)ισάντων τὸ κεφάλαιον 3206 $_{70/71}$. Kurz vorher ist von der einfachen Strafe des κεφάλαιον die Rede. αἰ δέ κά τις τῶν ἀ[ρχευόν]τῶν ἀπειθῆ τοῦδε τοῦ ψαφίσματος, πεντακατίας δραχμὰς ἀποτεισάτω ἱε[ρὰς τοῦ Ἀ]πόλλωνος 3705 $_{110ff.}$ ἣν δέ τίς τινα τῶν οὔρων τούτων ἢ ἐξέλῃι ἢ μεθέλῃι ἢ ἀφανέα ποιήσει . . ., ἑκατὸν στατῆρας ὀφειλέτω 5653 $_{9ff.}$ (Chios).

Bereits im vorigen Paragraphen haben wir Fälle aufgezählt, in denen das Subjekt mit einem Genitiv von αὐτός vor das Verb getreten war, wobei wir annahmen, daß der Genitiv von αὐτός das zu ihm gehörige Subjekt an sich gezogen hat. Es gab aber, wie wir sahen, auch Fälle, in welchen das Subjekt ohne jenen Genitiv vorangetreten war. Wir hielten sie für Analogiefälle. Jedenfalls läßt sich schwer sagen, ob etwa in jedem einzelnen Falle nicht auch noch eine beabsichtigte Hervorhebung des Subjektes mit im Spiele gewesen sei. Manchmal ist die Hervorhebung des Subjektes sicher der Grund; ein gutes Beispiel hierfür liefert die Xuthiasinschrift. Es heißt 4598b εἰ μέν κα ζώη, αὐτὸς ἀνελέσθω. αἰ δέ κα μὴ ζώη, τοὶ υἱοὶ ἀνελόσθω τοὶ γνήσιοι . . . εἰ δέ κα μὴ ζῶντι, ταὶ θυγατέρες [ἀ]νελόσθω ταὶ γνήσιαι. εἰ δέ κα μὴ ζῶντι, τοὶ νόθοι ἀνελόσθω. εἰ δέ κα μὴ νόθοι ζῶντι, τοὶ ἄσ(σ)ιστα πόθικες ἀνελόσθω. αἰ δέ κ' ἀνφιλέγωντ[ι, τ]οὶ Τεγεᾶται διαγνόντω κατὸν θεθμόν. Die Subjekte der aufeinander folgenden Nachsätze sind stets verschieden und, wie der Zusammenhang lehrt, hervorgehoben. Zu beachten ist noch, daß die Zusätze τοὶ γνήσιοι, ταὶ γνήσιαι dem Verb folgen, so daß dieses in die ganz unbetonte Mittelstellung gerät.

Andere Satzglieder können natürlich auch hervorgehoben werden. So heißt es in Kreta ὅ τι δέ κα πράξοντι, ταῖς ἑταιρείαισιν δασσάσθωσαν ταῖς ἐμ πόλει 4952 $_{37ff.}$ Oder auch aus Attika ἐὰν δὲ μὴ ὦσι ἐν τῷ(ι) θιάσῳ τούτῳ τοσοῦτοι τὸν ἀριθμὸν, ἐκ τῶν ἄλλων φρατέρων παρεχέσθω CIA 2^5, 841 b $_{75ff.}$

Ganz besonders deutlich ist die Hervorhebung des Subjektes, wenn sie mit Hülfe von μὲν — δὲ geschieht. So in Rhodos εἰ δέ κα μετὰ τὸν γεγραμμένον χρόνον μεταπέμπωνται Ῥόδιοι τὰν συμμαχίαν, τὰ μὲν ἄλλα γινέσθω κατὰ ταῦτα . . . 3749 $_{29ff.}$ Aus Messenien ἂν δέ τις ἁλῶι, ὁ μὲν δοῦλος μαστιγούσθω ὑπὸ τῶν ἱερῶν, ὁ δὲ ἐλεύθερος ἀποτεισάτω ὅσον κα οἱ ἱεροὶ ἐπικρίνωντι

4689 79. Aus Milet ἃ δὲ ἂν ὁ θεὸς θεσπίσῃ, οἱ μὲν θεοπρόποι εἰσαγγειλάτωσαν εἰς ἐκκλησίαν, ὁ δὲ δῆμος ἀκούσας βουλευσάσθω 5498 5 ff. Dasselbe wie μὲν — δὲ bewirkt auch τὲ — καί. So heißt es in Thera εἰ δέ τίς κα εἴπει ἢ γράψει, τό τε ῥηθὲν ἢ γραφὲν ἄκυρον ἔστω καὶ ὁ εἴπας ἢ γράψας στερέσθω τοῦ κοινοῦ 4706 281 ff. Aus Thasos ὃς δ' ἂν παρὰ ταῦτα εἴπηι . . ., τά τε δόξαντα ἄκυρα ἔστω καὶ χιλίους στατῆρας ὀφειλέτω 5464 13 ff., wobei die Strafe in dem mit καί angefügten Satze wieder voran steht. Aus Teos ἢν δὲ οἱ ἐνεστηκότες ταμίαι ἢ οἱ ἑκάστοτε γινόμενοι μὴ παραδῶσιν τὸ ἀργύριον τοῦτο κατὰ τὰ γεγραμμενα . . ., τά τε πραχθέντα ἄκυρα ἔστω καὶ οἱ μετὰ ταῦτα ταμίαι καταχωριζέτωσαν . . . τόδε τὸ πλῆθος τῶν χρημάτων 5634 10 ff.

Anmerkung. Werden aber durch μὲν — δὲ zwei Subjekte desselben Satzes in Gegensatz gebracht, wobei nur ein Verbum finitum vorhanden ist, so steht dieses am Anfang und die Subjekte folgen, so: πρειγήια δὲ ὦ [κ]α χρείαν ἔχηι πορήιω, παρεχόντων οἱ μὲν Ἱεραπύτνιοι κόσμοι τοῖς Πριανσιεῦσι, οἱ δὲ Πριανσιέ(ε)ς κόσμοι τοῖς Ἱεραπυτνίοις Hierapytna auf Kreta 5040 29 ff. Für τὲ — καὶ gilt dasselbe, siehe S. 102.

§ 69. **Mittelstellung des Imperativus futuri im Nachsatze durch Voranstellung eines Participium conjunctum oder Genitivus absolutus.**

Ein Participium, das eine der im Imperativ liegenden Handlung vorausgehende Handlung ausdrückt, braucht nicht an den Anfang des Nachsatzes zu treten, sondern kann dem Imperativ folgen. So ist in Latos auf Kreta bezeugt αἰ δέ τίς κά τινα ἀδικήσηι ἐν ταύταις ταῖς ὁδοῖς, ἀποτεισάτω ἐξαπλόα τὰ πρόστιμα δίκαι νικαθές 5074 37 f. (Deiters).

Häufiger aber tritt das Partizip vor; aus Gortyn αἰ δέ κα ναεύηι ὁ δῶλος ὦ κα νικαθῆι, καλίων ἀντὶ μαιτύρων δυῶν δρομέων ἐλευθέρων ἀποδεικσάτω ἐπὶ τῶι ναῶι, ὀπῆ κα ναεύηι, ἢ αὐτὸς ἢ ἄλος πρὸ τούτω 4991 I 38 ff. Beachte wieder, daß ἢ αὐτὸς zum zugehörigen ἢ ἄλος gezogen ist; übrigens kann man ἢ αὐτὸς ἢ ἄλος πρὸ τούτω als Schleppe auffassen. Aus Arkadien εἰ δέ τι(ς) ἐργωνήσας μὴ ἰγκεχηρήκοι τοῖς ἔργοις, ὁ δὲ πόλεμος διακωλύοι, ἀποδόας [τ]ὸ ἀργύριον τὸ ἂν λελαβηκὼς τυγχάνη, ἀφεώσθω τῶ ἔργω 1222 12 ff. In diesen beiden Belegen war im Nachsatze das Subjekt nicht besonders ausgedrückt. Ist dies doch der Fall, so zieht das Partizip das Subjekt, da es logisch zu ihm gehört, an sich, so daß auch das Subjekt noch vor den Imperativ gelangt. Das Verb erscheint, wenn kein weiterer Zusatz vorhanden ist, so in Endstellung. Vgl. εἴ κά τινες ἄγωντι

Τηΐος ἢ τὸς κατοικόντας παρ' αὐτοῖς, οἱ κόσμοι καὶ ἄλλος ὁ λῶν Κυδωνιατᾶν ἢ Τηΐων ἀφελόμενοι καὶ διδόντες τοῖς ἀδικημένοις κύριοι ἔστωσαν Teos-Inschrift $5168_{24\,ff.}$ Aus Delphi εἰ δέ κα ἐπανέλθη πρὸ τοῦ τὰ νομιζόμενα συντελέσαι, παραδοὺς Μιθριδάτης τὰ Λαρίσας πάντα τ[ῶι] υἱῶι τῶι Λαρίσας ἐλεύθερος ἔστω 1799_7. Tritt aber noch ein Zusatz irgend welcher Art hinter das Verb, so gelangt es natürlich wieder in Mittelstellung. Vgl. aus derselben Inschrift εἰ δέ κα μὴ παρα[γένη]ται, ποιήσας τὰ νομιζόμενα Μιθριδάτης ἐλεύθερος ἔστω καὶ ἀνέφαπτος ἀπὸ πάντων . . . $_{7\,ff.}$ (Schleppe). Aus Attika: ἐπειδὰν δὲ ὁ γραμματεὺς γράψῃ, λαβὼν ὁ ἐ[π]ιστά[τη]ς ὁ ἐκ τῶν προέδρων συνειλιξ[άτ]ω [τ]ὸν κ[α]ττί-[τε]ρον ἐ[κάτ]ερον CIA 2^5, $104\,a_{30\,ff.}$

Ein Genitivus absolutus verdrängt den Imperativ aus der Anfangsstellung: ἂν δ' ἐκτίνει τὸ ἀργύριον, παρεόντος τοῦ ἱερέος ἐμβαλ(λ)έτω εἰς τὸν θησαυρόν $5339_{12/13}$ (Oropos auf Euboea). ὡς δέ κα γένωνται τοκιζόμεναι μναῖ ἑκατὸν ὀγδοήκοντα καὶ ἐκδανεισθῶντι αἱ ἑκατὸν ὀγδοήκοντα μναῖ, παρελθόντος ἐνιαυτοῦ μετὰ τὸ ἐκδαν(ε)ισθῆ(μεν) τὰς ἑκατὸν ὀγδοήκοντα μνᾶς, ἀποστειλάτω ἁ πόλις κατὰ τὸν τοῦ ἀγωνοθέτα νόμον ἐπὶ τὰν τῶν τεχνιτᾶν μίσθωσιν $3206_{12\,ff.}$ (Korkyra). Ähnlich ibid. $_{76\,ff.}$

§ 70. Verba in umschreibender Ausdrucksweise als Imperativi futuri im Nachsatze auf den Inschriften.

Unter umschreibender Ausdrucksweise verbaler Natur verstehen wir Verbindungen wie βουλὴν ποιεῖσθαι, στρατηΐην ποιεῖσθαι, βέβαιον παρέχειν, im Sinne von βουλεύεσθαι, στρατεύεσθαι βεβαιοῦν, also Verbindungen, in denen das Verb mit dem substantivischen oder adjektivischen Objekt einen einheitlichen Begriff bildet. Derartige Verbindungen sind auch im imperativischen Nachsatz im allgemeinen untrennbar; das substantivische oder adjektivische Objekt bleibt vor dem Imperativ stehen. Im Grunde genommen gehört auch die bereits § 65 erörterte Stellung Prädikatsadjektiv — Imperativ des Verbs εἶναι hierher.

So αἰ δέ κα καταγν[ώ]θηι τὸ χρύσιον κέρναν ὐδαρέστε[ρ]ον θέλων, θανάτωι ζαμιώσθω $213_{13\,ff.}$ (äolisch). Aus Delphi εἰ δέ τίς κα ἐφάπτηται Ἀριστείας, ἐξουσίαν ἐχέτω ὁ παρατυχὼν συλέων ὡς ἐλευθέραν οὖσαν . . . $1969_{17\,ff.}$, vgl. $2092_{10\,ff.}$, $2110_{12\,ff.}$, $2151_{8/9}$. $2156_{15\,ff.}$, $2158_{17\,ff.}$, $2208_{10\,ff.}$ und öfters. αἰ δέ κα μὴ παρέχωντι, πρᾶξιν ποιούντω κατὰ τὸν νόμον $1907_{10/11}$. εἰ δέ τις ἅπτοιτο ἐπὶ καταδουλισμῶι Ἀρμοδίκας, βέβαιον παρεχόντων τῶι θεῶι τὰν ὠνὰν ὅ τε ἀποδόμενος Ἄθαμβος καὶ οἱ βεβαιωτῆρες Ἀντιχάρης, Φιλόδαμος

1685$_{5ff.}$ Vgl. 1689$_{11/12}$, 1697$_{7/8}$, 1698$_{7/8}$, 1699$_{10/11}$, 1700$_{7ff.}$ 1703$_{9/10}$, 1718$_{7ff.}$, 1720$_{6ff.}$ und öfters. Hierher möchte ich auch stellen: αἰ δὲ μὴ ἀποδιδοίησαν οἱ ἐπιμεληταὶ ἐν τῶι γεγραμμένωι χρόνωι τὸ ἀργύριον, ἄτιμοι ἀπογραφέντω ἀπὸ τῶν ἐπικατασταθέντων ἐπιμελητᾶν ποτ' αὐτὸ καὶ τὸ ἡμόλιον 2642$_{86ff.}$ Das prädikative ἄτιμοι bildet mit ἀπογραφέντω gleichsam einen Begriff. Schließlich läßt sich hier auch noch anreihen das den Nachsatz eröffnende ἐξουσία ἔστω = ἐξέστω. So εἰ δὲ μὴ τρέφοι ἢ μὴ εὐσχημονίζοι Μήδα Σωσίβιον ἢ Σωσὼ χρείαν ἔχοντας, ἐξουσία ἔστω Σωσιβίωι καὶ Σωσοῖ κολάζειν Μήδαν 1708$_{18ff.}$ Vgl. auch 1801$_{3}$, 1969$_{11/12}$.

§ 71. Anmerkung. Die Negation μή vor dem Imperativ. Die Negation μή steht natürlich vor dem Verb, falls nicht ein einzelnes Wort im Satze negiert ist. So aus Knosos (Kreta): αἴ κα τὸ καρτα[ῖπος μ]ήπω δεδαμναμένον πριάμενος ἀποδιώ[κηι ἆι ἔγ]ρατται, μήπιθιθέτω τῶν ὐέργεον τριώ[δελα] 5072 b$_{3ff.}$ Aus äolischem Gebiet μηδ' αἴ κέ τις δίκαν γράφηται περὶ τ[ο]ύτων, μὴ εἰσά[γοντον οἱ περί]δρομοι καὶ οἱ δικάσκοποι ... 214$_{11ff.}$ Vgl. auch 4689$_{38/39}$. Das Verb εἶναι nun wird von μή angezogen, so daß Stellungen herauskommen, die von der nicht-negierten Diktion abweichen. So aus Achaia εἰ δὲ μὴ δοίη [τὸ ὅλον ἐν τῶι ἐνι]αυτῶι τῶι ἐπὶ Μενανδρίδα, ἀλλ(ὰ) [τὸ ἥμισυ μόνον], μὴ ἔστω αὐτῶι ἁ πολιτεία 1642 a$_{6ff.}$ εἰ δέ τις τῶν ἐπινόμων τῶν Ἀριστομένεος ἢ Ψύλλας προστατήσαι εἴς ἄλλο τι καταχρησθῆμεν ἢ καταχρήσαιτο ἄλλαι παι, μὴ ἔστω τὰ ἐπιτίμια μηδὲ τὰ χρήματα Ἀριστομένεος καὶ Ψύλλας μηδὲ τῶν ἐπινόμων Ἀριστομένεος καὶ Ψύλλας 3206$_{125ff.}$ αἰ δὲ μὴ ποιέοιν Νικαία καὶ Ἰσθμός, μὴ ἔστω βέβαιος αὐτοῖς ἁ ὠνά 1689$_{17/18}$ (nicht μὴ βέβαιος ἔστω). Das Pronomen οἱ kann sich nach μή einschieben: εἰ δὲ μή, μή οἱ ἔστω ἴνδικον μηδέποθι ἀλλ' ἢ ἰν Τεγέαι 1222$_{33ff.}$ Vgl. Wackernagel IF 1, 406 ff. So heißt es auch εἴ κα μὴ αὐτὸ θέλῃι, πωλῆσαι δὲ τὸ γενηθέν, μὴ ἐχέτω ἐξουσίαν Διόκλεα μηδὲ ἄλλος μηθείς 2171$_{20/21}$ (positiv ἐξουσίαν ἐχέτω). Demgegenüber vereinzelt: εἰ δέ κα πολεμῶντι κατάρξαντες πολέμου, μὴ ἐπάναγκες ἔστω Ἱεραπυτνίοις ἀποστέλλειν συμμαχίαν Ῥοδίοις 3748$_{38/39}$ ähnlich $_{73ff.}$ Daß μὴ ἐπάναγκες einen Begriff 'unnötig' bildet, kann nicht der Grund sein, heißt es doch oben nicht μὴ βέβαιος, wiewohl μή nur βέβαιος verneint ('ungültig'); es liegt wohl Einfluß der positiven Diktion (Prädikatsadjektiv + εἶναι) vor.

§ 72. Endstellung des Imperativus futuri im Nachsatze in den lateinischen Inschriften.

Im Lateinischen ist in Nachsätzen solcher Art, in denen das Verbum finitum durch einen Imperativus futuri gebildet wird, Endstellung üblich. Sowohl Objekt wie Subjekt stehen vor ihm. Ich nenne Beispiele, wobei ich wieder nach H. Dessau, Inscriptiones latinae selectae zitiere. *sei quis violasit, Iove bovid piaclum datod.* 4911. *sei quis violasit dolo malo, Iovei bovid piaclum datod.* ibid. *sei quis arvorsu hac faxit,* [*ceiv*]*ium* [1]) *quis volet pro ioudicatod* 4912. Auch mit *quicumque* = *siquis* im Vordersatz: *quicumque comitia magistratibus creandis subrogandis habebit, is is ne quem eis comitis pro tribu accipito neve renuntiato* .... 6087, 101. Beachte die Anfangsstellung des Pronomens is. *si quis accusator de suo tempore alteri concesserit, quot eius cuique concessum erit, eo amplius cui concessum erit, dicendi potestatem facito* ib. 102. *qui de suo tempore alteri concesserit, quot eius cuique concesserit, eo minus ei dicendi potestatem facito* ib. 102. *quicumque ludi scaenici coloniae Genetivae Iuliae fient, ne quis in orchestram ludorum spectandor* ib. 127. *si duo pluresve totidem suffragia habebunt et eiusdem condicionis erunt, nomina eorum in sortem coicito* 6089, 56. Ende. *qui comitia hac lege habebit, is relatis omnium curiarum tabulis nomina curiarum in sortem cocicitio.* ib. 57 Anfang. *qui praeconium conduxerit, praeconem intra fines praebe*[*to*]. 6891, 10. *si quas res ... vendet locabitve, iis rebus conductor socius actorve eius praeconem praestare debeto* ib. 13/14. Ferner *quae pequnia recepta erit, ea pequnia emere, conducere, locare, dare ... liceto* 4906, 10/11. *quamcumque munitionem decuriones huiusce coloniae decreverint, si maior pars decurionum atfuerit, cum ea res consuletur, eam munitionem fieri liceto* 6087, 98. *quod si in triduo non dederit, duplum dare debeto* 6891, 16.

Auch *esto* steht stets am Ende des Satzes, das Prädikatsadjektivum oder das Prädikatssubstantivum davor. *sei qui heic sacrum surupuerit, aedilis multatio esto* 4906, 14. *ubei venum datum erit, id profanum esto* 4906, 8. *si quis hic hostia sacrum faxit, quod magmentum nec protollat it circo tamen probe factum esto* 4907. *quot ex eis rebus decurionum maior pars qui tum aderunt, decreverint, statuerint, it ius ratumve esto* 6087, 64. In diesen drei letzten Sätzen ist auch die Anfangsstellung des demonstrativischen Pronomens beachtenswert. Das Demonstrativpronomen stellt inhaltlich die engste Verbindung mit dem Vordersatze dar. Vgl. auch *uti maior pars decurionum, qui tum aderint, censuerunt, ita ius ratumque esto* 6087, 92. Ferner *si cui ea multa dicta erit aut nomine eius alius postulabit, ut de ea ad decuriones conscriptosve referatur, de ea decurionum conscriptorumve iudicium esto* 6089, 66. Auch hier *de ea* am Anfange des Nach-

---

[1]) So nach v. Planta, Grammat. der osk.-umbr. Dial. Bd. 2 S. 588 Nr. 316.

satzes. *qui ita non iuraverit, is* HSX *municipibus eius municipi dare damnas esto* 6088, 26 (Seite 512). *sei quis adversus ea faxit, quant[i] id aedificium f[u]erit, tantam pequni[a]m municipio dare damnas esto* $6086_{35/36}$. Und so *damnas esto* oft am Schluß des Nachsatzes; vgl. z. B. 6085, 19. 6086, 31. 6087, 62. *sei quei ad hoc templum rem deivinam fecerit, Iovi Libero aut Iovis genio pelleis coria fanei sunto* 4906, 16/17. Ferner: *quae pequnia ad eas res data erit, profana esto* 4906, 11/12. *si quis tegere, ornare, reficere volet, quod beneficii causa fiat, ius fasque esto* 112 S. 32.

§ 73. Mittelstellung des Imperativus futuri in den lateinischen Inschriften.

1. Der Imperativus *esto* gerät in unbetonte Mittelstellung, indem bei der Strafangabe die im Genitiv stehende Bezeichnung der Strafe von *multa* getrennt und *esto* zwischen beide geschoben wird. So: *si quis autem in obprobrium alter alterius dixerit aut tu[mul]tuatus fuerit, ei multa esto HS XII nummun.* 7212, 25/26. *si quis quinquennali inter epul[as] obprobrium aut quid contumeliose dixerit, ei multa esto HS XX nummum* ib. 26/27. *ei* auch hier am Anfang des Nachsatzes.

2. Der Imperativ steht in Mittelstellung, in dem das von ihm abhängige Akkusativobjekt, das seinerseits einen Relativsatz nach sich hat, wohl der Länge halber nachsteht: *quicunque in eo municipio comitia duumviris, item aedilibus, item quaestoribus rogandis habebit, ex curiis sorte ducito unam, in qua imcolae, qui cives Romani Latinive cives erunt, suffragium ferant. . . .* 6089, 53. Ein Satz mit *ita, ut* . . . folgt in: *qui comitia ex hac lege habebit, is municipes curiatim ad suffragium ferendum vocato ita, ut uno vocatu omnes curias in suffragium vocet* ib. 55. Vgl. auch ib. 73.

Die in den griechischen Inschriften übliche Anfangsstellung des Imperativus futuri ist also in den lateinischen nicht gang und gebe; doch vergleiche den folgenden Paragraphen am Ende.

§ 74. Endstellung des Imperativus futuri in Catos Schrift de agri cultura.

Cato gibt in seiner Schrift *de agri cultura* die Vorschriften für den Landbau seiner kurzen bündigen Ausdrucksweise entsprechend meist in Imperativformen der 2. Pers. Sing. auf *-to*. Treten diese in einem Nachsatze auf, so stehen sie meistens am Ende. Beispiele sind in großer Zahl zu finden. So: *stramenta* *si deerunt, frondem iligneam legito* 5, 7 'Wenn's an Heu fehlen wird, sollst Du Eichenlaub sammeln'. *qui locus crassior erit aut nebulosior, ibi aminnium maius aut murgentinum, apicium, lucanum serito* 6, 4. 'Ist der Boden fetter oder dem Nebel mehr ausgesetzt, so sollst Du dort größeren aminnäischen oder murgentinischen, opischen oder lukanischen (Wein) pflanzen'. *si aquam non habebis, sicca quam plurima* (sc. *prata*) *facito* 9. *aram ubi facies, pedes V fundamenta alta facito* 18, 6. *ubi libraveris, de glarea et calce harenato primum corium facito* 'Hast Du (die Oberfläche des Bodens) gleich gemacht, so sollst du zunächst eine Schicht aus Kies und Mörtel herstellen' 18, 2. *eas* (*subscudes*) *ubi confixeris, clavis corneis occludito* 18, 9. *si orbes altiores erunt atque nimium mortarium deorsum teret, orbiculo ligneos pertusos in miliarum in columella supponito* 22, 2. *si helvolum vinum facere voles, dimidium helvoli, dimidium apicii vini indito* 24. *si erit locus siccus, tum oleas per sementim serito* 27. *ubi sementim facturus eris, ibi oves* (*fronde viridi*) *delectato* 30. *ubi quisque locus frigidissimus aquosissimusque erit, ibi primum serito* 34. *si uno praefurnio coques, lacunam intus magnam facito* 38, 1. Vgl. auch 38, 2 und 38, 4. *Ubi vineam deputaveris, acervum lignorum virgarumque facito* 50, 2. *ubi daps profanata comestaque erit, verno arare incipito* 50, 2. *et luxatum si quid est, bis in die aqua calida foveto* 157, 4. *et si polypus in naso introerit, brassicam erraticam aridam tritam in manum conicito et ad nasum admoveto* 157, 15. Diese Beispiele lassen sich leicht noch bedeutend vermehren.

Ausnahmen sind ziemlich selten. Anfangsstellung des Imperativs fand ich z. B. 157, 13: *si esse* (= *edere*) *non volet, dato brassicam coctam et panem.* Ferner *auribus si parum audies, terito cum vino brassicam* (aber weiter: *sucum exprimito, in aurem intro tepidam installato*) 157, 16. Mittelstellung durch nachträglichen Zusatz, der einer Schleppe ähnelt, in: *sicubi in iis locis ripae aut locus umectus erit, ibi cacumina pōpulorum serito et harundinetum* 6, 3.

§ 75. Stellung des Imperativus futuri in den umbrischen Inschriften.

Die weitaus üblichste Stellung des Imperativus futuri in den umbrischen Inschriften ist die Endstellung. Das Subjekt entbehrt eines besonderen Ausdrucks; aber Objekt oder adverbiale Bestimmung stehen eben vor dem Imperativ. So sei aus den iguvinischen Tafeln genannt: ȿapi habina purtiius, suřum pesuntru fetu 'ubi *agnas*[1]) porrexeris, *figmentum suillum* facito' Ia$_{27f.}$ api suřuf purtiius, enuk hapinaru erus titu 'ubi *figmenta* porrexeris, tum *agnarum magmentum* dato' Ia$_{33}$. Vgl. auch VIb$_{23/24,\ 37/38}$. Pune kuvurtus, kenkratum hatu 'cum reverteris, cinctum capito' Ib$_{11}$. pune seste, urfeta manuve habetu 'cum sistis, orbitam in manu habeto' IIb$_{23f.}$ pune anpenes, krikatru testre e uze habetu. ape apelus, mefe atentu 'cum impendes, cinctum in dextro umero habeto. ubi impenderis, libo imponito' IIb$_{27/28}$[2]). *poei angla aseriato eest, eso tremnu serse arsferture ehueltu* 'qui oscines observatum ibit, sic in tabernaculo sedens flaminem iubeto' VIa$_{1/2}$. *sue anclar procanurent, eso tremnu serse combifiatu* 'si oscines cecinerint, sic in tabernaculo sedens nuntiato' VIa$_{16f.}$ *pone poplo afero heries, auif aseriato etu* 'cum populum lustrare volet, avis observatum ito' VIb$_{48}$. *ape Acesoniame hebetafe benust, enom termnuco stahituto* 'ubi in Acedoniam ad exitus venerit, tum ad terminum stanto' VIb$_{53}$. Und so fort.

Im Umbrischen kann der Imperativus futuri aber auch in Mittelstellung erscheinen. Das Akkusativobjekt kann ihm nachfolgen, so: ape purtuvies, testre e uze habetu krikatru 'ubi porricies, in dextro umero habeto cinctum' IIb$_{28/29}$, während es kurz vorher im Nachsatze krikatru testre e uze habetu heißt. Siehe auch Ib$_{16ff.}$ Das Dativobjekt kann nachstehen: vitlu vufru pune heries façu, eruhu tiçlu sestu Iuvepatre 'vitulum votivum cum voles facere, eadem dedicatione sistito Iovi patri' IIb$_{21f.}$ Vgl. VIb$_{5}$. Auch eine adverbiale Bestimmung kann dem Imperativ folgen. So pune karne speturie Atiieřie aviekate naraklum vurtus, estu esunu fetu fratrusper Atiieřie 'cum carni *spectoriae Atiediae auspicatae nuntiatio mutaverit, ista sacrificia facito pro fratribus Atiediis' IIa$_{1/2}$. pune poplum aferum heries, avef anzeriatu etu pernaiaf pustnaiaf 'cum populum lustrare voles, avis observatum ito anticas posticas' Ib$_{10/11}$. Vgl. noch IIa$_{7f.}$

§ 76. Die Endstellung des Imperativus futuri im Nachsatz in den oskischen Inschriften.

Das Oskische bietet für unseren Satztypus wenig Belege. Immerhin notierte ich ein paar Fälle mit Endstellung. ekkum

[1]) Die kursiv gedruckten lateinischen Wörter deuten an, daß die Übersetzung unsicher ist.

[2]) Siehe aber den folgenden Absatz.

svaí píd Abellanús tribarakattuset, íúk tríbarakkiuf ínim úíttiuf Abellanúm estud 'item si quid Abellani aedificaverint, id aedificium et usus Abellanorum esto' cippus Abellanus B 41 ff. Hier also Anfangsstellung des Subjektes, Endstellung des Verbs *ezum*. *in(im) suaepis ionc fortis meddis moltaum herest*, *ampert minstreis aeteis eituas moltas moltaum licitud* 'et siquis eum potius magistratus multare volet, dumtaxat minoris partis pecuniae multae multare liceto' Tabula Bantina 2 12 f. Ferner mit zerstörtem Vordersatz: *izic amprufid facus estud* 'is improbe factus esto'. Tabula Bantina 6 30. Schließlich darf man noch anreihen: *suaepis contrud exeic fefacust auti comono hipust, molto etanto estud: n.* ↀ ↀ. 'siquis contra hoc fecerit aut comitia habuerit, multa tanta esto: n. M. M.' Tabula Bantina, 2 11 f. Vgl. 5 25 f.

Anmerkung: Anfangsstellung des Imperativs nur Tab. Bantina 1, 4. *suae pis perbenust* . . ., *deiuatud sipus comenei perum dolom mallom, siom* . . . 'si quis peremerit . . ., iurato sciens in comitio sine dolo malo, se . . .' es folgt ein Accusativus cum infinitivo.

Endstellung des Imperativus futuri ist also jedenfalls im Lateinischen, Umbrischen und Oskischen das üblichste; und hierin stehen die italischen Sprachen im Gegensatz zum Griechischen, das im allgemeinen die Anfangsstellung liebt, die in jenen Sprachen nur selten vorkommt.

§ 77. Anfangsstellung des Verbum finitum im Nachsatze in der Sprache der Literatur.

Das Verbum finitum steht in der griechischen Prosa habituell am Anfange des Nachsatzes; das Subjekt folgt ihm in 'Inversion'.

Belege aus Herodot: ὡς δὲ Γύγης ἀπίκετο, ἔλεγε ἡ γυνὴ τάδε I 11. ὡς γὰρ δὴ οἱ Λυδοὶ δεινὸν ἐποιεῦντο τὸ Κανδαύλεω πάθος καὶ ἐν ὅπλοισι ἦσαν, συνέβησαν ἐς τὠυτὸ οἵ τε τοῦ Γύγεω στασιῶται καὶ οἱ λοιποὶ Λυδοί I 13. ἐπεὶ ὦν ὁ βουκόλος σπουδῇ πολλῇ καλεόμενος ἀπίκετο, ἔλεγε ὁ Ἅρπαγος τάδε I 110. ὡς δὲ τρίτη ἡμέρη τῷ παιδίῳ ἐκκειμένῳ ἐγένετο, ἤιε ἐς πόλιν ὁ βουκόλος I 113. ὡς δέ οἱ παρῆν ὁ Ἅρπαγος εἴρετό μιν ὁ Ἀστυάγης I 117. ἐπεὶ δὲ ἐγένετο ἐλαύνων ἀγχοῦ τῆς πόλιος, συνέβαλόν τε οἱ Βαβυλώνιοι καὶ . . . I 190. εἰ δέ εἰσι ὑπερβόρεοί τινες ἄνθρωποι, εἰσὶ καὶ ὑπερνότιοι ἄλλοι IV 36. ἐπείτε ἐπὶ τῷ Ἴστρῳ ἐγένετο, ἠντίασάν μιν οἱ Θρήικες IV 80. ὡς δὲ ἐχειρώθη ἡ Πέρινθος, ἤλαυνε τὸν στρατὸν ὁ Μεγάβαζος διὰ τῆς Θρηίκης, πᾶσαν πόλιν καὶ πᾶν ἔθνος τῶν ταύτῃ οἰκημένων ἡμερούμενος βασιλέϊ V 2. ὡς δὲ ἄχθη, παρῆσαν καὶ οἱ ἀδελφεοὶ αὐτῆς οὔ κῃ πρόσω σκοπιὴν ἔχοντες τούτων V 13. ἐπείτε δὲ ἡ κυρίη ἡμέρη ἐγένετο τῆς ὑποκρίσιος καὶ ἦλθον ἐς τὸ συγκείμενον, εἴρετο ὁ Κλεομένης τὸν Ἀρισταγόρην, ὁκόσων ἡμερέων ἀπὸ θαλάσσης τῆς Ἰώνων ὁδὸς εἴη παρὰ βασιλέα V 50. οὗτοι ὦν ἐπεί τε σφι ἀπίκοντο καὶ οἱ ἄλλοι σύμμαχοι παρῆσαν, ἐποιέετο στρατηίην ὁ Ἀρισταγόρης ἐς Σάρδις V 99. ὡς δὲ συνελέχθησαν, ἔλεξε Ξέρξης τάδε VII 8. εἰ ὦν θεός ἐστι ὁ ἐπιπέμπων καί οἱ πάντως ἐν ἡδονῇ ἐστι γενέσθαι στρατηλασίην ἐπὶ τὴν Ἑλλάδα, ἐπιπτήσεται καὶ σοὶ τὠυτὸ τοῦτο ὄνειρον ὁμοίως καὶ ἐμοὶ ἐντελλόμενον VII 15. ἐπεὶ δ' ἐγένετο ἐν Ἀβύδῳ, ἠθέλησε Ξέρξης ἰδέσθαι πάντα τὸν στρατόν VII 44. ὡς δὲ ταῦτά οἱ ἐπεποίητο, διέβαινον κατὰ μὲν τὴν ἑτέρην τῶν γεφυρέων τὴν πρὸς τοῦ Πόντου ὁ πεζός τε καὶ ἡ ἵππος ἅπασα, κατὰ δὲ τὴν πρὸς τὸ Αἰγαῖον τὰ ὑποζύγια καὶ ἡ θεραπηίη VII 55. ἐπεὶ δὲ Περσεὺς ὁ Δανάης τε καὶ Διὸς ἀπίκετο παρὰ Κηφέα τὸν Βήλου καὶ ἔσχε αὐτοῦ τὴν θυγατέρα Ἀνδρομέδην, γίνεται αὐτῷ παῖς τῷ οὔνομα ἔθετο Πέρσην VII 61. ὡς δ' ἐσέπεσον φερόμενοι ἐς τοὺς Ἕλληνας οἱ Μῆδοι, ἔπιπτον πολλοί VII 210. τις steht natürlich nach, wie ἐπείτε δὲ ἐτελέσθη τῷ Βακχείῳ ὁ Σκύλης, διεδρήστευε τῶν τις Βορυσθενεϊτέων πρὸς τοὺς Σκύθας λέγων IV 79. Auch das logische Subjekt folgt dem satzeinleitenden Verb: ὡς δὲ ἐβουλεύετο ἅμα Περσέων τοῖσι ἐπικλήτοισι, ἔδοξέ οἱ καὶ Ἀρτεμισίην ἐς συμβουλίην μεταπέμψασθαι VIII 101.

Viel häufiger sind Belege zu finden, in denen der Nachsatz keinen besonderen Subjektsausdruck aufweist. ὡς δὲ ἀπικόμενοι ἐς τὰ ἀπεπέμφθησαν οἱ Λυδοὶ ἀνέθεσαν τὰ ἀναθήματα, ἐχρέωντο τοῖσι χρηστηρίοισι λέγοντες I 53. ἐπείτε δὲ ἀνενειχθέντα τὰ θεοπρόπια ἐπύθετο ὁ Κροῖσος, ὑπερήσθη τε τοῖσι χρηστηρίοισι, πάγχυ τε ... I 54. ὡς δὲ ἀνευρεῖν οὐκ οἷοί τε ἐγίνοντο τὴν θήκην τοῦ Ὀρέστεω, ἔπεμπον αὖτις τὴν ἐς θεὸν ἐπειρησομένους τὸν χῶρον, ἐν τῷ κέοιτο Ὀρέστης I 67. ὡς δὲ καὶ ταῦτα ἤκουσαν οἱ Λακεδαιμόνιοι, ἀπεῖχον τῆς ἐξευρέσιος οὐδὲν ἔλασσον, πάντα διζήμενοι I 67. εἰ γὰρ δὴ βούλοιο ἐπὶ τῷ αἰεὶ ἐπεσφερομένῳ πρήγματι τὸ πᾶν ὁμοίως ἐπιλέγεσθαι, ποιήσειας ἂν οὐδαμὰ οὐδέν VII 50. ὡς δὲ τάχιστα ἐσῆλθον, ὁρέω παιδίον προκείμενον ἀσπαῖρόν τε καὶ κραγγανόμενον, κεκοσμημένον χρυσῷ τε καὶ ἐσθῆτι ποικίλῃ I 111. In diesen Beispielen war das Subjekt des Vorder- und Nachsatzes das gleiche; die beiden Sätze können aber auch verschiedene Subjekte haben. ὡς δέ οἱ πάντες διετετάχατο, παραίνεσε τῶν μὲν ἄλλων Λυδῶν μὴ φειδομένους κτείνειν . . ., Κροῖσον δὲ αὐτὸν μὴ κτείνειν I 80. ὡς δὲ τῷ Κύρῳ καὶ τοῦτο τὸ ἔθνος κατέργαστο, ἐπεθύμησε Μασσαγέτας ὑπ' ἑωυτῷ ποιήσασθαι I 201. εἰ γὰρ δὴ ἐπιφοιτήσει γε συνεχέως, φαίην ἂν καὶ αὐτὸς θεῖον εἶναι VII 16. In diesem letzten Beispiele ist beachtenswert, daß καὶ αὐτός, wiewohl betont, nicht an den Anfang des Nachsatzes getreten ist, daß vielmehr das Verb seine habituelle Anfangsstellung bewahrt hat.

Thucydides bietet weniger Belege als Herodot. ὡς δὲ ἄνω πλείους ἐγένοντο, ᾔσθοντο οἱ ἐκ τῶν πύργων φύλακες III 22, 4. καὶ ἐπειδὴ πάντα ἑτοῖμα ἦν, παρεκελεύσαντο ἐκείνοις οἵ τε στρατηγοὶ καὶ Γύλιππος VII 65, 3. εἰ δ' ἀντίσχοιεν, μελετήσομεν καὶ ἡμεῖς ἐν πλέονι χρόνῳ τὰ ναυτικά I 121, 4. ἐπειδὴ δὲ ἐπῆλθεν ἡ ἐν Διονύσου ἐκκλησία καὶ ὅσον οὐ ξυνειλεγμένοι ἦσαν, ἀγγέλλονται αἱ δύο καὶ τεσσαράκοντα νῆες καὶ ὁ Ἡγησανδρίδας ἀπὸ τῶν Μεγάρων τὴν Σαλαμῖνα παραπλεῖν VIII 94, 1. Auch das logische Subjekt steht nach: καὶ ἐπειδὴ καὶ ὡς οὐκ εὐθὺς ὥρμησαν, ἔδοξεν αὐτοῖς καὶ τὴν ἐπιοῦσαν ἡμέραν περιμεῖναι VII 74, 1. Vgl. auch noch IV 15, 1. Leichter sind auch bei Thucydides solche Beispiele zu finden, in welchen das Subjekt nicht besonders ausgedrückt ist, wo aber das Verb doch am Anfange des Nachsatzes steht, indem andere Satzteile, wie Objekt, Adverbialbestimmung, ihm folgen. ὡς δὲ ᾔσθοντο οἱ Θηβαῖοι τὸ γεγενημένον, ἐπεβούλευον τοῖς ἔξω τῆς πόλεως τῶν Πλαταιῶν II 5, 4. ἐν ᾧ γὰρ ᾠήθησαν περιέσεσθαι, ἐπέθεντο ἡμῖν οὐκ ἀδικούμενοι III 39, 3. ἐπειδὴ δὲ παρεσκεύαστο πάντα καὶ τοὺς ὁμήρους κατέθετο ἐς Κυτίνιον τὸ Δωρικόν, ἐχώρει τῷ στρατῷ ἐπὶ τὴν Ναύπακτον διὰ τῶν Λοκρῶν III 102, 1. ὡς δὲ ταύτῃ ἐνεδεδώκει τὸ τῶν Ἀργείων καὶ ξυμμάχων στράτευμα, παρερρήγνυντο ἤδη ἅμα καὶ ἐφ' ἑκάτερα V 73, 1. ἐπεὶ δ' ἐκηρύχθη καὶ κατεσκέψαντο τήν τε πόλιν καὶ τοὺς λιμένας καὶ τὰ περὶ τὴν χώραν, ἐξ ἧς αὐτοῖς ὁρμωμένοις πολεμητέα ἦν, ἀπέπλευσαν πάλιν ἐς Κατάνην VI 50, 5. ὡς δ' ἔγνω ὁ Γύλιππος οὐ προσιόντας αὐτούς, ἀπήγαγε τὴν στρατιὰν ἐπὶ τὴν ἄκραν τὴν Τεμενῖτιν καλουμένην καὶ . . . VII, 3, 3. ἐπειδὴ δ' ἐγένοντο ἐπὶ τῷ ποταμῷ, ηὗρον καὶ ἐνταῦθα φυλακήν τινα τῶν Συρακοσίων ἀποτειχίζουσάν τε καὶ ἀποσταυροῦσαν τὸν πόρον VII 80, 6. καὶ ἐνταῦθα 'auch dort', steht hier, obschon betont, ebensowenig voran, wie betontes καὶ αὐτός VII 16 (siehe oben). Aus Xenophons exped. Cyri: ἡνίκα δὲ δείλη ἐγίγνετο, ἐφάνη κονιορτὸς ὥσπερ νεφέλη λευκή, χρόνῳ δὲ συχνῷ ὕστερον ὥσπερ μελανία τις ἐν τῷ πεδίῳ ἐπὶ πολύ I 8, 8. ἐπεὶ δ' ἦσαν κατὰ τὸ εὐώνυμον τῶν Ἑλλήνων κέρας, ἔδεισαν οἱ Ἕλληνες μὴ . . . I 10, 9. ἐπεὶ δὲ καὶ ἐνταῦθ' ἐχώρουν οἱ Ἕλληνες, λείπουσι δὴ καὶ τὸν λόφον οἱ ἱππεῖς I 10, 13. ἐπεὶ δὲ τὰ πιστὰ ἐγένετο, εἶπεν ὁ Κλέαρχος II 2, 10. ἐπεὶ δὲ ταῦτα ἐκηρύχθη, ἔγνωσαν οἱ στρατιῶται ὅτι . . . II 2, 21. ἐπεὶ δὲ καὶ Κλέαρχον ἑώρων σπουδάζοντα, προσελάμβανον καὶ οἱ πρεσβύτεροι II 3, 12. ἐπεὶ δὲ ἀπήντησαν αὐτοῖς οἱ τῶν Ἑλλήνων στρατηγοί, ἔλεγε πρῶτος Τισσαφέρνης δι' ἑρμηνέως τοιάδε II 3, 17. ἐπεὶ δὲ Πρόξενος εἶπεν ὅτι αὐτός εἰμι ὃν ζητεῖς, εἶπεν ὁ ἄνθρωπος τάδε II 4, 16. ἐπειδὴ δὲ συνῆλθον, λέγει ὁ Κλέαρχος τάδε II 5, 3. ἐπειδὴ δὲ ἔστησαν εἰς ἐπήκοον, εἶπεν Ἀριαῖος τάδε II 5, 38, vgl. VII 3, 9. ἐπεὶ δὲ κατέλαβεν αὐτοὺς Τισσαφέρνης σὺν τῇ δυνάμει, ἐδίδαξεν αὐτοὺς ἡ ἀνάγκη κατασκηνῆσαι οὗ πρῶτον εἶδον κώμην III 4, 32. ἐπεὶ δ' ὅσον τριάκοντα σταδίους προεληλύθεσαν, ἀπαντᾷ Σεύθης VII 3, 7. ἐπειδὴ δ' ἐγγὺς ἐγένοντο οἱ Ἕλληνες, λείπουσιν οἱ βάρβαροι ἀμαχητὶ τὸν μαστόν IV 2, 15. ἐπεὶ δὲ καλὰ ἦν τὰ σφάγια, ἐπαιάνιζον πάντες οἱ στρατιῶται IV 3, 19. ἐπεὶ δὲ ἤρξαντο ἀποχωρεῖν, ἐπεξέθεον ἔνδοθεν πολλοὶ γέρρα καὶ λόγχας ἔχοντες καὶ κνημῖδας καὶ κράνη Παφλαγονικά V 2, 22. ἐπεὶ δὲ ἀφίκοντο, συνῆλθον οἵ τε τῶν Μοσσυνοίκων ἄρχοντες καὶ οἱ στρατηγοὶ τῶν Ἑλλήνων V 4, 4. ἐπεὶ δὲ τὰ ἱερὰ ἐγένετο, εἵποντο καὶ οἱ Ἀρκάδες VI 4, 9. Ein Infinitiv ist Subjekt: καὶ ὁπότε μὲν καταμένοι τὸ στράτευμα ἀναπαυόμενον, ἐξῆν ἐπὶ λείαν ἰέναι VI 6, 2. ἐπεὶ δὲ εἶδον οἱ Ἕλληνες ὑπομένοντας αὐτούς, ἐδόκει ῥᾷστόν τε καὶ ἀκινδυνότατον εἶναι ἰέναι ἤδη ἐπ' αὐτούς VI 5, 29. Auch das logische Subjekt steht nach: ἐπειδὴ δὲ ἐπύθοντο ταῦτα οἱ τῶν ὁπλιτῶν στρατηγοί, ἐδόκει αὐτοῖς ἀπιέναι τὴν ταχίστην ἐπὶ τὸ στρατόπεδον IV 4, 22. εἰ οὖν βούλεσθε, ἔξεστιν ὑμῖν ἡμᾶς λαβεῖν συμμάχους V 4, 6. Natürlich sind auch bei Xenophon Beispiele ohne besonderen Subjektsausdruck zu finden. Ich nenne: ἐπεὶ δὲ ὄρθρος ἦν, ἔρχεται πρὸς τὸν Χειρίσοφον IV 3, 8. ἐπεὶ δ' ἦλθον πρὸς Χειρίσοφον, κατελάμβανον κἀκείνους σκηνοῦντας ἐστεφανωμένους τοῦ ξηροῦ χιλοῦ στεφάνοις IV 5, 33. ὅταν δέ τις ταύτῃ πειρᾶται παριέναι, κυλίνδουσι λίθους ὑπὲρ ταύτης τῆς ὑπερεχούσης πέτρας IV 7, 4. ὡς δὲ οὐκ ἐδύναντο ἀποτρέχειν [— Parenthese —], πέμπουσι πρὸς Ξενοφῶντα V 2, 6.

Aus Xenophons hist. graeca: ἐπεὶ μέντοι οὗτοι ᾤχοντο ἐς Λακεδαίμονα, ἔπεμπον δὴ καὶ ἀπὸ τοῦ κοινοῦ ἐκ τοῦ ἄστεως λέγοντας, ὅτι . . . II 4, 37. ἐπεὶ δ' εἰσῆλθεν, ἐκάλει ὁ Δερκυλίδας τοὺς ταμίας III 1, 27. ἐπεὶ δὲ ἀπήγετο ὁ σῖτος, λαμβάνει ὁ Ἀλέτας τόν τε σῖτον καὶ τὰς τριήρεις V 4, 56. ὡς δὲ ἅπαξ ἤρξατο, ἔρρει αὐτῷ νύκτα τε καὶ ἡμέραν τὸ αἷμα V 4, 58. ἐπεὶ δὲ ἐκεῖνον ἀπέκτειναν, ἐδίωκον ἤδη ἅπαντες VI 2, 23. ὡς δ' ἐν Θήβαις οὐκ ἠθέλησαν οἱ συνελθόντες ὀμόσαι, ἔπεμπον οἱ Θηβαῖοι πρέσβεις ἐπὶ τὰς πόλεις VII 1, 40. ἐπεὶ δὲ ἠθροίσθησαν, ἔγνω Πραξίτας πρῶτον μὲν τῶν τειχῶν καθελεῖν ... IV 4, 13. ὡς δὲ ἔπεσον αὐτῶν δύο ἢ τρεῖς οἱ πρῶτοι καὶ ἐπὶ τοὺς λοιποὺς ἐπεκυλίνδουν πέτρους εἰς τὸ κάταντες καὶ πολλῇ προθυμίᾳ ἐνέκειντο, ἐτρέφθησαν οἱ Θηβαῖοι ἀπὸ τοῦ κατάντους III 5, 20. εἰ δὲ μὴ ἐβοήθησαν αὐτοῖς ἐκ τοῦ στρατοπέδου δειπνοῦντες, ἐκινδύνευσαν ἂν ἅπαντες ἀπολέσθαι IV 3, 23. Das logische Subjekt steht nach: εἰ τέ τινες φοβοῖντο τῶν ἐξ ἄστεως, ἔδοξεν αὐτοῖς Ἐλευσῖνα κατοικεῖν II 4, 38. Wieder ohne besonderen Subjektsausdruck: ἐπειδὴ δὲ ἐνιαυτοὶ τρεῖς ἦσαν, ἐδεήθη τοῦ Κύρου ἀφιέναι αὐτούς, φάσκων ... I 4, 7. ἐπεὶ δ' ἑώρα ἑαυτῷ εὔνουν οὖσαν καὶ στρατηγὸν αὐτὸν ᾑρημένους καὶ ἰδίᾳ μεταπεμπομένους τοὺς ἐπιτηδείους, κατέπλευσεν εἰς τὸν Πειραιᾶ ἡμέρᾳ ᾗ Πλυντήρια ἦγεν ἡ πόλις I 4, 12. ἐπεὶ δ' ἧκεν, ἀνέβη πρὸς αὐτὸν σὺν τοῖς ἐκ Λακεδαίμονος πρέσβεσιν I 5, 1. ἐπεὶ δὲ οὐκ ἀντήγαγε Λύσανδρος, ἀπέπλευσαν πάλιν εἰς τοὺς Αἰγὸς παταμούς II 1, 23. ἐπεὶ δὲ τὰ ἐν τῇ Λαμψάκῳ κατεστήσατο, ἔπλει ἐπὶ τὸ Βυζάντιον καὶ Καλχηδόνα II 2, 1. ἐπεὶ δὲ παντελῶς ἤδη ὁ σῖτος ἐπελελοίπει, ἔπεμψαν πρέσβεις παρ' Ἆγιν, βουλόμενοι ... II 2, 11. ἐπεὶ δ' ἀπήγγειλαν οἱ πρέσβεις ταῦτα τοῖς Ἀθηναίοις, ἔπεμψαν αὐτοὺς εἰς Λακεδαίμονα II 2, 12.

Anmerkung. Beachte auch Fälle wie εἰ δὲ μή, ἥρπαζεν ὁ ποταμός Xen. exp. Cyri IV 3, 6. εἰ δὲ μή, ἀνατρέψεις τὴν Ἑλλάδα Herodot VIII 62.

In allen Beispielen dieses Paragraphen, die einen besonderen Subjektsausdruck aufweisen, herrscht also die Wortfolge Vordersatz — Prädikatsverb — Subjekt (im Nachsatz); d. h. für die Wortstellung ist der Vordersatz gleichwertig mit einem Genitivus absolutus oder einer adverbialen Bestimmung. Vgl. die Wortfolge Genitivus absolutus oder Adverbialbestimmung — Verb — Subjekt § 14.

§ 78. Mittelstellung des Verbs im Nachsatze.

Das Verbum kann im Nachsatze dadurch, daß ein oder mehrere Worte vortreten, vom Anfang verdrängt werden. Wir betrachten in diesem Paragraphen Fälle, wo noch andere Satzglieder auf das Verb folgen, so daß dieses in Mittelstellung erscheint; dabei beschränken wir uns aber auf die Angabe der wichtigsten Kategorien und auf die Anführung einiger Beispiele.

Zunächst kann der Nachsatz durch eine temporale Adverbialbestimmung, die habituell am Anfange des Nachsatzes steht, wie z. B. durch ἐνταῦθα (δή), τότε (δή), οὕτω δή, ἐν τούτῳ, ἐκ τούτου[1]), eingeleitet werden, so daß wir im Nachsatze die Wortfolge Adverbiale Bestimmung — Verb — Subjekt haben[2]). So aus Herodot: ἐπεὶ ὦν ἀπίκατο ἐς τὰς Ἀθήνας πάντες οὗτοι πλὴν Παρίων (Πάριοι δὲ ... ἐκαραδόκεον τὸν πόλεμον, κῇ ἀποβήσεται), οἱ δὲ λοιποὶ ὡς ἀπίκοντο ἐς τὸ Φάληρον, ἐνταῦθα κατέβη αὐτὸς Ξέρξης ἐπὶ τὰς νέας ... VIII 67. ἐν ᾧ δὲ ἡ ἀγγελίη τε περὶ τῶν Σαρδίων παρὰ βασιλέα ἀνήιε καὶ Δαρεῖος ... Ἱστιαίῳ ἐς λόγους ἦλθε καὶ Ἱστιαῖος μεμετιμένος ὑπὸ Δαρείου ἐκομίζετο ἐπὶ θάλασσαν, ἐν τούτῳ παντὶ τῷ χρόνῳ ἐγίνετο τάδε V 108. Vgl. noch ohne besonderen Subjektsausdruck: ἐν ᾧ δὲ τούτους μετήισαν, ἐν τούτῳ ἐκέλευε ἐπὶ τὴν Καρχηδόνα πλέειν τὸν ναυτικὸν στρατόν III 19. ἐπεὰν δὲ γένηται, τότε ὦν συγκατακληίεται τὰς νύκτας ἔσω ἐν τῷ νηῷ I 182. ὡς δὲ τὸν Γύνδην ποταμὸν ἐτίσατο Κῦρος, ἐς τριηκοσίας καὶ ἑξήκοντα διώρυχάς μιν διαλαβών, καὶ τὸ δεύτερον ἔαρ ὑπέλαμπε, οὕτω δὴ ἤλαυνε ἐπὶ τὴν Βαβυλῶνα I 190. Aus Thucydides: καὶ ὡς αὐτῶν διὰ τὸ τοιοῦτον ὀργιζομένων πολλοί τε καὶ ἀξιόλογοι ἄνθρωποι ἤδη ἐν τῷ δεσμωτηρίῳ ἦσαν καὶ οὐκ ἐν παύλῃ ἐφαίνετο, ἀλλὰ καθ' ἡμέραν ἐπεδίδοσαν μᾶλλον ἐς τὸ ἀγριώτερόν τε καὶ πλείους ἔτι ξυλλαμβάνειν, ἐνταῦθα ἀναπείθεται εἷς τῶν δεδεμένων, ὅσπερ ἐδόκει αἰτιώτατος εἶναι, ὑπὸ τῶν ξυνδεσμωτῶν τινος εἴτε ἄρα καὶ τὰ ὄντα μηνῦσαι, εἴτε καὶ οὔ VI 60, 2. Ohne besonderen Subjektsausdruck: ὁπότε δὲ δὴ μὴ φαῖεν ἐρωτώμενοι, ἐνταῦθα δὴ σαφῶς ἔλεγεν αὐτοῖς ὅτι ... VIII 53, 3, wo freilich noch σαφῶς vor dem Verb steht, worüber S. 136. Aus Xenophons expeditio

---

[1]) Streng genommen muß man beim Vorantritt von ἐνταῦθα (δή), τότε (δή), ὅυτω δή, ἔνθα δή von gedeckter Anfangsstellung des Verbs reden, da diese Adverbia am Anfang des Nachsatzes stehen müssen; vgl. die Bemerkung über die Voranstellung von altnord. *þá*, neuhochd. *da* auf S. 151 und 152. Doch nenne ich diese Fälle mit in diesem Kapitel, um nicht zu viele Unterabteilungen zu machen. Von ἐν τούτῳ gilt jenes nicht.

[2]) Natürlich steht das mit οὐκ zusammengesetzte Adverb οὐκέτι, falls es nicht ein einzelnes Wort im Satze verneint, am Anfang vor dem Verb. Vgl. ἐπεὶ δ' οὗτοι ἐγένοντο ὑπὲρ τῶν ἑπομένων πολεμίων, οὐκέτι ἐπετίθεντο οἱ πολέμιοι τοῖς καταβαίνουσι δεδοικότες μὴ ... Xenoph. exp. Cyri III 4, 29. Auch hier muß man von gedeckter Anfangsstellung reden.

Cyri: ἐπειδὴ δὲ Ξενοφῶν ἦλθε σὺν τοῖς ὀπισθοφύλαξι καὶ πελτασταῖς καὶ ὁπλίταις, ἐνταῦθα δὴ λέγει Χειρίσοφος IV 7, 13. ἐπεὶ δὲ πορευόμενοι ἐκ τοῦ πεδίου ἀνέβησαν ἐπὶ τὸν πρῶτον γήλοφον καὶ κατέβαινον ὡς ἐπὶ τὸν ἕτερον ἀναβαίνειν, ἐνταῦθα ἐπιγίγνονται οἱ βάρβαροι III 4, 25. Ohne besonderen Subjektsausdruck: ἐπεὶ δὲ ἀφίκοντο πάντες ἐπὶ τὸ ἄκρον, ἐνταῦθα δὴ περιέβαλλον ἀλλήλους καὶ στρατηγοὺς καὶ λοχαγοὺς δακρύοντες IV 7, 25. Aus dessen hist. graeca: ἐπεὶ δὲ εἰργμένον τὸν Ἰσμηνίαν ᾔσθοντο ἐν τῇ Καδμείᾳ τότε δὴ ἀπεχώρησαν εἰς τὰς Ἀθήνας οἱ ταὐτὰ γιγνώσκοντες Ἀνδροκλείδᾳ τε καὶ Ἰσμηνίᾳ μάλιστα τριακόσιοι V 2, 31. ἐπεὶ δὲ καὶ οἱ φίλοι αὐτοὺς ἔπειθον καὶ μητέρες ἰοῦσαι καὶ ἀδελφαὶ καὶ αὐτῶν δὲ τῶν ἐν δυνάμει ὄντων ἦσαν οἳ ὀμνύοντες ὑπισχνοῦντο μηδὲν χαλεπὸν αὐτοὺς πείσεσθαι, οὕτω δὴ ἀπῆλθόν τινες οἴκαδε αὐτῶν IV 4, 5. ἐπεὶ δὲ ταῦτ' ἐπράχθη καὶ ὡμωμόκεσαν αἱ πόλεις ἐμμενεῖν ἐν τῇ εἰρήνῃ ἣν κατέπεμψε βασιλεύς, ἐκ τούτου διελύθη μὲν τὰ πεζικά, διελύθη δὲ καὶ τὰ ναυτικὰ στρατεύματα V 1, 35. Ferner aus derselben Schrift noch ohne besonderen Subjektsausdruck: ἐπεὶ δὲ συνεκαθίζετο τὸ δικαστήριον, τότε δὴ κατηγορεῖτο τοῦ Ἰσμηνίου καὶ ὡς βαρβαρίζοι καὶ ὡς ... V 2, 35.

Anmerkung 1. δὴ allein (nicht ἐνταῦθα δή, τότε δή) steht nach dem Verb, so daß dieses die Anfangsstellung behält. καὶ ἐπεὶ ἤρξαντο καταβαίνειν ἀπὸ τοῦ μαστοῦ πρὸς τοὺς ἄλλους ἔνθα τὰ ὅπλα ἔκειτο, ἵεντο δὴ οἱ πολέμιοι πολλῷ πλήθει καὶ θορύβῳ Xenoph. exped. Cyri IV 2, 20. So auch I 10, 13. Ferner ἐπεὶ μέντοι οὗτοι ᾤχοντο ἐς Λακεδαίμονα, ἔπεμπον δὴ καὶ οἱ ἀπὸ τοῦ κοινοῦ ἐκ τοῦ ἄστεως λέγοντας... hist. graeca II 4, 37. ὡς δὲ ἀεὶ τὰ ἐναντία ὧν ἐβούλετο ἀπέβαινε τῷ Λυσάνδρῳ, ἔγνω δὴ τὸ γιγνόμενον III 4, 9.

Ein Genitivus absolutus pflegt das Verb vom Anfange des Nachsatzes zu verdrängen. Ist das Subjekt besonders ausgedrückt, so herrscht die Wortfolge Gen. absol. — Verb — Subjekt, also Mittelstellung des Verbs. So aus Herodot: ἐπείτε δὲ καὶ οἱ Μινύαι ἐκδράντες ἐκ τῆς ἑρκτῆς ἵζοντο ἐς τὸ Τηΰγετον, τῶν Λακεδαιμονίων βουλευομένων σφέας ἀπολλύναι παραιτέεται ὁ Θήρας, ὅκως ... IV 148. Ohne besonderen Subjektsausdruck: ἐπείτε δὲ ἐπαιρώθη τὸν Ἀράξεα, νυκτὸς ἐπελθούσης εἶδε ὄψιν εὕδων ἐν τῶν Μασσαγετέων τῇ χώρῃ τοιήνδε I 209. Aus Xenophons exped. Cyri: ἐὰν δὲ ἡμεῖς νικῶμεν, λελυμένης τῆς γεφύρας οὐχ ἕξουσιν ἐκεῖνοι ὅποι φύγωσιν II 4, 20. Aus dessen hist. graeca: ἐπειδὴ δὲ ἡγεῖτο ὁ Θρασυδαῖος ἀναλαβὼν τὸν δῆμον, γενομένης μάχης ἐκράτησεν ὁ δῆμος III 2, 29. ἐπεὶ δὲ πρὸς ἑσπέραν ἦν, τελευταίων ἀποχωρούντων τῶν Λακεδαιμονίων ἐπηκολούθουν αὐτοῖς οἱ Λοκροὶ βάλλοντες καὶ ἀκοντίζοντες IV 3, 22.

Anmerkung 2. Der Genitivus absolutus folgt aber an folgender Stelle, selbst wo er eine der Haupthandlung vorangehende Handlung bezeichnet, dem Verbum nach, so daß dieses die Anfangsstellung behält. ὡς δὲ ἐς τὴν Σαλαμῖνα συνῆλθον οἱ στρατηγοὶ ἀπὸ τῶν εἰρημένων πολίων, ἐβουλεύοντο προθέντος Εὐρυβιάδεω γνώμην ἀποφαίνεσθαι τὸν βουλόμενον, ὅκου δοκέοι ἐπιτηδεότατον εἶναι ναυμαχίην ποιέεσθαι τῶν αὐτοὶ χωρέων ἐγκρατέες εἰσί Herodot VIII 49. Vielleicht hier nicht ohne Grund, damit der mit ὅκου eingeleitete indirekte Fragesatz ἀπὸ κοινοῦ auf ἐβουλεύοντο und auf γνώμην ἀποφαίνεσθαι bezogen werde.

Ein Participium coniunctum, das eine der durchs Verbum finitum ausgedrückten Haupthandlung zeitlich vorangehende Aktion bezeichnet, kann an den Anfang des Nachsatzes treten. Das Verb erscheint in Mittelstellung. Bei besonderem Subjektsausdruck herrscht die Folge Part. coni. — Verb — Subjekt. Aus Herodot: ὡς δὲ ἐπαύσατο λέγων Ἀλέξανδρος, διαδεξάμενοι ἔλεγον οἱ ἀπὸ Σπάρτης ἄγγελοι VIII 142. ὡς δὲ ἐπύθοντο τὸν Πέρσην ἐόντα ἐν Πιερίῃ, διαλυθέντες ἐκ τοῦ Ἰσθμοῦ ἐστρατεύοντο αὐτῶν οἱ μὲν ἐς Θερμοπύλας πεζῇ, ἄλλοι δὲ κατὰ θάλασσαν ἐπ' Ἀρτεμίσιον VII 177. Ohne besonderen Subjektsausdruck: ἐπεὰν δὲ μιχθῇ, ἀποσιωσαμένη τῇ θεῷ ἀπαλλάσσεται ἐς τὰ οἰκία I 199. ἐπεὶ ὦν ὁ Δαρεῖος ἦλθε ἐς τὴν ἔρημον, παυσάμενος τοῦ δρόμου ἵδρυσε τὴν στρατιὴν ἐπὶ ποταμῷ Ὀάρῳ IV 124. Aus Thucydides ohne besonderen Subjektsausdruck: ἐπειδὴ δὲ ἐπύθοντο οἱ Κερκυραῖοι τὴν παρασκευήν, ἐλθόντες ἐς Κόρινθον μετὰ Λακεδαιμονίων καὶ Σικυωνίων πρέσβεων, οὓς παρέλαβον, ἐκέλευον Κορινθίους τοὺς ἐν Ἐπιδάμνῳ φρουρούς τε καὶ οἰκήτορας ἀπάγειν . . . I 28, 1. ἐπειδὴ δὲ παρεσκεύαστο τοῖς Κορυνθίοις, λαβόντες τριῶν ἡμερῶν σιτία ἀνήγοντο ὡς ἐπὶ ναυμαχίᾳ ἀπὸ τοῦ Χειμερίου νυκτός I 48, 1. ἐπειδὴ δὲ τῶν τε ξυμμάχων ἤκουσαν οἱ Λακεδαιμόνιοι τὰ ἐγκλήματα τὰ ἐς τοὺς Ἀθηναίους καὶ τῶν Ἀθηναίων ἃ ἔλεξαν, μεταστησάμενοι πάντας ἐβουλεύοντο κατὰ σφᾶς αὐτοὺς περὶ τῶν παρόντων I 79, 1/2. ἐπειδὴ δ' αὐτῷ ἑτοῖμα ἦν, ἄρας ἐπορεύετο ἐπὶ τὴν Μακεδονίαν . . . II 98, 1. Καὶ ἐπειδὴ πᾶν ἐξείργαστο περὶ ἀρκτούρου ἐπιτολάς, καταλιπόντες φυλακὰς τοῦ ἡμίσεος τείχους . . . . ἀνεχώρησαν τῷ στρατῷ II 78, 2. Aus Xenophons expeditio Cyri ohne besonderen Subjektsausdruck: ἐπειδὴ δὲ εἰρήνη ἐγένετο, ἀναπείσας τὴν αὑτοῦ πόλιν ὡς οἱ Θρᾷκες ἀδικοῦσι τοὺς Ἕλληνας καὶ διαπραξάμενος ὡς ἐδύνατο παρὰ τῶν ἐφόρων ἐξέπλει ὡς πολεμήσων τοῖς ὑπὲρ Χερρονήσου καὶ Περίνθου Θρᾳξίν II 6, 2[1]). ἐπεὶ δὲ διέβησαν,

[1]) Also auch mehrere Participia können vorangehen; sie sind hier durch καὶ verbunden.

συνταξάμενοι ἀμφὶ μέσον ἡμέρας ἐπορεύθησαν διὰ τῆς Ἀρμενίας πεδίον ἅπαν καὶ λείους γηλόφους οὐ μεῖον ἢ πέντε παρασάγγας IV 4, 1. ὡς δ' ἀνέβησαν, θύσαντες καὶ τρόπαιον στησάμενοι κατέβησαν εἰς τὸ πεδίον IV 6, 27[1]). ὡς δὲ εἶδον οἱ Ἕλληνες ἐγγύς τε ὄντας καὶ παρατεταγμένους, αὖθις παιανίσαντες ἐπῆσαν πολὺ ἔτι προθυμότερον ἢ τὸ πρόσθεν I 10, 10. Aus Xenophons hist. graeca ohne besonderen Subjektsausdruck: ἐπεὶ δὲ πάντῃ οἱ πολεμίοι κατεῖχον, οὐδὲν ἔχοντες, ὅ τι ποιήσαιεν παρέδοσαν σφᾶς αὐτούς I 3, 21. ὡς δ' ἐκ τοῦ τείχους ἐκθέοντες πολλάκις ἐνέβαλον εἰς τὸ ὄρυγμα καὶ ξύλα καὶ λίθους, ποιησάμενος αὖ χελώνην ξυλίνην ἐπέστησεν ἐπὶ τῇ φρεατίᾳ III 1, 7. ὡς δ' ἤκουσεν ὁ Δερκυλίδας ὅτι πάλιν πεπερακότες εἰσὶ τὸν Μαίανδρον, εἰπὼν τῷ Φάρακι ὡς ὀκνοίη, μὴ ὁ Τισσαφέρνης καὶ ὁ Φαρνάβαζος ἐρήμην οὖσαν καταθέοντες φέρωσι καὶ ἄγωσι τὴν χώραν, διέβαινε καὶ αὐτός III 2, 14. Wegen des καὶ αὐτός vgl. S. 123. ὡς δ' ἤκουσεν αὐτοῦ, σπονδὰς λαβὼν καὶ δεξιὰν παρῆν ἄγων τὸν Φαρνάβαζον εἰς συγκείμενον χωρίον, ἔνθα . . . IV 1, 30. ἐπεὶ δὲ ἡττῶντο τοῦ ὕδατος, δείσαντες μὴ πεσόντος πῃ τοῦ κύκλῳ τείχους δοριάλωτοι γένοιντο, ὡμολόγουν περιαιρήσειν V 2, 5. ἐπεὶ δὲ ὑπερέβαλε τὸν Κιθαιρῶνα, ἐλθὼν εἰς Θεσπιὰς ἐκεῖθεν ὁρμηθεὶς ᾔει ἐπὶ τὴν τῶν Θηβαίων χώραν V 4, 38[1]).

Anmerkung. Das Participium braucht aber nicht am Anfange des Nachsatzes zu stehen; es kann auch dem den Nachsatz beginnenden Verbum finitum folgen. Doch ist dies seltener. Aus Herodot: ὡς δὲ κατὰ ταὐτὰ ἐθέσπιζέ οἱ καὶ πρότερον, οἴχετο μεταξὺ ἀπολιπὼν ὁ Βάττος ἐς τὴν Θήρην IV 155. Ferner aus Xenophons exp. Cyri ὡς δ' ἡ τροπὴ ἐγένετο, διασπείρονται καὶ οἱ Κύρου ἑξακόσιοι εἰς τὸ διώκειν ὁρμήσαντες I 8, 25. ἐπειδὴ δὲ σαφῶς ἀπιόντας ἤδη ἑώρων οἱ Ἕλληνες, ἐπορεύοντο καὶ αὐτοὶ ἀναζεύξαντες III 4, 37. Etwas anders verhält es sich mit der Stelle V 4, 26 ἐπεὶ δὲ οὐχ ὑφίεντο οἱ Ἕλληνες, ἀλλὰ ὁμόσε ἐχώρουν, ἔφευγον οἱ βάρβαροι καὶ ἐντεῦθεν λείποντες ἅπαντες τὸ χωρίον. Das nachfolgende Partizip drückt hier nicht eine der Hauptverhandlung vorausgehende, sondern eine zeitlich mit ihr zusammenfallende, sie begleitende Nebenhandlung aus.

Unter den oben aufgeführten Fällen, wo ein Partizip mit seinem Zubehör den Nachsatz eröffnet, sind die Belege weit zahlreicher, in denen der Nachsatz keinen besonderen Subjektsausdruck besaß. Viel seltener sind die Beispiele, in denen der Nachsatz einen besonderen Subjektsausdruck aufwies und in denen dann der Nachsatz die Wortfolge Participium coniunctum — Verbum — Subjekt zeigte. Wenn nämlich ein Partizip den Nach-

---

[1]) In diesem Belege gehen zwei asyndetisch aneinander gereihte Partizipien vorauf.

satz beginnt und dieser einen besonderen Subjektsausdruck hat, so zieht in der Regel das Partizip das Subjekt an sich, so daß auch dieses noch vor dem Verbum zu stehen kommt; dabei kann das Partizip dem Subjekt vorangehen oder umgekehrt. Das Verbum aber bleibt in Mittelstellung, indem ihm noch andere Satzglieder folgen. Belege aus Herodot: καὶ ἐπείτε ἐγένοντο ἐν τῇ Παλαιστίνῃ Συρίῃ, Ψαμμήτιχός σφεας Αἰγύπτου βασιλεὺς ἀντιάσας δώροισί τε καὶ λιτῇσι ἀποτράπει τὸ προσωτέρω μὴ πορεύεσθαι I 105. ὡς δὲ πολλὸν τοῦτο ἐγίνετο καὶ οὐκ ἐπαύετο, πέμψας Δαρεῖος ἱππέα παρὰ τὸν Σκυθέων βασιλέα Ἰδάνθυρσον ἔλεγε τάδε IV 126. ὡς δ' ἐπανέτελλε ὁ ἥλιος, σπένδων ἐκ χρυσέης φιάλης Ξέρξης ἐς τὴν θάλασσαν εὔχετο πρὸς τὸν ἥλιον μηδεμίαν οἱ συντυχίην τοιαύτην γενέσθαι, ἥ . . . VII 54. ὡς δὲ κόσμῳ ἐπεξῆς ἵζοντο, πέμψας Ξέρξης Μαρδόνιον εἰρώτα ἀποπειρώμενος ἑκάστου εἰ ναυμαχίην ποιέοιτο VIII 67. Aus Thucydides: καὶ ἐπειδὴ πᾶν τὸ στράτευμα συνειλεγμένον ἦν, Ἀρχίδαμος ὁ βασιλεὺς τῶν Λακεδαιμονίων, ὅσπερ ἡγεῖτο τῆς ἐξόδου ταύτης, ξυγκαλέσας τοὺς στρατηγοὺς τῶν πόλεων πασῶν καὶ τοὺς μάλιστα ἐν τέλει καὶ ἀξιολογωτάτους παρήνει τοιάδε II 103. καὶ ὡς ἐβιάζοντο καὶ αἱ νῆες ἅμα περιέπλεον ἐς τὸν λιμένα περιπεμφθεῖσαι, δείσας ὁ Πασιτελίδας, μὴ αἵ τε νῆες φθάσωσι λαβοῦσαι ἐρῆμον τὴν πόλιν καὶ τοῦ τειχίσματος ἁλισκομένου ἐγκαταληφθῇ, ἀπολιπὼν αὐτὸ δρόμῳ ἐχώρει ἐς τὴν πόλιν V 3, 1. ἐπειδὴ δὲ νὺξ ἐγένετο, ἀναχωρήσας ὁ Κνῆμος τῇ στρατιᾷ κατὰ τάχος ἐπὶ τὸν Ἄναπον ποταμὸν . . . . τούς τε νεκροὺς κομίζεται τῇ ὑστεραίᾳ ὑποσπόνδους . . . . II 82, wo freilich auch noch das Objekt dem Verb vorangeht, worüber weiter unten zu handeln ist. Aus Xenophons exp. Cyri: ἐπειδὴ δὲ ἀπήγγελον οἱ προφύλακες, Κλέαρχος τυχὼν τότε τὰς τάξεις ἐπισκοπῶν εἶπε τοῖς προφύλαξι II 3, 2. ἐπειδὴ δὲ ὑπερέβαλλον τὰ ὄρη, οἱ πελτασταὶ προϊόντες καὶ κατιδόντες τὸ στράτευμα οὐκ ἔμειναν τοὺς ὁπλίτας IV 4, 20. ἐπεὶ δὲ πρὸς ἡμέραν ἦν, ὁ μὲν Ξενοφῶν πέμψας πρὸς τοὺς ἀσθενοῦντας τοὺς νεωτάτους ἀναστήσαντας ἐκέλευεν ἀναγκάζειν προϊέναι IV 5, 21. Doch ist in diesem Belege das Subjekt auch noch durch μὲν hervorgehoben; über derartige Fälle siehe unten S. 132 f. ἐπεὶ δὲ συνῆλθεν, ἀναστὰς Ξενοφῶν εἶπε τάδε VII 3, 3. Aus Xenophons hist. graeca: ἐπεὶ δὲ ταῦτ' εἶπεν, ἀνιστάμενοι πολλοὶ καὶ μάλιστα οἱ αἰτιαζόμενοι ἐναντιοῦσθαι δεδιότες εἰσηγοῦντο πόρον χρημάτων . . . I 6, 12. ἐπεὶ δὲ ὁ Θηραμένης παρῆν, ἀναστὰς ὁ Κριτίας ἔλεξεν ὧδε II 3, 24. ἐπεὶ δὲ τὰ ληφθέντα χρήματα ἀπήγαγον οἵ τε Παφλαγόνες καὶ ὁ

Σπιθριδάτης, ὑποστήσας Ἡριππίδας ταξιάρχους καὶ λοχαγοὺς ἀφείλετο ἅπαντα τόν τε Σπιθριδάτην καὶ τοὺς Φαφλαγόνας, ἵνα . . . IV 1, 26. ἐπεὶ δὲ καὶ οἱ πολέμιοι ἐλθόντες ἀντιπαρετάξαντο ὑπὸ τῷ τείχει, συσπειραθέντες αὐτῶν οἱ ἱππεῖς ἐμβάλλουσι κατὰ τοὺς Λάκωνας καὶ Βοιωτούς V 2, 41. ἐπεὶ δὲ συνῆλθον, ἐπιδείξας ὁ Τιρίβαζος τὰ βασιλέως σημεῖα ἀνεγίγνωσκε τὰ γεγραμμένα V 1, 30. Zwei Participia sind wieder asyndetisch aneinander gereiht: ὡς δ' ἐκεῖ ἐγένετο, πυθόμενοι οἱ βοιώταρχοι ὅτι θύοι πέμψαντες ἱππέας τοῦ τε λοιποῦ εἶπαν μὴ θύειν καὶ . . . III 4, 4. Vgl. S. 129.

Es ist auch möglich, daß ein temporales Adverb und ein Participium coniunctum mit oder ohne besonderen Subjektsausdruck vor das Verb des Nachsatzes treten, welches auch dann in Mittelstellung erscheint, indem ihm noch andere Satzteile folgen. So aus Herodot: ὡς δὲ ταῦτά οἱ ἐπεποίητο τῶν νεῶν κατελκυσθεισέων ἐς θάλασσαν, ἐνθαῦτα ὁ Ξέρξης μετεκβὰς ἐκ τοῦ ἅρματος ἐς νέα Σιδωνίην ἵζετο ὑπὸ σκηνῇ χρυσέῃ καὶ . . . VII 100. ὡς δὲ καὶ ὦλλοι οἱ περιπεμφθέντες παρῆσαν φέροντες τοὺς χρησμούς, ἐνθαῦτα ὁ Κροῖσος ἕκαστα ἀναπτύσσων ἐπώρα τῶν συγγραμάτων I 48. ὡς δὲ τὸ στράτευμα τὸ Περσικὸν ὅρμα βασιλεὺς ἐπὶ τὰς Ἀθήνας ἐὼν ἐν Σάρδισι, ἐνθαῦτα καταβὰς κατὰ δή τι πρῆγμα ὁ Ἑρμότιμος ἐς γῆν τὴν Μυσίην . . . εὑρίσκει τὸν Πανιώνιον ἐνθαῦτα VIII 106. ὡς δὲ ἄρα μιν μετὰ ταῦτα ἰώμενος ὑγιέα ἀπέδεξε ἐνθαῦτα δὴ διδαχθεῖσα ὑπὸ τοῦ Δημοκήδεος ἡ Ἄτοσσα προσέφερε ἐν τῇ κοίτῃ Δαρείῳ λόγον τοιόνδε III 134. ἐν ᾧ ὦν ὁ Ἅρπαγος ἀπὸ τοῦ τείχεος ἀπήγαγε τὴν στρατιήν, οἱ Φωκαιέες ἐν τούτῳ κατασπάσαντες τὰς πεντηκοντέρους, ἐσθέμενοι τέκνα καὶ γυναῖκας καὶ ἔπιπλα πάντα, πρὸς δὲ καὶ τὰ ἀγάλματα τὰ ἐκ τῶν ἱρῶν καὶ τὰ ἄλλα ἀναθήματα χωρὶς ὅ τι χαλκὸς ἢ λίθος ἢ γραφὴ ἦν, τὰ δὲ ἄλλα πάντα ἐσθέντες καὶ αὐτοὶ ἐσβάντες ἔπλεον ἐπὶ Χίου I 164. Aus Thucydides ein Beleg, wo das Subjekt dem Verb folgt: καὶ ὡς οὐδὲν αὐτοῖς ἐπράσσετο, ὕστερον χρόνῳ πλοῖα καὶ ἐπικούρους παρασκευασάμενοι διέβησαν ἐς τὴν νῆσον ἑξακόσιοι μάλιστα οἱ πάντες καὶ . . . III 85, 3. Ohne besonderen Subjektsausdruck: ὡς δὲ ἀφίκετο ἐς τὸ στρατόπεδον καὶ ἔγνω ὁ Ἀρχίδαμος ὅτι οἱ Ἀθηναῖοι οὐδέν πω ἐνδώσουσιν, οὕτω δὴ ἄρας τῷ, στρατῷ προυχώρει ἐς τὴν γῆν αὐτῶν II 12, 4. Aus Xenophons exp. Cyri mit besonderem Subjektsausdruck: ἐπεὶ δὲ τὰ ἐπιτήδεια οὐκ ἦν λαμβάνειν ὥστε ἀπαυθημερίζειν ἐπὶ τὸ στρατόπεδον, ἐκ τούτου λαβὼν Ξενοφῶν ἡγεμόνας τῶν Τραπεζουντίων ἐξάγει εἰς Δρίλας τὸ ἥμισυ τοῦ στρατεύματος V 2, 1. Aus Xenophons hist. graeca ohne besonderen Subjektsausdruck: ἐπεὶ δὲ ἤρξαντο βουλεύεσθαι ὅπως ἂν ἐξείη αὐτοῖς τῇ πόλει χρῆσθαι ὅπως βούλοιντο, ἐκ τούτου πρῶτον μὲν πέμψαντες εἰς Λακεδαίμονα Αἰσχίνην τε καὶ Ἀριστοτέλην ἔπεισαν Λύσανδρον φρουροὺς σφίσι συμπρᾶξαι ἐλθεῖν ... II 3, 13. ἐπεὶ δ' οὐδὲν ἀπὸ τῆς προσβολῆς πράξας ἀπῆλθε, τῇ ὑστεραίᾳ λαβὼν τῶν μὲν Λακεδαιμονίων δύο μόρας, τῶν δὲ Ἀθηναίων ἱππέων τρεῖς φυλὰς παρῆλθεν ἐπὶ τὸν κωφὸν λιμένα, σκοπῶν ... II 4, 31. Mit besonderem Subjektsausdruck beim Partizip vor dem Verb ἐπεὶ δὲ ἐκεῖσε ἀφίκετο, πρῶτον μὲν Τισσαφέρνης πέμψας ἤρετο αὐτὸν, τίνος δεόμενος ἥκοι III 4, 5, wo πρῶτον durch μὲν hervorgehoben ist. Vgl. auch S. 135.

Ferner kann auch ein Genitivus absolutus und ein Participium coniunctum (mit seinem Subjekt) vor das Verbum treten. Vgl. aus Herodot: οἱ δὲ ἐπείτε ἀναχωρέοντες ὀπίσω ἐγίνοντο τῆς Συρίης ἐν Ἀσκάλωνι πόλι, τῶν πλεόνων Σκυθέων παρεξελθόντων ἀσινέων ὀλίγοι τινὲς αὐτῶν ὑπολειφθέντες ἐσύλησαν τῆς οὐρανίης Ἀφροδίτης τὸ ἱρόν I 105.

Es kann auch der Fall eintreten, daß eine temporale Adverbialbestimmung und ein Participium coniunctum und ein Genitivus absolutus vor das Prädikatsverbum treten. Vgl. aus Herodot ohne besonderen Subjektsausdruck: ἐπείτε δὲ ἐς τὴν τῶν Βουδίνων χώρην ἐσέβαλλον, ἐνθαῦτα δὴ ἐντυχόντες τῷ ξυλίνῳ τείχεϊ ἐκλελοιπότων τῶν Βουδίνων καὶ κεκεινωμένου τοῦ τείχεος πάντων ἐνέπρησαν αὐτό IV 123. Das Verb steht, da das Objekt folgt, wieder in Mittelstellung.

Das Verb kann ferner dadurch aus der Anfangsstellung verdrängt und, indem sich ihm andere Satzglieder noch anschließen, in Mittelstellung gebracht werden, daß ein oder auch mehrere betonte Satzteile, okkasionell an den Anfang des Nachsatzes treten. Dabei kann natürlich nach dem Zusammenhange oder den Verhältnissen jeder beliebige Satzteil betont sein.

Zunächst kann der Autor das Subjekt besonders hervorheben wollen. Es ist ganz deutlich betont, wenn es ein μὲν hinter sich hat und so zu dem Subjekte des folgenden Satzes, das seinerseits δὲ nach sich hat, in Gegensatz gestellt wird. Satzteile, die zum Subjekt gehören, wie Participium coniunctum oder ein Relativsatz etc. treten natürlich mit dem Subjekt vors Verb. Hat das Subjekt ein Part. coni. bei sich, so gleicht der Typus dem auf S. 129f. erörterten. Wir finden so bei Herodot: ὡς δὲ βοῇ τε καὶ κλαυθμῷ παρήισαν αἱ παρθένοι παρὰ τοὺς πατέρας, οἱ μὲν ἄλλοι πάντες ἀνεβόων τε καὶ ἀντέκλαιον ὁρῶντες τὰ τέκνα κεκακωμένα, ὁ δὲ Ψαμμήνιτος ... III 14. ὡς δὲ δείπνου γίνοιτο ὥρη, οἱ μὲν δεκόμενοι ἔχεσκον πόνον, οἱ δὲ ... VII 119 (Iterativsatz der Vergangenheit). εἰ δὲ ταῦτα μὴ ποιήσῃς, ἡμεῖς μὲν ὡς ἔχομεν ἀναλαβόντες τοὺς οἰκέτας κομιεύμεθα ἐς Σῖριν τὴν ἐ Ἰταλίῃ ... ὑμεῖς δὲ ...... VIII 62. ἐπεὶ δὲ περιιὼν εἰρώτα ὁ Μαρδόνιος ἀρξάμενος ἀπὸ τοῦ Σιδωνίου, οἱ μὲν ἄλλοι κατὰ τωὐτὸ γνώμην ἐξεφέροντο κελεύοντες ναυμαχίην ποιέεσθαι, Ἀρτεμισίη δὲ ... VIII 68. Aus Thucydides: ὡς δ' οὐκ ἐπείθοντο, οἱ μὲν Κερκυραῖοι ... ἐπολιόρκουν τὴν πόλιν· Κορίνθιοι δ' ... I 26, 5. ἐπειδὴ Μῆδοι ἀνεχώρησαν ἐκ τῆς Εὐρώπης νικηθέντες καὶ ναυσὶ καὶ πεζῷ ὑπὸ Ἑλλήνων καὶ οἱ καταφυγόντες αὐτῶν ταῖς ναυσὶν ἐς Μυκάλην διεφθάρησαν, Λεωτυχίδης μὲν ὁ βασιλεὺς τῶν Λακεδαιμονίων, ὅσπερ ἡγεῖτο τῶν ἐν Μυκάλῃ Ἑλλήνων, ἀπεχώρησεν ἐπ' οἴκου ἔχων τοὺς ἀπὸ Πελοποννησίου ξυμμάχους I 89, 2. καὶ ὡς ἐγένοντο πλέοντες κατὰ τὴν Λακωνικὴν καὶ ἐπυνθάνοντο, ὅτι αἱ νῆες ἐν Κερκύρᾳ ἤδη εἰσὶ τῶν Πελοποννησίων, ὁ μὲν Εὐρυμέδων καὶ Σοφοκλῆς ἠπείγοντο ἐς τὴν Κέρκυραν, ὁ δὲ Δημοσθένης ... IV 3, 1. ὡς δὲ οὐδὲ ταῦτα ἤθελον, Λακεδαιμόνιοι μὲν εἴργοντο τοῦ ἱεροῦ ... οἱ δὲ ἄλλοι Ἕλληνες ... V 50, 2. Aus Xenophons exp. Cyri: ἐπεὶ δὲ πρὸς ἡμέραν ἦν, ὁ μὲν Ξενοφῶν πέμψας πρὸς τοὺς ἀσθενοῦντας τοὺς νεωτάτους ἀναστήσαντες ἐκέλευεν ἀναγκάζειν προϊέναι· ἐν δὲ τούτῳ Χειρίσοφος ... IV 5, 21 [1]). ἐπειδὴ δὲ ἡμέρα ἐγένετο, Χειρίσοφος μὲν θυσάμενος ἦγε κατὰ τὴν ὁδόν, οἱ δὲ τὸ ὄρος καταλαβόντες ... IV 6, 23. ἐπεὶ δ' ἀφίκοντο πρὸς χωρίον ὃ πόλιν μὲν οὐκ εἶχεν οὐδ' οἰκίας ..., Χειρίσοφος μὲν οὖν πρὸς τοῦτο προσέβαλλεν εὐθὺς ἥκων IV 7, 2. Der Gegensatz ist erst im drittfolgenden Satz ἐπειδὴ δὲ Ξενοφῶν ἦλθε ... enthalten. ἐπεὶ δὲ ἡμέρα ἐγένετο, ὁ μὲν Ἀρίσταρχος πάλιν ἐκάλει τοὺς στρατηγοὺς καὶ λοχαγούς· τοῖς δ' ἔδοξε ... VII 3, 2. ἐπεὶ δὲ ἀφίκοντο περὶ μέσας νύκτας, τὰ μὲν πέριξ ὄντα ἀνδράποδα τῆς τύρσιος καὶ χρήματα τὰ πλεῖστα ἀπέδρα αὐτοὺς παραμελοῦντας ... πυργομαχοῦντες δὲ ... VII 8, 12. Aus dessen hist. graeca: ἐπεὶ δὲ φοβηθέντων ἀμφοτέρων ἐξῆλθον οἱ Ἀργεῖοι καὶ αὐτὴ ἐφ' ἑαυτῆς ἡ τῶν Κορινθίων πόλις ἐγένετο, οἱ μὲν σφαγεῖς καὶ οἱ μεταίτιοι τοῦ ἔργου αὐτοὶ γνόντες ἀπῆλθον ἐκ τῆς Κορίνθου V 1, 34.

Das Subjekt kann auch ohne Hülfe von μὲν (— δὲ) hervor-

[1]) δὲ steht nicht immer hinter dem Worte, das logisch den Gegensatz bildet. Sind satzeinleitende Adverbia oder Konjunktionen vorhanden, so tritt es gerne hinter diese. Vgl. weiter unten IV 7, 2.

gehoben werden, indem die Voranstellung allein schon genügt. So aus Herodot: εἰ δέ τίς τοι ὄψις ἀπαγγέλλει παῖδα τὸν ἐμὸν νεώτερα βουλεύειν περὶ σέο, ἐγώ τοι παραδίδωμι χρᾶσθαι αὐτῷ τοῦτο ὅ τι σὺ βούλεαι I 210. ὡς δὲ τοὺς ἐν τῇ ἠπείρῳ Ἴωνας ἐχειρώσατο Ἅρπαγος, οἱ τὰς νήσους ἔχοντες Ἴωνες καταρρωδήσαντες ταῦτα σφέας αὐτοὺς ἔδοσαν Κύρῳ I 169, wo das Subjekt des Nachsatzes zu dem Objekt des Hauptsatzes in Gegensatz gestellt wird. ὅκου γὰρ ἰθύσειε στρατεύεσθαι, πάντα οἱ ἐχώρεε εὐτυχέως III 39 (nicht nur einiges oder manches, sondern schier alles glückt ihm). Aus Thucydides: ἐπειδὰν δὲ κρύψωσι γῇ, ἀνὴρ ᾑρημένος ὑπὸ τῆς πόλεως ὃς ἂν γνώμῃ τε δοκῇ μὴ ἀξύνετος εἶναι καὶ ἀξιώσει προήκῃ, λέγει ἐπ' αὐτοῖς ἔπαινον τὸν πρέποντα II 34, 6. ἐπειδὴ γὰρ αἱ πεντηκοντούτεις σπονδαὶ ἐγένοντο καὶ ὕστερον ἡ ξυμμαχία, καὶ αἱ ἀπὸ τῆς Πελοποννήσου πρεσβεῖαι, αἵπερ παρεκλήθησαν ἐς αὐτά, ἀνεχώρουν ἐκ τῆς Λακεδαίμονος V 27, 1. ἐπεὶ δὲ πάντες διεπεπεραίωντο, οἱ ἀπὸ τῶν πύργων χαλεπῶς οἱ τελευταῖοι καταβαίνοντες ἐχώρουν ἐπὶ τὴν τάφρον, καὶ ἐν τούτῳ οἱ τριακόσιοι αὐτοῖς ἐπεφέροντο λαμπάδας ἔχοντες III 23, 3. οἱ ἀπὸ τῶν πύργων werden in einen gewissen Gegensatz zu οἱ τριακόσιοι im folgenden Satze gebracht. ὡς δὲ οὐδὲν ἂν ἔφασαν ἐναντιωθῆναι οἱ Τεγεᾶται Λακεδαιμονίοις, οἱ Κορίνθιοι μέχρι τούτου προθύμως πράσσοντες ἀνεῖσαν τὰς φιλονικίας . . . V 32, 4. οἱ Κορίνθιοι soll dem οἱ Τεγεᾶται im Vordersatz entgegengestellt werden. Es muß freilich sowohl hier wie anderwärts berücksichtigt werden, daß solche Gegenüberstellungen uns nicht immer notwendig erscheinen, daß sie vielmehr von dem subjektiven Willen des Schriftstellers abhängig sind. Thucydides will sagen: da die Tegeaten jedes feindliche Unternehmen gegen die Lacedämonier ablehnten, so hörten (auch) die Korinther mit ihren Hetzereien auf. Und was wir in der neuhochdeutschen Übersetzung durch den Starkton bewirken, bewirkt der Grieche eben durch die Stellung. ἐπειδὴ δὲ ἐγένοντο ἐν Ἀκτίῳ τῆς Ἀνακτορίας γῆς, οὗ τὸ ἱερὸν τοῦ Ἀπόλλωνός ἐστιν, ἐπὶ τῷ στόματι τοῦ Ἀμπρακικοῦ κόλπου οἱ Κερκυραῖοι κήρυκά τε προύπεμψαν αὐτοῖς ἐν ἀκατίῳ ἀπεροῦντα μὴ πλεῖν ἐπὶ σφᾶς I 29, 3. Aus Xenophons exp. Cyri: ἐπεὶ δὲ ταῦτα εἶπε, πολὺ πλείονες ἐξανίσταντο λέγοντες ὡς δέοι αὐτὸν ἄρχειν VI 1, 30. Vorher hatten schon viele den Xenophon zum Führer gewünscht, aber nach dieser seiner Rede noch weit mehr. ἐπεὶ δὲ ἐξῆλθον, ὁ Ἀναξίβιος ἔκλεισε τὰς πύλας VII 1, 36. Das Handeln des Anaxibios steht im Gegensatz zur Abmachung des Koiretadas, die vorher erwähnt ist. ἐπεὶ δὲ ἐτελεύτησε Δαρεῖος καὶ κατέστη εἰς τὴν βασιλείαν Ἀρταξέρξης, Τισσαφέρνης διαβάλλει τὸν Κῦρον πρὸς τὸν ἀδελφὸν ὡς ἐπιβουλεύοι αὐτῷ I 1, 3.

Auch andere Satzteile als das Subjekt können, falls sie hervorgehoben werden sollen, an den Anfang des Satzes treten, mag nun zur besonderen Hervorhebung ihnen noch μὲν folgen oder nicht. So z. B. das Objekt[1]). Bei Herodot ist bezeugt: ὡς δὲ ἤλασε ὁ Κῦρος ἐκ τῶν Σαρδίων, τοὺς Λυδοὺς ἀπέστησε ὁ Πακτύης ἀπό τε Ταβάλου καὶ Κύρου I 154. ἐπείτε δὲ τῆς ὥρης γινομένης τοῦ δείπνου παρῆσαν οἵ τε ἄλλοι δαιτύμονες καὶ ὁ Ἅρπαγος, τοῖσι μὲν ἄλλοισι καὶ αὐτῷ Ἀστυάγεϊ παρετιθέατο τράπεζαι ἐπίπλεαι μηλέων κρεῶν, Ἁρπάγῳ δὲ ... I 119. ἐπεὰν δὲ ἀπὸ τοῦ θρόνου στείχῃ ἐπὶ τὴν εὐνὴν κατὰ νώτου τε αὐτῆς γένῃ, σοὶ μελέτω τὸ ἐνθεῦτεν, ὅκως μή σε ὄψεται ἰόντα διὰ θυρέων I 9. Aus Thucydides: ἐπειδὰν δὲ ἡ ἐκφορὰ ᾖ, λάρνακας κυπαρισσίνας ἄγουσιν ἅμαξαι, φυλῆς ἑκάστης μίαν II 34, 3. εἰ γὰρ ἀφαιρησόμέν τι καὶ βραχὺ τῆς τηρήσεως, τὰ ἐπιτήδεια οὐχ ἕξομεν παρὰ τὴν ἐκείνων πόλιν χαλεπῶς καὶ νῦν ἐσκομιζόμενοι VII 13, 1. καὶ ὡς αὐτοῖς αἱ ἀγγελίαι ἐφοίτων δειναὶ καὶ πᾶσαι ἐπὶ τὸ αὐτὸ ἐψευσμέναι ὡς ἤδη παντελῶς ἀποτετειχισμέναι αἱ Συράκουσαί εἰσι, τῆς μὲν Σικελίας οὐκέτι ἐλπίδα οὐδεμίαν εἶχεν ὁ Γύλιππος, τὴν δὲ Ἰταλίαν ... VI 104, 1. Aus Xenophons exp. Cyri: ἐπεὶ δ' ἡμέρα ἦν ὀγδόη, τὸν μὲν ἡγεμόνα παραδίδωσι Χειρισόφῳ, τοὺς δὲ οἰκέτας ... IV 6, 1. ἐπειδὴ δὲ ἡ θυσία ἐγένετο, τὰ δέρματα παρέδοσαν τῷ Δρακοντίῳ IV 8, 26.

Auch das von einem Infinitiv, der seinerseits vom Verbum finitum abhängt, abhängige Objekt, tritt, falls es hervorgehoben werden soll, an den Anfang des Nachsatzes. Vgl. mit Mittelstellung des Prädikatsverbs εἰ δέ τι ἀντιποιοῦνται, δίκας ἤθελον δοῦναι ἐν Πελοποννήσῳ παρὰ πόλεσιν αἷς ἂν ἀμφότεροι ξυμβῶσιν Thucydides I 28, 2.

Das betonte prädikative Objekt steht vor dem Verb: ὡς δὲ οὐκ ἔπειθε ἄρα τὸν ἄνδρα, δεύτερα λέγει ἡ γυνὴ τάδε Herodot I 112.

Ein betontes Adverb oder eine betonte Adverbialbestimmung tritt gleichfalls vor das Verbum finitum des Nachsatzes. Auf

[1]) Ich trenne hier nicht zwischen Akkusativ-, Dativ- und Genitiv-Objekt, und bemerke auch nicht mehr eigens, ob das Subjekt besonders ausgedrückt ist oder nicht.

Seite 126 f. war von der habituellen Voranstellung der den Nachsatz einleitenden temporalen Adverbialbestimmungen (ἐνταῦθα, ἐν-τούτῳ etc.) die Rede, hier handelt es sich um temporale und andere Adverbialbestimmungen, die okkasionell voranstehen, nämlich eben, wenn sie hervorgehoben werden sollen. Besonders lehrreich ist das Adverb πάλιν. Soll es betont werden, so steht es am Satzanfang, so daß es das Verb in Mittelstellung drängt. Aus Herodot zählt hierher: ὡς δέ σφι ἄσημα ἔφραζε, πάλιν ἐπειρώτων τὰ λεγόμενα I 86. Aus Thucydides: ἐπειδὴ δὲ διὰ τάχους ἡ νίκη τῶν Ἀθηναίων ἐγίγνετο καὶ τὰ σημεῖα κατεσπάσθη, πάλιν ἀνεχώρουν ἐς τὸ τεῖχος καὶ οἱ Μακεδόνες παρὰ τοὺς Ἀθηναίους I 63, 2. Aus Xenophons hist. graeca: ἐπεὶ δὲ τὸ ἔαρ ἐπέστη, πάλιν ἔφαινον φρουρὰν οἱ ἔφοροι εἰς τὰς Θήβας V 4, 47. ἐπεὶ δὲ τοῦτο ὑπερβαλὼν ἐν ταῖς Πλαταιαῖς ἐγένετο, πάλιν προσεποιήσατο εἰς τὰς Θεσπιὰς πρῶτων ἰέναι ... V 4, 48. Soll aber πάλιν nicht hervorgehoben werden, so steht es nicht am Anfang des Nachsatzes. So bei Thucydides: ἐπεὶ δ' ἐκηρύχθη καὶ κατεσκέψαντο τήν τε πόλιν καὶ τοὺς λιμένας καὶ τὰ περὶ τὴν χώραν, ἐξ ἧς αὐτοῖς ὁρμωμένοις πολεμητέα ἦν, ἀπέπλευσαν πάλιν ἐς Κατάνην VI 50, 5. Aus Xenophons exp. Cyri: ἐπεὶ δὲ τὰ τῶν θεῶν καλῶς εἶχεν, ἤρχετο πάλιν ὧδε III 2, 9. Aus Xenophons hist. graeca: ἐπεὶ δὲ οὐκ ἀντανήγαγε Λύσανδρος, ἀπέπλευσαν πάλιν εἰς τοὺς Αἰγὸς ποταμούς II 1, 24. Ich reihe hier noch einige Belege an, in denen eine betonte Adverbialbestimmung (temporaler oder modaler Art) das Verb vom Anfang des Nachsatzes verdrängt und in Mittelstellung bringt. Aus Herodot: Καμβύσῃ δὲ ὡς ἔδοξε πέμπειν τοὺς κατασκόπους, αὐτίκα μετεπέμπετο ἐξ Ἐλεφαντίνης πόλιος τῶν Ἰχθυοφάγων ἀνδρῶν τοὺς ἐπισταμένους τὴν Αἰθιοπίδα γλῶσσαν III 19. ἔνθα ἐπεὰν ἵζηται γυνή, οὐ πρότερον ἀπαλλάσσεται ἐς τὰ οἰκία ἤ ... I 199. ὡς γὰρ δὴ ἰδών τε ἐκεῖνα ὁ κῆρυξ καὶ εἴπας πρὸς Θρασύβουλον τοῦ Λυδοῦ τὰς ἐντολὰς ἀπῆλθε ἐς τὰς Σάρδις, ὡς ἐγὼ πυνθάνομαι, δι' οὐδὲν ἄλλο ἐγένετο ἡ διαλλαγή I 22. Aus Thucydides: ὡς οὖν ἐπέπλει, εὐθὺς ἐπλήρουν καὶ οἱ Ἀθηναῖοι τὰς ναῦς, οἰόμενοι ... VIII 95, 4, wo das durch καὶ 'auch' hervorgehobene Subjekt nachsteht, vgl. S. 123 und 129. ἐπειδὴ δὲ ἑκάστοις ἑτοῖμα γίγνοιτο, κατὰ τὸν χρόνον τὸν εἰρημένον ξυνῆσαν τὰ δύο μέρη ἀπὸ πόλεως ἑκάστης ἐς τὸν ἰσθμόν II 10, 2. Aus Xenophons exp. Cyri: ἐπεὶ δέ κατεσκήνησαν καὶ ἐπεχείρησαν αὐτοῖς ἀκροβολίζεσθαι οἱ βάρβαροι πρὸς τὴν κώμην προσιόντες, πολὺ περιῆσαν οἱ Ἕλληνες III 4, 33. Aus Xenophons hist. graeca: ὡς δ' ἐγνώσθη τὸ πρᾶγμα, εὐθὺς[1]) ἔφευγον οἱ βέλτιστοι IV 4, 3. ἐπεὶ μέντοι Τισσαφέρνης, πολλοῦ ἄξιος βασιλεῖ δόξας γεγενῆσθαι ἐν τῷ πρὸς τὸν ἀδελφὸν πολέμῳ, σατράπης κατεπέμφθη ὧν τε αὐτὸς πρόσθεν ἦρχε καὶ ὧν Κῦρος, εὐθὺς ἠξίου τὰς Ἰωνικὰς πόλεις ἁπάσας ἑαυτῷ ὑπηκόους εἶναι III 1, 3.

Auch ein Infinitiv kann, wenn er hervorgehoben werden soll, das Verb vom Anfang des Nachsatzes verdrängen und in Mittelstellung bringen. ὡς δὲ ἔμαθεν ὁ Ξενοφῶν τοῦτο παρὰ τῆς τύχης, ἐνάπτειν ἐκέλευε καὶ τὰς ἐν ἀριστερᾷ οἰκίας, αἳ ... Xenophons exp. Cyri V 2, 25. Oder das Subjekt von einem Acc. cum infin.: ἐπεὶ δὲ πάντες συνειλημμένοι ἦσαν, Λυσίμαχον τὸν ἵππαρχον ἐκέλευον ἀναγαγόντα παραδοῦναι αὐτοὺς τοῖς ἕνδεκα hist. graeca II 4, 8. Auch der Infinitiv und das Subjekt eines Accusativus cum infinitivo kann vortreten: ἐν ᾧ δὲ βουλεύονται αὐτοί, ἀπαγαγεῖν ἐκεῖνον ἐκέλευον τὴν στρατιὴν ἀπὸ τοῦ τείχεος Herodot I 164, wo das Subjekt des Accus. c. inf. ein Demonstrativpronomen ist.

Im letzten Abschnitte dieses Paragraphen sollen noch einige Fälle aufgeführt werden, in denen verschiedene Satzteile vor das Verbum finitum des Nachsatzes treten, ähnlich wie vorher z. B. darüber gehandelt wurde, daß eine temporale Adverbialbestimmung und ein Participium coniunctum oder ein Participium coniunctum und das Subjekt oder gar eine temporale Adverbialbestimmung und ein Participium coniunctum und ein Genitivus absolutus vor das Prädikatsverbum treten kann. Vollständigkeit in der Anführung der einzelnen Möglichkeiten erstrebe ich nicht, da die Prinzipien in jedem einzelnen Falle dieselben und schon vorher in diesem Paragraphen erörtert worden sind; ich beschränke mich also darauf, einige verschiedene Kombinationen herauszugreifen. Das Verbum bleibt in Mittelstellung, da sich ihm wieder noch andere Satzglieder anreihen.

Ein Adverb der Art, wie sie auf S. 126 f. oder der Art, wie sie auf S. 135 ff. erörtert sind und das betonte Subjekt treten voran: ἐπεὶ δ' ᾔσθοντο οἱ μὲν Ἕλληνες ὅτι βασιλεὺς σὺν τῷ στρατεύματι ἐν τοῖς σκευοφόροις εἴη, βασιλεὺς δ' αὖ ἤκουσε Τισσαφέρνους ὅτι οἱ Ἕλληνες νικῷεν τὸ καθ' αὑτοὺς καὶ εἰς τὸ πρόσθεν οἴχονται διώκοντες, ἔνθα δὴ βασιλεὺς μὲν ἁθροίζει τε τοὺς ἑαυτοῦ καὶ ...

[1]) Dagegen ist εὐθύς nicht betont Thuc. IV 44, 4: κονιορτὸν δὲ ὡς εἶδον καὶ ὡς ἔγνωσαν, ἐβοήθουν εὐθύς. ἐβοήθησαν δὲ καὶ οἱ ἐκ τῆς πόλεως πρεσβύτεροι τὴν Κορινθίων.

Xenophons exp. Cyri I 10, 5. ἐπεὶ δὲ οἱ Θηβαῖοι ἀντεμβαλόντες εἰς τὴν Φωκίδα ἐδῄουν τὴν χώραν, εὐθὺς οἱ Φωκεῖς πέμπουσι πρέσβεις εἰς Λακεδαίμονα καὶ ... Xenophons hist. graeca III 5, 4. Die Φωκεῖς werden den Θηβαῖοι entgegengestellt. ἐπεὶ δὲ κατέβησαν οἱ στρατηγοί, ἔνθα δὴ ὁ Θρασύβουλος ἔλεξεν ibid. II 4, 39. ὡς δὲ τὰ ἅρματα ἐμβαλόντα διεσκέδασε τὸ ἁθρόον, ταχὺ οἱ ἱππεῖς κατέβαλον ὡς εἰς ἑκατὸν ἀνθρώπους IV 1, 19. ἐπεὶ δὲ ἀφίκοντο, εὐθὺς μὲν θρασυνόμενοί τινες τῶν νέων προσέβαλον πρὸς τὸ χωρίον ... II 4, 2.

Eine temporale Adverbialbestimmung, das Subjekt und eine zweite modale Adverbialbestimmung gehen dem Verb voran: ἐν ᾧ δὲ οὗτοι τὸν προκείμενον πόνον ἐργάζοντο, ἐν τούτῳ ὁ πεζὸς ἅπας συλλελεγμένος ἅμα Ξέρξῃ ἐπορεύετο ἐς Σάρδις Herodot VII 26. ὁ πεζὸς nebst ἅμα Ξέρξῃ stehen den οὗτοι im Vordersatze entgegen.

Ein Partizip im Dativ (mit Zubehör) sowie das Subjekt treten vor: ὡς δὲ διέβησαν πάντες, ἐς ὁδὸν ὁρμημένοισι τέρας σφι ἐφάνη μέγα, τὸ Ξέρξης ἐν οὐδενὶ λόγῳ ἐποιήσατο Herodot VII 57. Die Wortfolge in diesem Satz scheint mir sehr lehrreich zu sein. Der vorangestellte Dativ des Partizips ἐς ὁδὸν ὁρμημένοισι drückt die Handlung aus, welcher der durch den Vordersatz bezeichneten unmittelbar folgt und stellt so die engste Verbindung zwischen Vordersatz und Nachsatz dar. Man könnte sich statt des Dativs des Partizips auch einen Genitivus absolutus gesetzt denken, nur daß dann die Beziehung der durch das Verbum finitum ausgedrückten Handlung zum Partizip nicht zum Ausdruck käme. Der Ton ruht auf τέρας, das durch seine Stellung vors Verb hervorgehoben wird und dem sich das syntaktisch noch zum vorhergehenden Partizip gehörige σφι enklitisch anschließt. Dem betonten τέρας und dem ihm enklitisch angefügten σφι folgt das unbetonte Prädikatsverb ἐφάνη. Diesem reiht sich das attributive, syntaktisch zum Subjekt gehörende μέγα an, von letzterem durch Zwischenschiebung des Verbs getrennt. Die Zwischenschiebung des Verbs ist dadurch zu erklären, daß letzteres nach Kräften die habituelle Anfangsstellung im Nachsatze einzunehmen bestrebt ist. Nachdem das inhaltisch die Verbindung mit dem Vordersatze herstellende Partizip und das hervorzuhebende Subjekt voraufgegangen sind, kann das Verb folgen. Das attributive μέγα aber enthält so einen Nebenton und stellt sich als zweitwichtiges Wort im Satzganzen dar;

zugleich aber bewirkt es in unserem Belege die Verbindung mit dem zum Subjekte gehörenden Relativsatze. αὐτός, zum Subjekt gehörig, eine demonstrative Adverbialbestimmung und das Objekt in Gestalt eines Demonstrativpronomens stehen vor dem Verb: ὡς δὲ τοῖς ἄρχουσι ταῦτα λογιζομένοις ἐφαίνετο ἄπορα καὶ οὐκέτι ἔπειθεν αὐτοὺς ὁ Ἑρμοκράτης, αὐτὸς ἐπὶ τούτοις τάδε μηχανᾶται δεδιὼς μὴ ... Thuc. VII 73, 3. αὐτός soll stark hervorgehoben werden, es steht dem τοῖς ἄρχουσι im Vordersatz gegenüber; ἐπὶ τούτοις stellt die Verbindung mit dem Vordersatz her, steht aber erst an zweiter Stelle wegen des stark hervorzuhebenden αὐτός. Das Demonstrativobjekt τάδε ist ebenfalls stark betont; deshalb tritt es vors Verb und steht nicht etwa unmittelbar vor der Schilderung der μηχανή[1]).

Subjekt und lokale Adverbialbestimmung gehen voran: ὅτε δ' αὕτη ἡ μάχη ἐγένετο, Τισσαφέρνης ἐν Σάρδεσιν ἔτυχεν ὤν Xenophons hist. graeca III 4, 25.

Anmerkung 4. Daß Demonstrativa, sowohl Pronomina als auch Adverbia an dem Anfang des Hauptsatzes stehen, wurde schon in den §§ 5 und 7, 8, 10 behandelt. Diese ihre Voranstellung wurde einmal durch ihre deiktische Kraft bewirkt, das andere Mal durch den Umstand, daß sie die Verknüpfung mit dem Vorhergehenden herstellten. Für den Nachsatz gilt das nämliche, wie uns das oben erörterte Beispiel Thuc. VII 73, 3 lehrt. Ich nenne noch Belege, wo eine Form von οὗτος als Subjekt an den Anfang des Nachsatzes tritt und das Verb in Mittelstellung bringt: ἤν τε γὰρ τύχωσι ἐξεστρατευμένοι χίλιοι, οὗτοι μαχήσονταί τοι. Herodot VII 102. ἐπειδὴ δὲ ἦλθον αὐτῷ παρὰ τοῦ Σεύθου πέραθεν σύμμαχοι τῶν Ὀδρυσῶν ἱππεῖς τε ὡς διακόσιοι καὶ πελτασταὶ ὡς τριακόσιοι, οὗτοι στρατοπεδευσάμενοι καὶ περισταυρωσάμενοι ἀπὸ τοῦ Ἑλληνικοῦ ὡς εἴκοσι στάδια, αἰτοῦντες φύλακας τοῦ στρατοπέδου τὸν Δερκυλίδαν τῶν ὁπλιτῶν ἐξῇσαν ἐπὶ λείαν Xenophons hist. graeca III 2, 2. Für den Fall, daß das Demonstrativum Objekt ist, nenne ich: ἐπεὶ δὲ ὑπελέλειπτο ὁ βουκόλος μοῦνος μουνόθεν, τάδε αὐτὸν εἴρετο ὁ Ἀστυάγης ... Herodot I 116. τὸ δ' ἂν ἅδῃ σφι βουλευομένοισι, τοῦτο τῇ ὑστεραίῃ νήφουσι προτιθεῖ ὁ στέγαρχος ibid. I 133. ὡς δ' οὐκ ἐσήκουον, αὖθις τάδε ἠξίουν Λέπρεον μὲν μὴ ἀποδοῦναι ... Thucydides V 50, 1. αὖθις an erster Stelle, da besonders betont. Ferner εἰ δὲ βουλόμεθα ὡς ῥᾷστα ὑπερβάλλειν, τοῦτό μοι δοκεῖ σκεπτέον εἶναι, ὅπως ... Xenophons exp. Cyri IV 6, 10. Das Pronomen kann natürlich auch als Objekt von einem Infinitiv abhängen, der seinerseits vom Prädikatsverb abhängig ist, z. B. εἰ μὲν ἀνάγκη ἐστὶ μάχεσθαι, τοῦτο δεῖ παρακευάσασθαι ὅπως ... an gleicher Stelle. Vgl. auch S. 135. Erklärlich ist natürlich eine Ausnahme wie ὡς δέ σφι ἔδοξε, καὶ ἐποίευν ταῦτα

[1]) Das wäre die habituelle Stellung. Vgl. z. B. .... ἔλεγον τοιάδε I 72, 2. I 119. Ähnlich I 139, 4. II 34, 8. II 86, 6 und öfters.

Herodot VIII 64. Hier ruht ein Nachdruck auf dem Verb, es blieb nicht beim Beschluß, sondern man ging auch zur Tat über.

§ 79. Endstellung des Verbum finitum im Nachsatze. Die Endstellung des Verbums im Nachsatze ist wie die Mittelstellung im Gegensatze zur habituellen Anfangsstellung okkasionell.

Die Endstellung des Verbs kommt dadurch zustande, daß betonte oder satzverbindende Satzglieder[1]) dem Verb vorangehen und gegebenenfalls sowohl syntaktisch von ihnen abhängige als auch logisch oder inhaltlich zu ihnen gehörige Satzglieder an sich und so vor das Verb ziehen und daß letzterem kein weiterer Satzteil folgt. So aus Herodot: εἰ δέ τις τὸ ἀτρεκέστερον τούτων ἔτι δίζηται, ἐγὼ καὶ τοῦτο σημανέω V 54. εἰ δὲ ὑμῖν ἡδονὴ τοῦ κατὰ θάλασσαν ἡγεμονεύειν, τοῦ πεζοῦ ἐγὼ θέλω VII 160. ὡς γάρ σφεας εἶδον προσπλέοντας οἱ Ἕλληνες, μαθόντες αὐτῶν τὴν γινομένην ἁρματάδα ἐπανεχθέντες εὐπετέως σφέας εἷλον VII 194. ἐπεὰν μέλλωσι κινδυνεύειν τῇ ψυχῇ, τότε τὰς κεφαλὰς κοσμέονται VII 209. Beachte den Chiasmus τῇ ψυχῇ: τὰς κεφαλάς. ἐπείτε δὲ οἱ Μῆδοι τρηχέως περιείποντο, ἐνθαῦτα οἱ μὲν ὑπεξήισαν, οἱ δὲ Πέρσαι . . . VII 211. ὡς δέ οἱ ἐδόκεε μεγάλη εἶναι ἡ ὄψις, καλέσας Ὑστάσπεα καὶ ἀπολαβὼν μοῦνον εἶπε I 209. ὡς δὲ ἐξ Ἀθηνέων Λύκος ὁ Πανδίονος, ἐξελασθεὶς καὶ οὗτος ὑπὸ τοῦ ἀδελφεοῦ Αἰγέος, ἀπίκετο ἐς τοὺς Τερμίλας παρὰ Σαρπηδόνα, οὕτω δὴ κατὰ τοῦ Λύκου ἐπωνυμίην Λύκοι ἀνὰ χρόνον ἐκλήθησαν I 173. ἐπείτε δέ οἱ ὀρώρυκτο, λίθους ἀγαγομένη κρηπῖδα κύκλῳ περὶ αὐτὴν ἤλασε I 185. ἐπείτε γὰρ ὤρυσσε τὸ ἔλυτρον τῇ λίμνῃ, μνημόσυνον τόδε ἄλλο ἀπὸ τοῦ αὐτοῦ ἔργου ἐλίπετο I 186. μνημόσυνον τόδε ἄλλο hat in diesem Belege das logisch zu ihm gehörende ἀπὸ τοῦ ἔργου an sich und vor das Verb gezogen. ἐπεὰν ἀνδρωθέντας ἴδῃ τοὺς παῖδας, τάδε ποιεῦσα οὐκ ἂν ἁμαρτάνοις IV 9. ἂν lehnt sich an das betonte οὐκ an. Aus Thucydides: ἐπειδὴ Παυσανίας ὁ Λακεδαιμόνιος τὸ πρῶτον μεταπεμφθεὶς ὑπὸ Σπαρτιατῶν ἀπὸ τῆς ἀρχῆς τῆς ἐν Ἑλλησπόντῳ καὶ κριθεὶς ὑπ' αὐτῶν ἀπελύθη μὴ ἀδικεῖν, δημοσίᾳ μὲν οὐκέτι ἐξεπέμφθη, ἰδίᾳ δὲ . . . I 128, 3. ὡς δὲ ἐνέδοσαν, ἐνταῦθα δὴ πολλῷ ἔτι πλέονι βοῇ τεθαρσηκότες οἱ ψιλοὶ ἐπέκειντο IV 35, 2. ὡς δὲ αὐτῷ οὐ προυχώρει καὶ τὰ χρήματα ἄλλως ἀνηλοῦτο, ὁ μὲν Μεγάβαζος καὶ τὰ

[1]) Hierzu rechne ich auch Participia coniuncta und Genitivi absoluti, die eine Handlung ausdrücken, welche zwischen der Handlung des Hauptsatzes und der des Nebensatzes liegt.

λοιπὰ τῶν χρημάτων πάλιν ἐς τὴν Ἀσίαν ἀνεκομίσθη, Μεγάβυζον δὲ ... I 119, 3. ὡς δὲ ὁ κῆρύξ τε ἀπήγγειλεν οὐδὲν εἰρηναῖον παρὰ τῶν Κορινθίων καὶ αἱ νῆες αὐτοῖς ἐπεπλήρωντο οὖσαι ὀγδοήκοντα (... Parenthese ...), ἀνταγαγόμενοι καὶ παραταξάμενοι ἐναυμάχησαν I 294. ὡς δὲ αὐτοῖς πρὸς τοῖς πολεμίοις ἦσαν σποράδες αἱ νῆες, δύο μὲν εὐθὺς ηὐτομόλησαν, ἐν ἑτέραις δὲ ... III 76, 2. Auch εὐθύς soll außer dem Subjekte hervorgehoben werden. ἐπειδὴ γὰρ ἐς τὸν δῆμον παρελθόντες καὶ ἐπερωτώμενοι οὐκ ἔφασαν ὥσπερ ἐν τῇ βουλῇ αὐτοκράτορες ἥκειν, οἱ Ἀθηναῖοι οὐκέτι ἠνείχοντο, ἀλλὰ ... V 45, 4. ἢν δέ τις εἴπῃ ἢ ἐπιψηφίσῃ κινεῖν τὰ χρήματα ταῦτα ἐς ἄλλό τι ἢν μὴ οἱ πολέμιοι νηίτῃ στρατῷ ἐπιπλέωσι τῇ πόλει καὶ δέῃ ἀμύνασθαι, θάνατον ζημίαν ἐπέθεντο II 24, 1. θάνατον ist stark betont; es hat aber das prädikative, logisch zu ihm gehörende Objekt ζημίαν an sich gerissen. ἀλλ' ἢν οἱ ἡγεμόνες, ὥσπερ νῦν ὑμεῖς, κεφαλαιώσαντες πρὸς τοὺς ξύμπαντας τὰς διαγνώμας ποιήσησθε, ἧσσόν τις ἐπ' ἀδίκοις ἔργοις λόγους καλοὺς ζητήσει III 67, 7. Sowohl ἧσσον, dem τις sich enklitisch anlehnt, als auch ἐπ' ἀδίκοις ἔργοις λόγους καλοὺς (Chiasmus!) sind betont. ἐπειδὴ δὲ κατεδίωξαν τοὺς Κερκυραίους οἱ Κορίνθιοι ἐς τὴν γῆν, πρὸς τὰ ναυάγια καὶ τοὺς νεκροὺς τοὺς σφετέρους ἐτράποντο I 50, 3. ὡς δ' αὐτῶν οὐκ ἐσήκουον, ἐκείνους μὲν ἀπέπεμψαν, αὐτοὶ δὲ ... V 22, 2. Aus Xenophons exp. Cyri: ἐπεὶ δὲ πάντες συνῆλθον, εἰς τὸ πρόσθεν τῶν ὅπλων ἐκαθέζοντο III 1, 33. ὅτε δ' ἔξω τοῦ δεινοῦ γένοιντο καὶ ἐξείη πρὸς ἄλλον ἀρξομένους ἀπιέναι, πολλοὶ αὐτὸν ἀπέλειπον II 6, 12. ἐπεὶ δὲ οἱ πρῶτοι ἐγένοντο ἐπὶ τοῦ ὄρους, κραυγὴ πολλὴ ἐγένετο IV 7, 21. ὡς γὰρ ἅπαξ εἰσέδραμον, οὐδεὶς πέτρος ἄνωθεν ἠνέχθη IV 7, 13. ἐπεὶ δὲ Ξενοφῶν ἐτόλμησε γυμνὸς ἀναστὰς σχίζειν ξύλα, τάχ' ἀναστάς τις καὶ ἄλλος ἐκείνου ἀφελόμενος ἔσχιζεν IV 4, 12. ὅτε δὲ ἐγγύτερον ἐγίγνοντο, τάχα δὴ καὶ χαλκός τις ἤστραπτε καὶ ... I 8, 8. Aus Xenophons hist. graeca: ὡς δὲ εἰπὼν ταῦτα ἐπαύσατο καὶ ἡ βουλὴ δήλη ἐγένετο εὐμενῶς ἐπιθορυβήσασα, γνοὺς ὁ Κριτίας ὅτι εἰ ἐπιτρέψοι τῇ βουλῇ διαψηφίζεσθαι περὶ αὐτοῦ, ἀναφεύξοιτο, καὶ τοῦτο οὐ βιωτὸν ἡγησάμενος, προσελθὼν καὶ διαλεχθείς τι τοῖς τριάκοντα ἐξῆλθε II 3, 50. ἐπεὶ δὲ θυομένῳ αὐτῷ οὐκ ἐγίγνετο τὰ ἱερὰ τῇ πρώτῃ, τῇ ὑστεραίᾳ πάλιν ἐθύετο III 1, 17. ὡς δὲ τῇ ὑστεραίᾳ οἵ τε Ἀθηναῖοι ἐλθόντες συμπαρετάξαντο ὅ τε Παυσανίας οὐ προσῆγεν οὐδὲ ἐμάχετο, ἐκ τούτου τὸ μὲν Θηβαίων πολὺ μεῖζον φρόνημα ἐγίγνετο· ὁ δὲ Παυσανίας ... III 5, 22. ἐπεὶ μέντοι ἐκεῖνος βούλεται εἰς λόγους ἀφικέσθαι, οὐδ' ἐγὼ ἀντιλέγω III 2, 18. ὡς δ' αὐτῶν (satzverbindend!) οἱ Λακεδαιμόνιοι ὑποστρέψαντες καὶ διώξαντες κατέβαλόν τινας, ἐκ τούτου ὄπισθεν μὲν οὐκέτι ἐπηκολούθουν, ἐκ δὲ τῶν ὑπερδεξίων ἔβαλλον IV 3, 22. ἐπεὶ δ' ᾔσθετο ἀντίπαλόν τι τῇ ὀλιγαρχίᾳ συνιστάμενον, πρῶτος αὖ ἡγεμὼν τῷ δήμῳ ἐπ' ἐκείνους ἐγένετο II 3, 30.

§ 80. Rückblick über die Stellung des Verbs im Nachsatze. Die habituelle, gewöhnliche Stellung des Prädikatverbs im Nachsatze ist in der griechischen Sprache, wie aus den drei vorangehenden Paragraphen einleuchten dürfte, durchaus die Anfangsstellung. Mittelstellung und Endstellung des Verbum finitum haben jeweils einen besonderen Grund. Satzglieder, die den Nachsatz mit dem Vordersatz inhaltlich verknüpfen, und betonte Satzglieder treten in der Regel vor das Verb, wobei noch zu beachten ist, daß jene Satzglieder andere Satzteile, die grammatisch oder logisch zu ihnen gehören, an sich attrahieren und vors Verb ziehen, wie z. B. das Participium coniunctum das Subjekt u.s.w. Mittelstellung des Verbs herrscht dann, wenn noch andere Satzteile dem Verb folgen; ist dies nicht der Fall, so erscheint das Verb in Endstellung.

Betreffs der Mittelstellung und der Endstellung des Verbs möchte ich noch auf eine Einzelheit aufmerksam machen. In diesen beiden Stellungsarten erscheint vor anderen Verben besonders häufig das Verb γίγνεσθαι. Und dies ist begreiflich. Es dient vielfach nur zur Umschreibung eines einfachen Verbalbegriffes, z. B. oben κραυγὴ ἐγένετο = ἀνέκραγον; in solchen Fällen ist der Substantivbegriff betont; er gibt dem farblosen Verb erst den Inhalt und tritt deshalb voran. Das Gleiche gilt von Wendungen wie ἡγεμὼν ἐγένετο oben. Ähnlich steht es mit Fällen, wo substantivisches Objekt + ποιεῖσθαι den Nachsatz eröffnen, wie z. B. ἐπειδὴ οὖν αὐτῷ εἰς Ἐλευσῖνα καὶ τὸ Θριάσιον πεδίον οὐκ ἀπήντησαν, πεῖραν ἐποιεῖτο περὶ τὰς Ἀχαρνὰς καθήμενος, εἰ ἐπεξίασιν Thuc. II 20, 3. Oder ἐπειδὴ δ' οὖν δι' ἡμέρας βάλλοντες πανταχόθεν τοὺς Ἀθηναίους καὶ ξυμμάχους ἑώρων ἤδη τεταλαιπωρημένους τοῖς τε τραύμασι καὶ τῇ ἄλλῃ κακώσει, κήρυγμα ποιοῦνται Γύλιππος καὶ Συρακόσιοι καὶ οἱ ξύμμαχοι πρῶτον μὲν ... VII 82, 1. Zur Beurteilung solcher Fälle vgl. § 70. Freilich kommen auch Ausnahmen vor, so z. B. das bereits

S. 122 genannte Beispiel οὗτοι ἐπείτε σφι ἀπίκοντο καὶ οἱ ἄλλοι σύμμαχοι παρῆσαν, ἐποιέετο στρατηίην ὁ Ἀρισταγόρας ἐς Σάρδις. Dies kann einmal Analogie nach den zahlreichen Fällen sein, wo das Verb am Anfang steht; doch ist auch möglich, daß ποιεῖσθαι mit seinem Objekt in solchen Fällen noch nicht einem einfachen Verbalbegriff gleich kommt, daß also z. B. ποιέεσθαι στρατηίην nicht völlig bedeutungsgleich mit στρατεύεσθαι ist, sondern daß es etwa 'einen Feldzug unternehmen' bedeutete.

Anmerkung. Satzglieder, die durch eine Partikel eigens hervorgehoben sind, können — wiewohl weit seltener — auch nachfolgen. Häufiger ist dies nur der Fall, wenn καὶ 'auch' vor dem betr. Worte steht, wofür schon vorher Beispiele verstreut gegeben sind. Vgl. z. B. S. 123, 129 und 136, ferner betreffs μὲν S. 101 und etwa noch aus Thucydides καὶ ὡς ἔγνωσαν ναυμαχήσοντες, παρέτεινον τὸ κέρας οἱ μὲν Ἀθηναῖοι παρὰ τὴν Χερσόνησον, ἀρξάμενοι ἀπὸ Ἰδάκου μέχρι Ἀρριανῶν ...... οἱ δ' αὖ Πελοποννήσιοι ... VIII 104, 2.

§ 81. Die Stellung des Verbs im Nachsatze in anderen indogermanischen Sprachen.

Ich beginne dieses Mal absichtlich mit dem Avestischen. In der Literatur dieser Sprache liegen die Verhältnisse, die unsere Frage betreffen, etwas kompliziert. Anfangsstellung des Verbs fand ich nicht, sondern nur End- und Mittelstellung. Endstellung: *yasča dim jasaṯ, spitama zaraϑuštra, spānəm sīždrəm urvīsarəm yim vaŋhāparəm yim mašyāka avi duždvačaŋhō dužakəm nąma aoja'tē, navanaptyaēčiṯ hē urvānəm para-mərənča'te* 'Und wer ihn tötet, Spitama Zarathustra, den scheuen spitzschnäuzigen Hund, den Igel, den die übelredenden Menschen Dužake nennen, der schädigt seine Seele (= sich) noch in der neunten Generation' V. 13, 3. *navanaptyaēčiṯ*, durch *hē* noch besonders hervorgehoben, steht betont am Anfang des Nachsatzes; das Verb aber steht am Ende, indem das Objekt davor tritt. Vgl. auch Māh Nyāyišn 6, wo im Nachsatz das Verb auch am Ende und das besonders ausgedrückte Subjekt vor dem Verbum steht; doch ist die Stelle verderbt. Das Verb erscheint in Mittelstellung, indem eine sichtlich betonte Adverbialbestimmung an den Anfang des Satzes tritt; das Subjekt aber folgt dem Verb. *yō janaṯ aēsąm daēvanąm hazaŋrāi hazaŋrō pairi, baēvarāi baēvanō pairi, paourvanaēmāṯ pataṯ dyaoš daēvanąm draojištō aŋrō mainyuš pourumahrkō* 'wenn einer tausend mal tausend, zehntausend mal zehntausend dieser Daēvas tötet, wird voran aus dem Himmel herabstürzen der betrügerischste der Daevas, der vielverderbliche

A. M. Yašt 3, 13. Hier also im Nachsatze eine Wortfolge, die auch im Griechischen üblich ist. Ähnlich steht ein Adverbium temporis voran, dann folgt das Verb ohne besonderen Subjektsausdruck, darauf Objekte, so daß das Verb in der Mitte steht, Yasna 30, 4. Auch in den Nachsätzen, die einen Befehl erhalten, die also inhaltlich den in § 64 behandelten des Griechischen entsprechen, nur daß in ihnen nicht eine Imperativform, sondern der Optativ oder Injunktiv oder seltener der Konjunktiv gebraucht wird, steht bei Voranstellung des Subjekts das Verb in der Regel am Ende. Ich notierte aus dem Vendidād: *āat yat̰ hīš frā vayō patą, frā urvara uxšyąn, nyånčō apahačin, us vātō ząm haēčayāt̰, aētaδa hē aētē mazdayasna aētəm kəhrpəm hvarədarəsīm kərənaot̰.* (*kərənaot̰* statt des Plurals) 'dann wenn die Vögel auffliegen, die Pflanzen emporschießen, die Tümpel sich verlaufen, der Wind die Erde austrocknet, dann sollen die Mazdāhanbeter den Körper der Sonne aussetzen' V. 5, 13. Subjekt und Objekt stehen also vor dem am Ende befindlichen Verb; mit demselben Vordersatze und folgendem Nachsatze: *aētaδa hē aētē mazdayasna ahē nmānahē upā-ϑwərəsąn upā-ϑwərəsayąn* 'dann sollen die Mazdaanbeter eine Bresche in das Haus brechen' V. 8, 10. So auch *yezi aŋhat̰ upaētəm vā aiwi-naptīm vā aiwi-iritīm vā aiwi-vantīm vā, aētaδā hē aētē mazdayasna aētå vastrå frača kərəntən niča kanayən* 'wenn er (der Leichnam) mit Samen oder Blut oder Speichel (die Kleider) besudelt hat, so sollen die Mazdāhanbeter diese Kleider zerschneiden und vergraben' V. 7, 12. Ähnlich *yō kainīnəm upāiti stātō-ratūm vā astātō-ratūm vā paradātąm vā aparadātąm vā puϑrąm čā hē daδāiti, mā nō aēša yā kaine mašyānąm parō fšarəmāt̰ xᵛatō garəwəm raēšayāt̰* 'wenn einer zu einem mündigen oder unmündigen, zu einem verlobten oder nicht verlobten Mädchen geht und es schwängert, nicht soll das Mädchen aus Scham vor den Menschen aus sich die Leibesfrucht beschädigen' V. 15, 11. Ich nannte absichtlich nur Beispiele mit besonderem Subjektsausdruck; solche ohne diesen lassen sich leicht finden, vgl. z. B. 8, 103. 13, 10, 11, 32, 33, 34 usw. Einen Imperativ auf *-tu* am Ende fand ich nur nach der wie griechisches εἰ (δὲ) μή fast zum Adverb erstarrten Partikel *yezi nōit̰* 'wenn nicht, widrigenfalls', und zwar ohne besonderen Subjektsausdruck: *yezi nōit, upa vī, spitama zaraϑuštra, spākəm, zairitəm, čaϑručašməm, nōit̰ spaētəm, zairigaošəm xšvāžayačit̰ taδa aētå paϑå vīvādayantu* 'wenn nicht[1]), Spitama Zarathustra, dann soll man einen gelblichen, vieräugigen Hund, und nicht einen weißen mit gelben Ohren sechsmal diese Wege führen' V. 8, 17. Doch ist hier das Objekt betont, was auch von 8, 18 gilt, wo der Imperativ wieder am Ende steht, und die demonstrativische Bestimmung *aētå paϑå* steht natürlich auch voran[2]). Das Verbum finitum kann aber in den Nachsätzen, welche einen Befehl enthalten, auch in der Mitte stehen, ebenso wie in denen, welche eine Aussage enthalten. So folgt dem Verb z. B. ein Instrumental: *āaṯ yezi nōiṯ aŋhaṯ upaētəm vā aiwinaptīm vā aiwiiritīm vā aiwivantīm vā, aētaδa hē aētē mazdayasna aētå vastrå frasnāδayən maēsmana gə̄uš* 'aber wenn er (sie) nicht mit Samen oder Blut oder Kot oder Speichel besudelt hat, so sollen die Mazdāhanbeter diese Kleider mit Rindsharn abspülen' V. 7, 13. Offenbar ist *maēsmana gə̄uš* betont. Vgl. 7, 14, 15, 74, 75. Beachte auch noch die Wortfolge Akkusativobjekt — Verb — Subjekt längeren Umfangs V. 8, 14, wo der Nachsatz in Frageform gekleidet ist: *yōi paϑa uzbarənte spānasča irista naraēča irista, kaṯ tå paϑå frayąn pasvąm vā staorąm vā narąm vā nāirinąm vā ātrəm vā ahurahe mazdå puϑrəm barəsma vā ašaya frastarətəm*? 'Wenn des Wegs hinausgetragen werden tote Hunde und tote Menschen, sollen diese Wege begehen Kleinvieh oder Großvieh oder Männer oder Frauen oder das Feuer, der Sohn des Ahura Mazdāh, oder das richtig gespreitete Zweigbündel?' V. 8, 14.

Ein sicheres Urteil über die gewöhnliche Stellung des Verbs im Nachsatze im Avestischen vermag ich nicht abzugeben, zumal die Belege bei der Verschiedenheit der Stellung nicht ausreichend sind. Die Endstellung des Verbs ist jedenfalls üblich, aber in den Fällen, wo ein betontes oder temporales Adverb den Nachsatz einleiten und dann das Verb und erst diesem mit 'Inversion' das Subjekt folgt, ist wohl ein Rest der alten Anfangsstellung erhalten, die hier unter besonderen Umständen — wie § 78 Seite 135 ff. im Griechischen — als Mittelstellung erscheint. Dann aber stünde das Avestische auf einer Übergangsstufe. Die aus der Anfangsstellung unter besonderen Verhältnissen hervorgegangene Mittelstellung ist noch erhalten; daneben aber hat sich die Endstellung breit gemacht, die in

[1]) d. h. wenn die Leichenhexe nicht entflieht.
[2]) Hier würde also auch im Griechischen das Verb am Ende stehen.

den beiden anderen arischen Sprachen, im Altpersischen und im Altindischen, wie wir gleich nachher sehen werden, die durchaus üblichste ist. Möglich ist es natürlich auch, daß die Anfangsstellung durch Zufall nicht bezeugt ist. Schließlich sei noch darauf hingewiesen, daß zur Beurteilung der Endstellung des Verbs und des Vorantrittes eines Subjekts wie *aētē mazdayasna* und eines Objekts wie *aētəm kəhrpəm* die Frage von Wichtigkeit ist, ob an den betreffenden Stellen dem Pronomen *aēta* keine demonstrative Kraft mehr inne wohnte oder doch noch.

Im Altpersischen ist, wie bereits angedeutet, Endstellung des Verbs im Nachsatz durchaus üblich. So: *yaϑā ka^{n}būjiga^{h} bardiyam avāja^{n}, kārahyā naiy azdā abava^{h}, tya^{h}*... 'als K. den B. getötet hatte, wurde es dem Volke nicht kund, daß ...' Bh. I 10. *yaϑā ka^{n}būjiya^{h} mudrāyam ašiyava^{h}, pasāva^{h} kāra^{h} arika^{h} abava^{h}* 'als K. nach Ägypten gegangen war, darauf wurde das Volk feindlich gesinnt'. ibid. *pasāva^{h} yaϑā xšāyaϑiyā hamiϑ^{r}iyā abava^{n}, adam 19 haranā akunavam* 'als hernach die Könige abtrünnig geworden waren, lieferte ich 19 Schlachten' Bh. 4, 2. *yadiy imām ha^{n}dugām naiy apagaudayāhy, kārahyā ϑāhy, a^{h}ura^{h} mazdā^{h} ϑuvām daustā biyā^{h}* 'wenn du diesen Erlaß nicht verheimlichst, (sondern) dem Volke bekannt machst, so möge A. M. dir gewogen sein' Bh. 4, 10 [1]). *yadiy imām ha^{n}dugām apagaudayāhy, naiy ϑāhy kārahyā, a^{h}ura^{h} mazdātaiy ja^{n}tā biyā^{h}* 'wenn du diesen Erlaß verheimlichst (und) nicht dem Volke bekannt machst, so möge A. M. dich töten' Bh. 4, 11. Vgl. 4, 16 und 4, 17.

Auch im Altindischen herrscht die Endstellung des Verbums im Nachsatze und zwar schon in der ältesten Prosa. Ich nenne aus dem Śatapathabrāhmaṇa: *yátraiva tvám̧, ghṛtasnavīmaha íty abhivyáhárṣīs tád evá mē gṛtakīrtáv agnír vāiśvānarō múkhād údajvālīt* 'als du 'wir suchen den, dessen Rücken mit Butter bestrichen ist' hersagtest, da bei der Erwähnung der Butter flammte mir Agni Vāiśvānara aus dem Munde' I 4, 1, 19. *yávad vái kṣullakā bhávāmō, bahví vái nas távan nā́ṣṭrā bhavati* 'solange wir klein sind, besteht für uns viele Gefahr' I 8, 1, 3. *sá yadā tám ativárdhā, átha karṣū́m khātvā tásyām mā bibharāsi* 'wenn ich über diese (die Schüssel) hinaus wachse, so sollst du eine Grube graben und mich darin unterhalten' ibid. [2]) *sá yadā tám*

---

[1]) Die Wunschsätze zähle ich mit auf.

[2]) Auch fürs Altindische führe ich zugleich Befehlssätze mit an.

ativárdhā, átha mā samudrám abhyávaharāsi 'wenn ich über diese (die Grube) hinausgewachsen, so sollst du mich in das Meer hinabtragen' ibid. *yátra vái bhṛgavō vāṅgirasō vā svargám lokám samā́šnuvata, tác cyávanō vā bhārgavā́š cyávanō vāṅgirasás tád evá jīrṇiḥ kṛtyárūpō jahē* 'als die Bhṛgus oder die Aṅgiras die Himmelswelt erlangten, da blieb Cyavana, der Nachkomme des Bhṛgu oder des Aṅgira, altersschwach und gespenstisch aussehend, zurück' IV 1, 5, 1. *índro ha yátra vṛtrā́ya vájram prajahāra, sá práhṛtaš caturdhā́bhavat* 'als Indra gegen Vṛtra den Donnerkeil schleuderte, so ging dieser in vier Stücke' I 2, 4, 1.

Über das Verhältnis der Endstellung des Verbs im Altindischen und im Altpersischen zur Anfangsstellung im Griechischen siehe § 82.

Im Armenischen ist Anfangsstellung des Verbs im Nachsatze zu belegen. Ich führe aus Elisei historia ohne besondern Subjektsausdruck an: *ibrew cnaw zmews ews ordi, anuaneaç zna Ormizd* 'als auch der zweite Sohn geboren war, nannte er ihn Ormizd' II. *ew ibrew etes anorēn išxann, ethē yajoleçaw ǰaruthiwnn nora, sksaw ayl ews xorhurd yawelul* ... 'und als der unwürdige Fürst sah, daß sein schlechtes Handeln Erfolg hatte, begann er noch ein anderes Mittel hinzuzufügen' I. *ew ibrew aynpēs yamenayn kotmanç hareal vattharaçaw, ankaw yaxts džndaks andēn i kapansn* 'und als er so, von allen Seiten geschlagen, besiegt worden war, fiel er sogleich im Gefängnis in furchtbare Krankheiten' VII. *ibrew lowaw i nmanē, thē aweli khan zvathsun hazar en, xndrēr ews tešekuthiwn vasn iwrakhančiwr anjin khaǰuthean* 'als er von ihm gehört hatte, daß es mehr als sechzig tausend seien, verlangte er auch Kenntnis über den Besitz der Tapferkeit jedes einzelnen (= wollte er sich auch darüber informieren, wieviel Tapferkeit jeder einzelne besitze) IV. Mit besonderem Subjekt *yoržan argelus ew phakes zamenesean i heṙawor otaruthean, katarin xorhurdkh kamaç khoç* 'wenn du alle in abgelegener Fremde einschließest oder einsperrest, dann werden die Pläne deines Willens ausgeführt' I. *ew ibrew ays ayspēs hastateçaw kazmeçaw, ereweçan amenekhean zinealkh ew satawartealkh* 'und als dieses so bestimmt und geordnet war, erschienen alle gewaffnet und behelmt' III. *ibrew sksaw bazmanal ǝnd amenayn ašxarhn aynpisi plcagorc xaṙnakuthiwn, yanddneçan ew ews kanaykh phštipanaçn yawur kirakēi ançuçanel zčraguns ekeleçwoyn ew* ... 'als solche abscheuliche Entweihung anfing sich im ganzen Lande zu verbreiten, wagten es sogar die Frauen der Trabanten an einem Sonntage die Lichter der Kirche auszulöschen und ...' III. Beachte, daß hier das durch *ew ews* 'sogar' hervorgehobene Subjekt dem Verb folgt, ähnlich wie häufig im Griechischen das durch καὶ hervorgehobene.

Das Verb kann auch im Armenischen im Nachsatze dadurch in Mittelstellung geraten, daß ein betonter Satzteil beliebiger Art voran tritt. Ich führe kurz an: *ew ibrew zna ews meržeaç i thagaworuthenēn, i naxararsn Hayoç ankanēr thagaworuthiwnn* 'als er auch diesen aus dem Reiche vertrieben hatte, fiel die Herrschaft an die armenischen Satrapen' I.

Folgt kein weiteres Satzglied auf das Verb, so erscheint es in Endstellung: *ibrew aynpēs or əst or i soyn mits çnoreal dandaçēr, mi omn mandagoyn i naxararaçn Hayoç ənddēm bans ed* 'als er so, von Tag zu Tag in seinem Geiste tobend, sprach, redete (wörtlich machte Worte) einer der jüngsten (wörtlich ein gewisser jüngster) der armenischen Satrapen dagegen' I. Auf das Subjekt wird hier deutlich ein Nachdruck gelegt.

Im Albanesischen ist gleichfalls Anfangsstellung des Verbs im Nachsatz üblich. Aus den von G. Meyer seiner kurzgefaßten albanesischen Grammatik beigegebenen Märchen führe ich an: *è passí nga skámia s kišnin as-ńε k'evernί ndε štεpί tε türe, ϑot i šok'i* 'und da sie vor Armut kein Hilfsmittel in ihrem Hause hatten, sagte der Mann' I S. 57 $_{7/8}$. *passi urít tšupa, arϑ eδe dita, k'ε tε* ... 'als das Mädchen aufgewachsen war, kam auch der Tag, daß ...' I S. 58$_{2}$. *tek e mbānin me tε mīrε tšupεzεn hem aú hem e šók'eja, k'eši ajó ńε ditε* 'da sowohl er als auch die Frau es mit dem guten Mädchen hielten, lachte dies eines Tags' S. 58 $_{23/24}$. *è tek i ndrítεnte trεndafili posi ře e dieťit, pikasi sakák' e emεt e tšupεs* 'und da ihm die Rose wie ein Sonnenstrahl glänzte, bekam die Tante des Mädchens sofort eine Vermutung' S. 58 $_{29/30}$. *aštū passi e zū g'umi kεtε zońε tε l'óδurε nga váteja, ngrīhetε buři ngadál'ezε pā ndierε ajó* 'nachdem so der Schlaf die Frau, welche vom Tanze ermüdet war, erfaßt hatte, stand der Mann allmählich auf, ohne daß sie es hörte' II S. 61 $_{4/5}$. Natürlich auch ohne besonderen Subjektsausdruck: *passi mbet atié eδ' e εmma è aú dīnte mεhánεn, dεrgoi kumbaren tuke ϑεnε* 'da auch die Mutter dort blieb und er den Grund wußte, schickte er den Gevatter, indem er sprach ...' S. 61 $_{24/25}$. Soviel ich sehe, ist die Anfangsstellung im Albanesischen in den Märchen

— auch in denen in der Ἀλβανικὴ Μέλισσα — konsequent durchgeführt.

Auch in den slavischen Dialekten ist die Anfangsstellung des Verbum finitum im Nachsatze zu belegen. So aus dem Serbischen: *pâ ˌkȁko ìzīđē iza grâda, skȍčī zêc iza gȓma* 'und als er aus der Stadt herausging, sprang ein Hase aus dem Gebüsch' Berneker, Slav. Chrestomathie S. 209. *kȁd pȍslije tȍgā prȏđē nȅkoliko dánā à cārev sîn ne dòlazī kúći, stánē se čúditi ȍtac* 'als darauf einige Tage vergangen waren und der Königssohn nicht nach Hause zurückgekehrt war, fing der Vater an sich zu wundern' S. 209. *kȁd tâj ìzīdjê prȅd cara, zâpītâ ga cȁr, štȍ* . . . 'als der zum König hinaus kam, fragte ihn der König' S. 213. *kȁd mómak ȍtīdê kúći, zâpītâ ga mâjstor, kȁko* . . . 'als der Bursche nach Hause gekommen war, fragte ihn der Meister, wie . . .' S. 214. Ohne besonderen Subjektsausdruck: *kad se je nȁzad vràćal, zgúbi nȅkako pút* 'als er wieder zurückkehrte, verlor er irgendwie den Weg' S. 221. Aus dem Slovenischen: *ako tedaj vse voliti smem kar hočem, volim si mošnjico, vedno polno dvajsetić* 'wenn ich mir denn alles wünschen darf, was ich will, wünsche ich mir einen Beutel, stets voll von Zwanzigkreuzerstücken' S. 273.

Auch Mittelstellung kommt vor, z. B. serbisch: *kȁd ȍni načinê svìralu ì počnû svírati, à svȋrka ìzdâjê glâs* 'als sie die Flöte verfertigen und zu flöten anfangen, erhebt die Flöte die Stimme' S. 215, wo *svȋrka* Flöte einen Nachdruck trägt. Oder russisch *kogda večerom prihodit djadja Petruša, oni*[1]) *otvodjat jego v storonu* 'als am Abend der Onkel Peter kommt, führen sie ihn fort bei Seite' Čehov, *sobytije.*

Endstellung wieder, wenn dem Verb nichts mehr folgt: *à kad ga Trȍjan zȁpītâ, štâ je u njega vȉdio, ȏn*[1]) *odgȍvorî, da* . . . 'und als Trojan ihn fragte, was er an ihm gesehen habe, antwortete er, daß . . .' Berneker, Slav. Chrest. S. 214 (serbisch).

Im Litauischen kommt Anfangsstellung des Verbs im Nachsatz häufig vor. Aus Schleichers Lesebuch sei angeführt: *ir kaí jũdu didesnì pastójo, sákė jìs jẽmdvẽm* 'und als die beiden größer geworden waren, sagte er zu ihnen' S. 133. *kaí jë iszëjo, sutìko jë tą̃ szlũczų* 'als sie hinausgingen, trafen sie den Besenmacher' S. 154. *kai jìs prijójo, klásė jį̃ princésė* 'als er hinzuritt, fragte ihn die Prinzessin' S. 144. *kaip tikt szũdu památė, sákė*

[1]) Beachte, daß *on* Pronomen ist.

vyresnýsis 'als er die beiden erblickte, sagte der älteste' S. 163. *kai jë atstóje, kalbėje Vyturýs vis isz vẽn sziùs žodžùs* 'wenn sie sich entfernten, redete V. (= die Lerche) immer in einem fort diese Worte' S. 229. Aus Leskien-Brugmanns Märchensammlung: *kaip iszléido pùsę́ mẽtu, pareina báltas vìlkas* 'als er ein halbes Jahr hatte verstreichen lassen, kommt der weiße Wolf nach Hause' S. 168.

Mittelstellung des Verbs wieder durch Vorantritt verschiedenartiger Satzteile. So aus Leskien-Brugmanns Sammlung: *kaip tìktai pakvėpìno tó trùnko, teip tůjaús pradėjo karālius grażeĩ żiurė́t* 'als er nur an das Getränk gerochen hatte, da fing der König sogleich an zu sehen' S. 172. *kaip tù szìtą kátitą ászaru privèrksi ìr szìtą lencùgą sudìlįsi, tai tadà màno bùsi sesũ* 'wann du diesen Kessel voll Thränen weinen und diese Kette zunichte reiben wirst, dann wirst du meine Schwester sein' S. 163. Aus Schleichers Lesebuch: *kaip jùdu mì medżókles parė́je, tai Mertýns sáke jëmdvëm* 'als die beiden von der Jagd nach Hause kamen, sagte Martin zu ihnen' S. 235. Endstellung des Verbums: *kai pradė́ tój bobùtė użmìkt, tai tój panà ję ùżmuszė* 'als die alte Frau anfing einzuschlafen, da tötete das Fräulein sie' Leskien-Brugmann S. 166. *kai prìncas prijójo artýn, tai princésė klásė* 'als der Prinz nahe hinzuritt, da fragte die Prinzessin' S. 143 bei Schleicher.

Daß in den germanischen Sprachen im Nachsatze Anfangsstellung von jeher üblich war, lehrt schon Braune a. a. O. S. 40. Ich gebe hier fürs Altnordische einige Belege aus der Vǫlsungasaga. *en þá er sjá veizla ok ráþahagr skal takaz, skal Siggeirr konungr sǿkja veizluna til Vǫlsungs konungs* 'wenn aber dieses Gastmahl und die Hochzeit stattfinden sollte, sollte der König Siggeir das Gastmahl beim Könige Vǫlsungr besuchen' III. *ok þá er þessi veizla var albúin, kómu þar boþsmenn Vǫlsungs konungs ok svá Siggeirs konungs at nefndum degi* 'und als das Gastmahl völlig fertig war, kamen die Gäste des Königs Vǫlsungr und des Königs Siggeir am festgesetzten Tage dorthin' III. *ok er hann kemr aptr, segir hann henni, at* . . . 'und als er zurück kommt, sagt er zu ihr, daß' V. *ok nú áþr er tiunda nótt kemr, sendir Signý trúnaþarmann sinn til Sigmundar, bróþur síns* 'und ehe nun die zehnte Nacht kommt, schickt Signy ihren Vertrauten zu Sigmund, ihrem Bruder' V. *ok er fram liþu stundir, fǿþir Signý sveinbarn* 'und als die Zeiten vergangen waren, gebiert S. einen Knaben' VII. *ok er Sigmundr konungr hjó fast, kom sverþit í geirinn* 'und als König Siegmund kräftig hieb, kam das Schwert auf den Speer' XI.

Die Anfangsstellung des Verbs im Altnordischen ist fest; nur ein den Nachsatz einleitendes *þá* 'da' kann vor das Verbum treten. Da ein solches *þá* am Anfang des Nachsatzes stehen muß, genau so gut wie etwa *ok* 'und' am Anfange des Hauptsatzes, so tun wir hier gut, nicht sowohl von Mittelstellung als von gedeckter Anfangsstellung zu reden. Beispiele sind leicht genug zu finden. Ich nenne wieder aus der Vǫlsungasaga: *nú þá er hann var alroskinn at aldri, þá sendir Hrímnir honum Hljǫþ dóttur sína* 'als er nun an Alter ganz erwachsen war, sendet ihm Hrimnir seine Tochter Hljǫþ' II. *ok áþr þeir fóru frá boþinu, þá bauþ hann Vǫlsungi konungi, mági sínum, til sín á Gautland* 'und bevor die von der Einladung fortfuhren, da lud er den König Wölsung, seinen Verwandten, zu sich nach Götland' IV. *ok er þeir ętla enn svá at fara, þá fellr Vǫlsungr konungr í miþri fylkingu sinni ok þar alt liþ hans meþ honum, nema synir hans tíu* 'und als sie nochmals so (d. h. durch das feindliche Heer) zu fahren gedenken, da fällt der König Wölsung mitten in seiner Schlachtreihe und dort seine ganze Schar mit ihm außer seinen zehn Söhnen' V. *en er þau eru mett, þá segir hann henni, at* ... 'aber als sie gesättigt sind, da sagt er zu ihr, daß ...' VII.

Aus dem Altenglischen Anfangsstellung in: *þá hé þá wið þone here þǽr mǽst ábisgod wæs and þá hergas wæron þá gegaderode begen tó Sceóbyrig on Éastseaxum and þǽr geweorc worhtun, fóron begen ætgædere úp be Temese* 'als er nun mit dem Heere dort am meisten beschäftigt war und die Heere dort beide bei Sceóbyrig in Ostsachsen versammelt waren und dort ein Befestigungswerk errichtet hatten, fuhren beide zusammen aufwärts auf der Temse' Sachsenchronik 894. Häufiger in dem von Kluge in seinem Lesebuche aufgenommenen Teile gedeckte Anfangsstellung: *ac ðá þæt wæter wæs áebbad fela furlanga from þǽm scipum, þá éodon ðá Deniscan from þǽm þrim scipum tó þǽm óðrum þrim* 'als aber das Wasser viele Furlangs (ein Maß) von den Schiffen geebbt war, da gingen die dänischen Mannschaften von den drei Schiffen zu den andern drei' 897. *ðá sé cyng þæt hierde, þá wende hé hine west wið Exanceastres mid ealre þǽre fierde búton swiþe gewaldenum dǽle éasteweardes þæs folces* 'als der König das hörte, da wandte er sich westlich gegen Exancester mit dem ganzen Heere außer dem sehr großen Teile des östlichen Kriegsvolkes' 894. *ac sóna swá hie to Béamfléote cómon and þæt geweorc geworct wæs, swá hergode hé on his ríce þone ilcan ende, þe* ... 'und sobald als sie nach Béamfléot kamen und das Befestigungswerk aufgeführt war, da überzog er in seinem Reiche dieselbe Ecke mit Krieg, welche ... 894. *þá hie on Éastseaxe cómon tó hiora geweorce and tó hiora scipum, þá gegaderade sio láf eft of Éastenglum and of Norðhymbrum micelne here onforan winter* 'als sie in Ostsachsen zu ihrem Festungswerk und zu ihren Schiffen kamen, da sammelte der Rest nochmals von den Ostangeln und von den Northumbriern vor Winter ein großes Heer' 894.

Im Neuhochdeutschen ist die Anfangsstellung im Nachsatze gleichfalls notwendig, wenn man nicht die gedeckte nach *da*, *dann*, *so* verwenden will. *Als er weg war*, *sahen sich Ida und Berner eine Zeitlang an*, *ohne ein Wort zu wechseln* W. Hauff, Der Mann im Monde, Operationsplan, Anfang. *Wenn mich nicht alles trügt*, *hängt das Goldfischchen an einem ganz andern Haken als an dem*, *womit ihn der Minister ködern will* ibid. *Als die Abendtafel zu Ende war*, *rief Martiniz nach Punsch* ibid. Der Hofrat auf der Lauer. *Als wir gestern durch den Lanzinger Wald kamen*, *fuhren wir einer Equipage vor*, *die* ... ibid. Schöne Augen. Das Verb erscheint in gedeckter Anfangsstellung: *Als aber die Hand der Gräfin Aarstein nach ihrem sanften, liebewarmen Herzen griff*, *da wich alles Blut von den Wangen des zitternden Mädchens* ibid. Der Brief. *Als er aber aus seinem Wahnfieber* ... *wieder aufwachte*, *da ging erst der Jammer von neuem an* ibid. Emils Kummer. *Wenn ich mich nicht irre*, *so hatte ich gestern schon das Vergnügen* ibid. Der Hofrat auf der Lauer.

Anmerkung 1. Die 'Inversion' des Subjektes hat, wie die voraufgehenden Beispiele lehren, im Altisländischen, Altenglischen und Neuhochdeutschen sowohl bei nominalem als auch bei pronominalem Subjekt statt. Bei pronominalem Subjekt kommen im Neuhochdeutschen Ausnahmen vor; z. B. *wenn ich gewußt hätte, daß ich Sie nicht heiter finden würde, ich hätte mir gewiß nicht die Freiheit* — W. Hauff, Der Mann im Monde. Entdeckung (in lebhafter Rede).

Das Holländische weist ebenfalls Anfangsstellung des Verbs im Nachsatze auf und stimmt so mit dem Neuhochdeutschen überein, während ja das heutige Englisch im Nachsatze, wie im selbständigen Hauptsatze, die Wortfolge Subjekt — Prädikat verlangt. Ich zitiere aus Conscience's de arme edelmann: *als het zwaarste werk was afgedaan en de zoune hooger aan den hemel stond, riep mijnheer Van Vlierbeke zijne dochter beneden* 'als das schwerste Werk abgemacht war und die Sonne höher am Himmel stand, rief Herr von V. seine Tochter herunter' III. *terwijl men hiermede bezig was, trad mijnheer Van Vlierbeke uit het rijtuig* 'Während man hiermit beschäftigt war, stieg Herr v. V. aus dem Wagen' II. *terwijl hij door den edelmann met de gewone plichtplegingen in eene kammer werd geleid, sloeg hij hem gemeenzaam op den schouder* 'während er von dem Edelmann mit den gewohnten Höflichkeitsbezeugungen in ein Zimmer geführt wurde, schlug er ihm freundschaftlich auf die Schulter' V.

Anmerkung 2. Während im Slavischen *on* im Nachsatze vors Verb trat (S. 149), stehen im Altnordischen, Altenglischen, Neuhochdeutschen und Holländischen die entsprechenden Pronomina nach dem Verb. Doch vgl. Anmerkung 1. S. 152. Vgl. auch Caes. bell. civ. III 16, 3 im folgenden Abschnitt.

Im Lateinischen hingegen ist bei Cäsar Anfangsstellung des Verbs im Nachsatze nur noch selten zu finden. Aus bellum Gallicum: *Quod ubi auditum est, conclamant omnes occasionem negotii bene gerendi amittendam non esse* III 18, 5. *atque ubi quis ex principibus in concilio dixit se ducem fore, qui sequi velint profiteantur, consurgunt ii, qui et causam et hominem probant* ... VI 23, 7. *cum ..... omnem ... salutem in illo vestigio temporis positam arbitrarentur, accidit inspectantibus nobis, quod dignum memoria visum praetereundum non existimavimus* VII 25, 1. Aus dem bellum civile: *cum in his angustiis res esset ... nec pontes perfici possent, imperat militibus Caesar, ut* ... I 54, 1. *ubi id a Caesare negatum et, palam si colloqui vellent, concessum est, datur obsidis loco Caesari filius Afranii* I 84, 2. *sed cum essent in quibus demonstravi angustiis ac se Libo cum Bibulo coniunxisset, loquuntur ambo ex navibus cum M'. Acilio et Statio Murco legatis* ... III 15, 6. *eo cum venisset, evocantur illi ad colloquium* III 16, 3. Ohne besonderen Subjektsausdruck: *Caesari cum id nuntiatum esset eos per provinciam nostram iter facere conari, maturat ab urbe proficisci* bell. Gall. I 7, 1. *cum per eorum fines triduum iter fecisset, inveniebat ex captivis Sabim flumen ab castris suis non amplius milia passuum X abesse* II 16, 1. Vgl. auch V 33, 3.

Mittelstellung des Verbs im Nachsatze treffen wir bei Cäsar öfters an. Wie im Griechischen die Wortfolge Gen. absol. — Verb — Subjekt auch im Nachsatze zu belegen war, so im Lateinischen die

Reihenfolge Ablat. absol. — Verb — Subjekt. *cum uterque utrique esset exercitus in conspectu fereque e regione castris castra poneret, dispositis exploratoribus, necubi effecto ponte Romani copias traducerent, erat in magnis Caesaris difficultatibus res* bell. Gall. VII 35, 1. Betonte Satzteile treten voran: *nam cum tanta multitudo lapides ac tela conicerent, in muro consistendi potestas erat nulli* II 6, 3[1]). *cum Caesar in Galliam venit, alterius factionis principes erant Aedui, alterius Sequani* VI 12, 1. *ubi de eius adventu Helvetii certiores facti sunt, legatos ad eum mittunt nobilissimos civitatis* I 7, 3. Beachte ferner die etwas komplizierteren Fälle: *cum hoc idem postero die fecisset, satis ad Gallicam ostentationem minuendam militumque animos confirmandos factum existimans in Aeduos movit castra* VII 53, 3. (Partic. coni. nebst Zubehör und eine betonte lokale Adverbialbestimmung voran.) *eo cum venisset, maiores iam undique in eum locum copiae Britannorum convenenerant summa imperii bellique administrandi communi consilio permissa Cassivellanno* V 11, 8 (ein Abl. abs. fast wie eine Schleppe am Ende).

Ungleich häufiger aber als Anfangs- und Mittelstellung des Verbs begegnet im Lateinischen bei Cäsar Endstellung im Nachsatze, worin Analogie nach der Endstellung des Verbs im einfachen Hauptsatze zu erblicken sein dürfte. In letzterem war ja die Endstellung des Verbs weit üblicher als Anfangs- oder Mittelstellung. Das Subjekt steht also vor dem Verb. Es läßt sich dann auch in den weitaus meisten Fällen nicht mehr behaupten, daß die dem Verb voraufgehenden Satzteile besonders hervorgehoben werden sollten; Endstellung war eben im allgemeinen Regel. Belege aus dem bell. Gall.: *dum ea conquiruntur et conferuntur, nocte intermissa circiter hominum milia sex eius pagi, qui Verbigenus appellatur, sive timore perterriti, ne . . . supplicio afficerentur, sive spe salutis inducti quod . . . existimarent, prima nocte e castris Helvetiorum egressi ad Rhenum finesque Germanorum contenderunt* I 27, 4[2]). *ubi eo ventum est, Caesar initio orationis sua senatusque in eum beneficia commemoravit, quod . . .* I 43, 4. *cum se illi identidem in silvas ad suos reciperent ac rursus ex silva in nostros impetum facerent neque nostri longius . . . cedentes insequi auderent,*

[1]) Der Nebenton ruht auf *nulli*, *erat* ist unbetont, wie im folgenden Satze *erant*.

[2]) Hier könnten die Participia coniuncta das logisch und grammatisch zu ihnen gehörende Subjekt an sich und somit vors Verb gezogen haben.

interim legiones sex, quae primae venerant, opere dimenso castra moenire coeperunt II 19, 5. *dum haec in Venetis geruntur, Quintus Titurius Sabinus cum iis copiis, quas a Caesare acceperat, in fines Venellorum pervenit* III 17, 1. *cum celeriter nostri arma cepissent vallumque ascendissent atque una ex parte Hispanis equitibus emissis equestri proelio superiores fuissent, desperata re hostes suos ab oppugnatione reduxerunt* V 26, 3. *dum haec apud Caesarem geruntur, Labienus eo supplemento, quod nuper ex Italia venerat, relicto Agedinci . . . cum IIII legionibus Lutetiam proficiscitur* VII 57, 1. Aus dem bellum civile: *haec dum inter eos aguntur, Domitius navibus Massiliam pervenit* I 36, 1. *dum haec in Hispania geruntur, C. Trebonius legatus, qui ad oppugnationem Massiliae relictus erat, duabus ex partibus aggerem, vineas turresque ad oppidum agere instituit* II 1, 1. *qui cum essent ex continenti visi, Coponius, qui Dyrrhachii classi Rhodiae praeerat, naves ex portu educit* III 26, 2. Vgl. noch III 37, 2. *de his rebus cum ageretur apud Caesarem . . ., subito exercitus regius equitatusque omnis venire Alexandriam nuntiatur* III 109, 1. Ohne besonderen Subjektsausdruck aus dem bell. Gall.: *quod ubi Caesar animadvertit, naves longas . . . paulum removeri ab onerariis navibus et remis incitari et ad latus apertum hostium constitui atque inde fundis, sagittis, tormentis hostes propelli ac summoveri iussit* IV 25, 1. *ubi iam se ad eam rem paratos esse arbitrati sunt, oppida sua omnia, numero ad duodecim, vicos ad quadringentos, reliqua privata aedificia incendunt* I 5, 2. *ubi circumiecta multitudine hominum totis moenibus undique in murum lapides iaci coepti sunt murusque defensoribus nudatus est, testudine facta portas succendunt* II 6, 2. Vgl. z. B. noch I 9, 2; 16, 6; 44, 1; 52, 6; IV 26, 4; 32, 3; VII 8, 2; bell. civ. I 37, 1 usw.

Anmerkung 3. Manchmal aber ist, wie bereits bemerkt, der am Anfang des Nachsatzes stehende Satzteil sichtlich betont; z. B. das Subjekt: *cum ab his saepius quaereret neque ullam omnino vocem exprimere posset, idem Divitiacus Aeduus respondit* bell. Gall. I 32, 3. *cum civitas ob eam rem incitata armis ius suum exsequi conaretur multitudinemque hominum ex agris magistratus cogerent, Orgetorix mortuus est* I 4, 4. Ein Adverb und das Subjekt ist betont: *si mons erat ascendendus, facile ipsa loci natura periculum repellebat.* bell. civ. I 79, 2. Ein Accus. c. inf. wird hervorgehoben: *si qua in parte nostri laborare aut gravius premi videbantur, eo signa inferri Caesar aciemque constitui iubebat* bell. Gall. VII 67, 3.

Anmerkung 4. Die Endstellung des Verbs im Nachsatze ist also im Lateinischen weit verbreiteter als im Griechischen. Abgesehen davon, daß betonte Satzglieder vorantreten, ist der Hauptgrund dafür darin zu erblicken, daß Objekte, Adverbialbestimmungen, Infinitive und Accusativi cum infinitivo im Lateinischen meistens vors Verb treten, während sie ihm im Griechischen gewöhnlicher folgen. Vgl. S. 50.

Im Altirischen, wo das Verbum finitum im Hauptsatze am Anfang stehen muß, muß auch im Nachsatze das Prädikat am Anfang stehen. Ich gebe einige Belege aus Táin bó Cúailnge. *ciar bo oebela oslaicthi dorus na cathrach, dochnaid cách na irchomair dar sondaigibh in dunaid immach* 'wiewohl das Thor der Burg offen, geöffnet war, ging jeder gerade vor sich über die Pallisaden des Gehöftes hinweg' Zeile 1032 ff. (nach Windisch). *o dariachtatar fir h Erend go oenbaile eter Meidb 7 Ailill 7 fiallach . . ., atbertatar uili . . .* 'als die Männer von Irland an einen Ort gekommen waren, sowohl Medb und Ailill als auch die Mannschaft . . ., sagten alle: . . . (es folgt indirekte Rede) 2061 ff. *óth ánic medón lái, ra feochraigesetar fergga na fer* 'als der Mittag kam, wurde der Zorn der Männer wild (irisch Plural) 3775. Ohne besonderen Subjektsausdruck z. B. *a ránic Medb airm i m-bai a drui, ra iarfacht fiss 7 fastini de* 'als Medb an den Ort kam, wo der Druide war, erfragte sie Kunde und Weissagung von ihm' 194 f.

§ 82. Rückblick über die Stellung des Verbs im Nachsatze. Anfangsstellung des Verbs im Nachsatze ist jedenfalls habituell im Griechischen, Baltisch-Slavischen und Armenischen, wohl eher notwendig als habituell im Altgermanischen [1]) und Albanesischen, sicher notwendig im Altirischen. Endstellung muß im Altindischen und Altpersischen angewandt werden, während im Avestischen vielleicht Anfangs- und Endstellung möglich war. Bedenkt man, daß die konsequente Durchführung der Endstellung des Verbum finitum im Hauptsatze im Altindischen und Altpersischen jedenfalls einzelsprachliche Neuerung war, so darf man wohl ein Gleiches für die konsequent durchgeführte Endstellung des Verbs im Nachsatze behaupten. Dann lehren aber die anderen indogermanischen Sprachen, daß im Nachsatze einst Anfangsstellung des Verbs jedenfalls habituell war.

[1]) Die Verhältnisse des Althochdeutschen scheinen mir nicht sicher gedeutet. Vgl. Braune a. a. O. S. 38.

FSC
www.fsc.org
MIX
Papier | Fördert
gute Waldnutzung
FSC® C083411

Kolibri 360 GmbH
Ferdinand-Jühlke-Straße 7
99095 Erfurt, Deutschland
produktsicherheit@kolibri360.de